机械结构化稀疏学习诊断理论与应用

陈雪峰　杜朝辉　张　晗　著

科　学　出　版　社

北　京

内 容 简 介

本书从稀疏诊断的角度出发，针对现有特征辨识技术中匹配滤波策略和智能学习策略的不足，介绍结构化稀疏学习诊断理论的基本原理与核心技术；通过从一维结构化稀疏过渡到二维结构化稀疏，建立一系列具体的结构化稀疏学习诊断模型，实现不同问题的有效诊断；并结合风电装备齿轮箱特征辨识和航空发动机齿轮毂裂纹诊断两个案例，证明所阐述的结构化稀疏学习诊断理论的可行性。本书既介绍稀疏表示的基本概念，又阐述结构化稀疏学习诊断的基本理论，并且将方法应用到实际工程中进行故障诊断分析。

本书适合高等院校机械工程专业师生参考，也适合故障诊断工程师和技术指导人员阅读。

图书在版编目(CIP)数据

机械结构化稀疏学习诊断理论与应用 / 陈雪峰，杜朝辉，张晗著. —北京：科学出版社，2024.5

ISBN 978-7-03-078183-3

Ⅰ. ①机… Ⅱ. ①陈… ②杜… ③张… Ⅲ. ①机械设备-故障诊断-研究 Ⅳ. ①TH17

中国国家版本馆CIP数据核字(2024)第053974号

责任编辑：刘宝莉 陈 婕 乔丽维 / 责任校对：任苗苗
责任印制：肖 兴 / 封面设计：有道设计

科学出版社出版
北京东黄城根北街16号
邮政编码：100717
http://www.sciencep.com
北京中科印刷有限公司印刷
科学出版社发行 各地新华书店经销
*
2024年5月第 一 版 开本：720 × 1000 1/16
2024年5月第一次印刷 印张：15 1/4
字数：305 000

定价：180.00 元
(如有印装质量问题，我社负责调换)

前　　言

机械故障诊断对于保障设备安全运行意义重大。关键机械设备一旦出现事故，将带来巨大的经济损失和人员伤亡。国内外因机械设备故障而引起的灾难性事故屡有发生，因此，机械故障诊断技术长期受到研究者们的重视。2010年，我国首届“机械故障诊断基础研究高层论坛”召开，深入探讨了该领域的未来发展方向、发展目标和发展重点。历时两年总结思考后，集思广益，形成“机械故障诊断基础研究何去何从”一文发表于《机械工程学报》。2018年，国家自然科学基金委员会论证发布了“航空发动机高温材料/先进制造及故障诊断科学基础”重大研究计划。2021年，工业和信息化部等八部门联合印发的《“十四五”智能制造发展规划》指出要加强关键核心技术攻关，而“装备故障诊断与预测性维护”就被列为关键核心技术。

随着新一代信息技术的发展及其与机械故障诊断的融合推动，“智能运维”技术应运而生。“产品制造+智能运维”将形成制造服务融合新模式，推动制造模式变革，打造我国制造业新竞争优势。“智能运维”的关键支撑在于新原理与新方法，机械故障诊断的核心是揭示故障机理与信号表征之间的关联规律，稀疏是揭示这类规律的新方法之一。从数学角度来说，稀疏是指信号表示向量中非零元素的个数远小于向量的长度；从信号处理角度来说，其核心是寻求信号最简洁的表示方式，即将信号中的特征信息集中在极少的几个系数上；从物理机理角度来说，稀疏则是指能量聚集在少量区域，提高变换域中特征信息的能量聚集性。机械故障稀疏诊断原理，特别是结构化稀疏学习诊断理论体系，可以形象地理解为“简笔画”，是用最简洁的表达来实现特征提取与故障诊断，可谓是“删繁就简三秋树”的形象写照；期待简洁的表达能够“领异标新二月花”，为机械故障诊断提供新的原理与策略。

本书主要论述了结构化稀疏学习诊断理论，该理论脱胎于信号的稀疏表示思想，通过探索机械系统故障的物理结构信息，融合人工智能的自动学习表征能力，为机械故障诊断构建了新的理论框架。本书首先介绍了机械故障诊断的技术现状和稀疏基本表示理论，然后重点阐述了结构化稀疏学习诊断理论的数学模型和算法框架，随后探索了机械故障信息中的加权稀疏结构、非负有界卷积稀疏结构、非局部相似结构、自相似加权稀疏秩结构和广义协同稀疏结构，开发了定制化的诊断技术，并进行了案例分析，最后把该理论应用于风力发电系统和航空发动机的故障诊断中，为结构化稀疏学习诊断理论的工程应用提供范例指导。

与本书内容相关的研究工作得到了国家杰出青年科学基金项目“机械系统动态监测、诊断与维护”(51225501)、国家重点基础研究发展计划(973 计划)项目“航空发动机运行安全基础研究”(2015CB057400)等的大力支持。在撰写本书过程中，刘一龙、赵志斌、吴淑明、王晨希、孙若斌等参与了校稿工作，在此表示感谢。

由于作者水平有限，书中难免存在不足之处，恳请读者批评指正。

目　　录

第1章　绪　　论

高端制造产业是一个国家核心竞争力的重要标志，是战略性新兴产业的重要一环，是制造业价值链的高端环节，更是国际化战略竞争高地。制造业为国民经济产业提供必要的机电装备，间接地促进了全球经济快速平稳健康发展。为了国家经济的长远发展和人民生活水平的提升，我国面向2030年部署了一批重大科技项目和重大工程，把先进制造作为重要的五个方向之一[1]。

制造业是强国竞争核心战略的制高点和国民经济的主体，制造业的核心基础是机械装备，而机械装备的全生命周期管理可分为两个阶段：设计制造阶段和运行维护阶段。设计多样化的产品来满足国民经济不同层次需求是制造业永恒的主题，更是制造业推动社会前进的原动力。然而，随着机械装备的设计精密化和对尖端装备的苛刻运行要求，运行维护问题日益受到广泛的关注。

1.1　故障诊断与状态监测的发展概况

1967年，美国执行阿波罗登月计划时出现了一系列设备严重故障问题，之后，在美国宇航局的倡导下，由美国海军研究实验室主持成立了机械故障预防小组，在设备故障机理、监测诊断技术、可靠性评估和预测技术等方面展开研究工作。随后，故障诊断与预测技术在全世界范围内推广普及，英国、日本、瑞典、丹麦、法国等国家相继成立了各自的研究组织[2]。我国对故障诊断技术的研究始于20世纪70年代末，虽然起步较晚，但发展迅速。经过不懈的努力，机械设备健康监测与故障诊断技术在传统旋转机械中的应用已经取得了长足的进展，并取得了显著的效果。因此，坚持应用先进的状态监测技术和实施早期微弱故障诊断技术，不仅可以避免重大事故的发生，而且可以节约运行维护成本，产生巨大的经济效益。

机械设备的故障诊断和状态监测就是采用先进的传感和测试技术，获取机械设备运行状态信息；结合故障演化的机理和征兆信息，利用先进的信号分析方法提取动态信号中潜在的故障特征信息，判断设备是否发生故障；对故障进行溯源并分析故障发生的原因，进而识别设备的运行状态；评估设备的运行可靠性、预测设备或零部件的剩余寿命等，最终目的是保证设备的安全运行与科学维护，其本质是一个模式识别问题。

机械设备结构复杂，零部件众多，由于结构和运行工况的限制，传感器距离振源较远，因此振动测点采集到的信号往往是多部件振动的综合反应，加之复杂传递路径和强噪声干扰，使得反映设备运行状态的信息极其微弱。从强噪声多源干扰的振动测试信号中辨识设备的健康状态是机械故障诊断的核心[3]。信号处理和人工智能技术服务于诊断决策，其核心任务是确定设备或零部件的运行状况，判断设备或零部件是否发生故障以及确定故障源的位置。如图 1.1 所示，实现设备故障状态辨识与诊断决策制定采用的技术主要包括基于信号处理的故障特征提取技术和基于数据驱动的智能诊断技术。

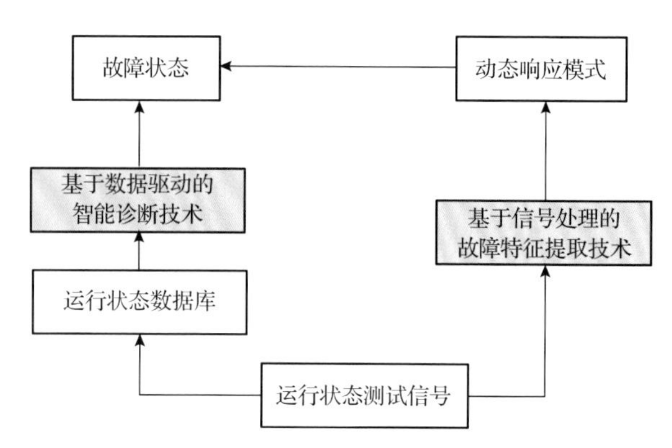

图 1.1　机械设备信号分析技术与故障状态识别

1.1.1　基于信号处理的故障特征提取技术

基于信号处理的故障特征提取技术首先通过故障机理推导出机械部件的故障动态响应特征，然后利用先进的信号处理方法从含有大量谐波噪声的振动测试信号中获取反映机械设备零部件故障状态的特征信息，从而进行早期故障的识别和确诊[4]。如何从机械信号中提取表征设备运行状态变化和异常的早期微弱特征是机械故障诊断的核心，也是后续故障模式分类、健康监测、可靠性评估以及寿命预测的基础和依据。针对这一需求和挑战，研究者进行了大量研究，提出小波分析技术、谱峭度技术、解调技术、频域滤波、自适应信号分解、稀疏优化分解等一系列现代信号分析方法。

1. 小波分析技术

小波理论的形成是数学家、物理学家和工程师多学科共同努力的结果。Grossmann 等[5]首次提出小波的概念，并将它引入地震数据的分析中。随后，小波理论不断发展并日臻完善，其研究主要集中于两方面：一是小波基函数的构造；二是小波阈值准则的设定。

在小波基函数构造方面，以傅里叶变换为基础，可以使小波滤波器满足一定的频域特性，从而建立经典小波变换的理论体系。随后，为弥补经典小波不能根据实际工程应用灵活匹配待分析信号的问题，Sweldens[6]采用提升框架在时域中构造小波，进而提出第二代小波的概念。第二代小波具有结构化设计和自适应构造的优点，可以通过设计预测算子和更新算子的系数构造出符合待分析信号特征的小波基函数。然而，经典小波变换和第二代小波变换都是单小波，只具有一个小波基函数，只能较好地匹配信号中同一类型的故障特征，难以提取不同类型的故障特征。由此诞生冗余度为 2 的小波紧框架，其中以多小波、双树复小波和调 Q 小波最具代表性。小波紧框架是小波理论的重要发展，它是指由两个或两个以上的函数作为尺度函数生成的小波，相应的多分辨分析也由函数向量生成。由于小波紧框架具有适当的冗余度和灵活的滤波器结构，冗余度为 2 的小波紧框架可以实现更加精细、灵活的时频划分，可以对经典小波变换分析“盲区”进行更加深入的信息挖掘，增强对机械信号中微弱特征分析的能力，然而，它依然面临小波基函数的选择问题以及频带划分不当导致的特征能量多尺度泄漏问题。在工程问题的驱动下，自适应信号分析技术逐渐发展，诞生了一系列自适应小波构造方法，如经验小波变换、形态小波变换和贝叶斯小波变换等。

由于小波变换具有丰富的基函数和良好的时频局部化能力，在轴承、齿轮故障检测与诊断方面表现出独特的优势，并取得卓越的成就。Qin 等[7]采用香农熵指标优化 Morlet 小波参数，并用最优的 Morlet 小波实现瞬态成分的提取。He 等[8]利用多重分形熵指标构造自适应的多小波变换，用于旋转机械的多故障诊断。Pan 等[9]提出一种基于改进的非局部均值降噪和改进经验小波变换的故障检测方法，实现了对炼钢厂轴承和齿轮的故障诊断。Khakipour 等[10]基于形态小波构造理论和梯度算子提出形态梯度小波，实现了轴承故障的在线监测。Li 等[11]构造特征频率比率指标，用于自适应选取与观测信号匹配的调 Q 小波参数，并用最优的调 Q 小波诊断轴承故障。Wang 等[12]构造贝叶斯小波变换，通过贝叶斯推断理论优化小波变换的参数，实现了瞬态周期性冲击成分的辨识。

在小波阈值准则及阈值量化的设置方面，主要以噪声的统计特性为先验，建立基于噪声统计特性的噪声衰减策略，也称为小波降噪方法。Cai 等[13]考虑小波分解后系数间的相关性，提出相邻系数小波降噪方法。在机械故障诊断的应用中，Li 等[14]针对轴承故障诊断提出考虑小波尺度间相关性的第二代小波降噪方法。Yuan 等[15]提出循环平移策略和多小波滑动窗局部阈值降噪方法，分别解决了平移不变消噪方法中最佳平移量选择问题和传统全局阈值降噪的过扼杀现象。张弦等[16]提出一种基于小波变换的进化阈值消噪方法，构造信号在各个小波分解尺度上硬阈值收缩均方误差的近似函数，利用粒子群优化方法搜寻与其最小值对应的最优阈值。Chen 等[17]提出基于空间相邻系数分块阈值策略的最大重叠多小波降噪方法，并应用于除尘风机轴承的微弱故障检测。

上述方法对小波系数的衰减是全局的，且阈值的量化值建立在白噪声假设的基础上，因此在机械故障特征提取中仅适用于受白噪声干扰的单一成分信号的降噪。对于复杂的机械系统，其振动信号普遍是多成分的，由此诞生了基于故障敏感性指标的特征信息子带筛选机制，也称为小波滤波方法[18-20]。这类方法将小波变换后的小波系数进行独立的单支重构，然后依据故障特征的敏感性指标选取合适的子带信号进行故障的辨识。

2. 谱峭度技术

谱峭度技术是一种基于时频能量密度分布的自适应滤波技术，可以快速有效地定位敏感故障特征频带，克服了功率谱密度在非平稳信号分析上的不足，可以有效检测信号中的冲击特征信息。Antoni[21]开发了谱峭度快速算法——快速谱峭度图。谱峭度算法基于滤波信号的谱峭度值最大化原则自动选取最优的故障特征子带信号，这为谱峭度的工程实用化奠定了基础。谱峭度算法本质上是小波滤波方法的延伸，在某种程度上克服了小波滤波方法对于过渡频带特征分析不足的缺陷。该方法在工程应用中取得了较好的效果，但仍存在两方面的问题：①时频网格划分基于多采样滤波器，时频划分固定，无法自适应匹配多样化的特征信息；②敏感性指标为窄带滤波信号包络的峭度，对于离散冲击干扰较为敏感。

针对经典谱峭度滤波器对时频网格划分不足的问题，很多研究者做了改进工作，如 Lei 等[22]和 Wang 等[23]分别用离散小波包变换、自适应多小波变换和近似解析小波紧框架来划分频带，将信号划分到更为全面的频率-尺度网格中，增强了谱峭度算法对冲击特征成分的匹配能力。针对经典时域峭度对离散冲击较为敏感的问题，Barszcz 等[24]基于 Protrogram 方法，提出利用包络谱信号的峭度为特征筛选指标，弥补了谱峭度方法在较低信噪比和较高故障特征频率条件下分析不足的缺陷。Tse 等[25]提出 Sparsogram 方法，用信号的稀疏度指标代替经典的谱峭度指标，并用于轴承故障的特征识别。快速谱峭度图的创始人 Antoni[26]提出联合平方包络负熵和平方包络谱负熵的快速信息熵图。针对谱峭度算法无法有效分离两种以上冲击特征频带的问题，He 等[27]将谱峭度技术和最小熵解卷技术相结合，实现真空泵轴承和叶片的多故障诊断。Wang 等[28]将谱峭度技术和啮合共振技术相结合，利用快速谱峭度图和 MRgram 实现轴承和齿轮复合故障的分离与诊断。Wang 等[29]综述了谱峭度技术的理论发展及其在旋转机械故障诊断中的应用并给出了未来的研究展望。

3. 解调技术

机械系统中轴承、齿轮等零部件发生裂纹、剥落、磨损等损伤时将产生脉冲激励力，从而激励出系统的固有振动，其动态响应信号表征为多分量的调幅调频信号。调制信号往往包含丰富的故障信息，因此解调分析是提取故障特征、诊断损伤部位的一种有效手段。针对单分量调幅调频信号的解调分析技术主要包括包络解调、能量算子解调、广义检波解调和循环平稳等。然而，机械系统结构复杂，故障信息往往具有多源耦合性，因此自适应的多分量解调技术得到了广泛的研究，主要包括经验模式分解(empirical mode decomposition, EMD)技术、局部均值分解(local mean decomposition, LMD)技术、总体平均经验模式分解(ensemble empirical mode decomposition, EEMD)技术和变分模式分解(variational mode decomposition, VMD)技术等。

Dragomiretskiy 等[30]提出VMD算法，可以将不同中心频率的各模态估计出来，其本质是一组自适应的维纳滤波器组。相比于EMD算法和LMD算法，VMD算法采用非递归模式分解，弥补了递归模式分解噪声的包络线估计误差不断积累的缺陷，避免了端点效应。Li 等[31]提出独立性导向的VMD算法，以近似完整重构为准则设置本征模式的个数，解决了模式个数不准确导致的信息丢失和过分解问题，实现高速机车轮对轴承的故障诊断。

1.1.2 基于数据驱动的智能诊断技术

智能诊断技术是近年来发展起来的一门新学科，其优越性在于综合了多个领域的专家经验，提高了诊断精度，在一定程度上摆脱了设备故障诊断中诊断决策与状态识别对人为因素和故障机理的过度依赖，可以实现传统的基于信号处理的故障特征提取技术无法实现的功能。人工智能诊断技术蓬勃发展，以支持向量机、神经网络和深度学习最具代表性。

1. 支持向量机

支持向量机以结构风险最小化为原则，通过求解一个二次约束优化问题来构造最优分类超平面，有效解决了小样本、非线性、高维数和局部极小值等传统难题。Shen 等[32]提出将直推式支持向量机应用于齿轮箱故障的智能诊断，有效解决了训练样本不足或测试样本过多的问题。Zhang 等[33]利用蚁群算法优化故障敏感特征集和支持向量机模型参数，提高了机车轴承的诊断精度。Zhong 等[34]利用贝叶斯统计推断来优化支持向量机模型参数，并用于工业调查数据的智能分类。Liu 等[35]利用混合智能诊断技术，融合二代小波包变换、核主分量分析和孪生支持向量机实现旋转机械多故障的诊断。

2. 神经网络

神经网络是人工智能的一个重要分支，以其任意复杂的非线性逼近、强的鲁棒性和容错性、并行处理和自学习能力在非线性控制系统和模式识别中极具潜力。Venkatasubramanian 等[36]首次将人工神经网络成功应用于模式匹配和故障诊断。Bessam 等[37]利用神经网络实现低载条件下电机转子断条的故障诊断。Fernando

等[38]基于自适应共振理论提出一种无监督人工神经网络算法，并用于自动装配机的故障监测。

3. 深度学习

Hinton 等[39]受哺乳动物大脑皮质多层机制的启发，首次提出深度学习理论，开启了深度学习在学术界和工业界的研究浪潮。LeCun 等[40]对深度学习的理论和应用进展进行了综述。该理论旨在模拟大脑的学习过程，构建深度神经网络，通过海量数据的多层非线性变换，组合底层特征形成更加抽象的高层表示，从而挖掘数据中隐含的丰富的有用信息。深度学习已经在语音识别、图像识别等领域的大数据分析上取得了突破性进展[41]。

在机械健康监测领域，深度学习的研究与应用如雨后春笋般蓬勃发展。Jia 等[42]提出基于深度学习理论的深度神经网络算法，该方法相比传统的人工神经网络算法，具有更高的诊断精度。Sun 等[43]提出基于稀疏自编码的深度神经网络算法，实现轴承故障的高精度识别。随后，Sun 等[44]又提出卷积鉴别特征学习算法，联合后向传播神经网络和前馈式卷积池化结构，实现电机故障的诊断。Jing 等[45]提出基于深度卷积网络和多传感器信息融合技术，实现了行星齿轮箱故障的高精度诊断。

1.2 稀疏理论及稀疏诊断的发展概况

信号表示是信号与信息处理领域中的核心内容。稀疏分解是继频域分析、时频分析和小波分析之后的里程碑式的进展，其基函数用称为字典的超完备冗余函数集合取代，字典的选择应尽可能匹配信源信息的结构，其构成可以没有任何限制，字典中的元素称为原子。从字典中找到具有最佳线性组合的少量原子来表示信源信号，称为信号的稀疏表示。该理论的诞生为信号的表示在原理和方法上取得了重大的突破，可以为信号观测寻求更加简洁的信息表示，可揭示信号或者系统最本质的内在结构。

稀疏最早起源于生物视觉认知领域，具体体现在稀疏的概念上，由 Hubel 等[46]在研究猫的视觉条纹皮层上细胞的感受野时首次提出，初级视觉皮层上细胞的感受野能够对视觉感知信息产生一种稀疏的响应，即大部分神经元处于静息状态，只有少数神经元处于刺激状态。稀疏表示应用到信号处理领域，尤其是计算谐波分析在多尺度变换领域的蓬勃发展为信号的稀疏表示提供高效的字典，把稀疏分解推向了信号处理学术界的浪尖，掀起了信号和图像处理等领域的研究热潮。法国数学家 Mallat 等[47]开创性地引入了字典的概念，以替代传统的基函数对信号进行分解，并提出匹配追踪算法。Chen 等[48]系统地阐述了稀疏分解，提出凸化的稀疏分解框架，并给出了 L_1 范数约束下的基追踪分解算法。稀疏分解的核心是采用超完备的冗余字典代替传统的正交字典，其突出的优点是基函数的选择不受任何限制，可以根据待分析信号自适应地选取构成字典的原子，因而可以得到更稀疏的表达，从而更好地捕获原始信号的特征信息。此后，世界各地学者一直致力于稀疏模型获得精确解的条件、优化求解算法的开发以及收敛性分析等理论方面，为该理论在各个领域的应用提供必要的理论支撑，奠定了该理论在信号处理领域内的核心地位。

稀疏分解方法独特，具有灵活的基函数构造以及严格的数学模型约束，为解决传统方法难以突破的瓶颈带来了崭新的思路。在实际的信号分析中，已发现许多自然信号在适当的变换下呈现稀疏性(即大多数变换系数为零或接近于零,仅有少数变换系数不为 0)。因此，稀疏分解理论本质上是对信源进行建模，并充分利用信源的稀疏性，高效率地感知隐藏于海量数据中的有用信息。稀疏理论应用研究主要集中于两个层面：稀疏特征识别和稀疏鉴别分析。

1.2.1 基于稀疏表示字典的特征辨识

稀疏特征识别通过建立与信源相匹配的稀疏正则化项和稀疏表示字典，建立信源特征的稀疏分解模型，进而通过模型的优化求解感知被噪声或者干扰淹没的信源信息。稀疏特征识别的关键技术是稀疏表示字典的构造、稀疏正则化项的建立以及稀疏优化求解算法的实现。

信号的稀疏结构对于特征辨识、降噪、压缩起着关键性的作用。自然信号的数字采样利用 Delta 函数来表征空间或者时域内的信号，因此常常不具备稀疏性。然而，大多数自身非稀疏的信号可以通过某种变换，使得其变换域的表示系数具有稀疏的结构。例如，简谐信号在频域内是由一系列稀疏的脉冲序列构成的。因此，变换域基函数是探索信号稀疏结构的核心。谐波分析理论通过对信号进行数学建模来挖掘信息的稀疏结构，如傅里叶分析将信号建模为光滑函数，而小波分析将信号建模为具有奇异性的分段光滑函数。在数学家和工程师的不懈努力下，基函数的构造和设计不断进步，从经典的频域分析，到短时傅里叶变换，再到经典的离散小波变换以及小波紧框架展开等，人类对于自然界信号在频域、时频域以及时间尺度域的认识也不断完善。变换基和字典的核心区别在于信号在字典下的表示方式不再唯一，而最优的表示方式需要通过正则优化来实现。信号稀疏表示字典的构建主要有三方面：解析字典、参数化字典和学习字典。

1. 解析字典

解析字典的构造是基于谐波分析理论，通过对信号进行数学建模，利用数学模型来构造具有解析范式的字典。在信号的稀疏表示理论中，解析字典的选择需要信源信息的物理先验，从现有的解析基原子库中预先选择与信源信息相匹配的基原子，如经典的傅里叶字典、具有局部化能力的 Gabor 字典、具有多分辨分析能力的小波字典等。这一类稀疏字典的优势在于：信号在字典下正向变换和逆向变换具有快速算法，避免了矩阵向量乘积运算，降低了存储空间并且提升了计算速度。过完备小波紧框架字典和解析紧框架联合字典是解析字典研究的热点。在机械故障诊断的应用领域中，Feng 等[49]构造冗余傅里叶字典，利用迭代原子分解阈值算法实现了风电装备行星齿轮故障特征频率的识别和诊断。Cai 等[50]构造匹配信号高振荡成分和低振荡成分的调 Q 小波字典，建立多分量解耦的模型，实现了两种成分的解耦。解析字典的优势在于不需要构建字典的矩阵形式，信号的正向分解和逆向重构具有快速算法，避免矩阵向量乘积运算，降低存储空间并且提升计算速度。然而，解析基原子的构造由于满足某种严格的数学表达，其振荡模式单一，而且局限于某一类特定的信号类，不能用于任意感兴趣的新的信号类，严格而简单的数学表达无法有效表征复杂的实际信号。

2. 参数化字典

参数化字典中基原子的构造受控于特定参数，相对于确定性的解析字典，其灵活性较强，可以根据信源特征的物理先验优化确定字典原子的参数，因此可以更好地匹配信源特征信息。Cui 等[51]依据轴承故障的动力学响应模式，考虑轴承的转速以及故障尺寸，构造与轴承剥落故障信息相匹配的双冲击稀疏表示字典，实现了轴承损伤的高精度识别。Fan 等[52]构造参数化的 Morlet 小波基原子库，并通过相关滤波算法优选出与齿轮冲击故障特征相匹配的基原子，实现了齿轮局部故障的高精度辨识。He 等[53,54]根据故障动态响应机理，分别建立具有明确物理意义的平稳调制字典和冲击调制字典，实现了齿轮箱耦合故障的解耦和诊断。然而，参数化字典同样只对特定情况下的信号实现稀疏表征，而且计算复杂度高，很难满足故障诊断的实时性、快速性需求。

3. 学习字典

机器学习理论的迅速发展为字典构造带来了崭新思路——学习字典。机器学习理论一个最基本的假设是实际信号的复杂结构可以更好地通过数据本身来挖掘，而不是借助于对它进行数学建模。学习字典最直接的好处是对特定信号的表征可以更加精细化，具有自适应性，从而解决了传统的对一类信号进行广义的建模分析，但忽视了信号个体之间差异性的问题。Olshausen 等[55]对自然信号的一系列子块进行训练，得到一个具有稀疏化能力的字典，该方法训练出的字典原子和哺乳动物细胞的感受具有惊人的相似性。这一发现证实了稀疏这一基本假设是和生物视觉行为相吻合的，极大地促进了稀疏学习字典的发展。稀疏学习字典的发展主要可分为两类：非结构化稀疏学习字典和结构化稀疏学习字典。

1)非结构化稀疏学习字典

非结构化稀疏学习字典算法的代表是最优方向算法(method of optimal direction, MOD)及基于*K*均值聚类的奇异值分解算法(singular value decomposition based on *K*-means clustering method, KSVD)。相比经典的解析字典，学习字典能有效提升信号中特征信息的稀疏性，在图像降噪、修复、特征提取方面取得了优秀的效果。Engan 等[56]提出 MOD 稀疏学习字典算法，该方法通过交替迭代实现稀疏编码和字典更新。Aharon 等[57]提出 KSVD 学习字典算法，该算法对字典原子逐个更新，不需要整体计算矩阵伪逆，因此计算复杂度有所降低。然而，在机械故障微弱特征检测中，非结构化稀疏学习字典存在不足：①非结构化的学习字典仅能表征全局信号中的主成分，而微弱的机械故障信号会被滤除；②字典优化的目标函数是非凸的，因此对初始化较为敏感，容易落入局部极小解或者鞍点解。

2)结构化稀疏学习字典

结构化稀疏学习字典逐渐成为研究的热点，这一类方法通过引入和信号结构相匹配的约束，不仅降低非结构化学习字典优化过程中的自由度和病态程度，而且具有非结构化学习字典不具备的各种优良特性，如平移不变性、多尺度分析特性、完美重构性、全局收敛性、快速性等。在机械故障诊断领域中， Liu 等[58]首次将平移不变学习字典引入故障诊断中，通过从大量标签样本数据中学习出一系列平移不变的稀疏表示字典，然后利用多类线性分类器实现轴承故障类别和严重程度的自适应判别。Chen 等[59]提出双稀疏学习字典优化方法，该方法利用随机矩阵和解析字典的乘积作为信号的稀疏表征字典，联合了学习字典自适应强的优势和解析字典快速性的优势，实现了冲击特征的高精度辨识。Zhou 等[60]提出平移不变学习字典和隐马尔可夫模型的故障诊断方法，该方法可以有效辨识出轴承故障的双冲击振荡模式，并实现故障类型的自适应判别。Yang 等[61]提出平移不变 KSVD 学习字典优化算法，并结合 Winger-Vill 时频分布，有效诊断了风电传动系统发动机轴承故障。尽管结构化学习字典在故障诊断的研究与应用中取得了可喜的进展，但是这类字典需要预先建立特征信号的结构化数学描述。

1.2.2　基于稀疏正则项的特征辨识

稀疏表示字典的灵活构造为挖掘信息的稀疏结构奠定了先决性条件。字典的冗余性使得信息的表征成为一个病态问题，即表征模式不再单一，而是具有无穷多个解。正则约束是求解病态问题的重要方法，稀疏正则通过约束解的稀疏性，可以有效增强信息的能量聚集性。经典的稀疏正则方法是将信号 x 的稀疏性建模为 $\|x\|_0$，其物理意义是信号 x 中非零元素的个数。然而，l_0 约束问题的求解是一个组合优化的 NP 困难问题，因此诞生了以 l_1 来近似表征信息稀疏性的约束正则化项

$\|x\|_1$，其物理意义是信号中非零元素的绝对值之和，相比于 l_0 约束问题，l_1 约束问题是一个凸问题，可以收敛到全局最优解，但是其对信号的稀疏约束能力比 l_0 约束问题要弱。为增强信号的稀疏表征能力，已存在一系列非凸近似约束正则化项 $\|x\|_p$，其中 $0 \leqslant p \leqslant 1$。具有代表性的是 Xu 等[62]提出非凸正则化模型，并给出了其快速求解算法。Candes 等[63]提出迭代加权稀疏正则模型，建立稀疏系数幅值和权系数的映射关系，相比于 l_1 更加逼近于稀疏 l_0 解。Selesnick 等[64]构造参数化的非凸正则化项，并将它与二次数据保真项进行平衡，保证了整体目标函数的凸性。Yuan 等[65]研究了回归分析中多变量的群结构特性，并提出群变量的模型选择和参数估计算法。Huang 等[66]定义了群稀疏的概念，并指出当信号具有群稀疏结构时，其最小绝对值收敛和选择算子具有较强的稳健性和重构性能。在故障诊断领域，He 等[67]利用非凸惩罚函数增强周期特征的稀疏性，并提出二进制权重下的重叠簇稀疏信号估计方法。Du 等[68]揭示了旋转机械故障动态响应的稀疏低秩特性，构造加权低秩正则化项，实现了轴承故障特征的高精度辨识。Yang 等[69]探索结构振动响应信号的稀疏先验和低秩结构先验，实现了不完整振动信号的重构。

1.2.3 基于稀疏鉴别分析的故障辨识

故障诊断的本质是模式识别问题，当故障的动态响应模式明确时，特征辨识技术可以有效实现故障的确诊。对于大型复杂系统，其非线性特性、环境的不确定性和复杂性使得其故障动态响应模式往往不明确，而采用稀疏特征辨识技术无法实现诊断功能。

稀疏鉴别分析是指通过在稀疏学习字典或者稀疏编码过程中加入样本标签信息，使得学习出的字典对不同类别的信号具有可鉴别性，因此可实现数据的自适应模式识别。Wright 等[70]提出基于稀疏表示的分类(sparse representation based classification, SRC)算法，该算法将训练数据本身作为标签的字典原子，并构建残差最小准则，实现了人脸图像的高精度模式识别，但是该算法在训练样本较大的情况下，稀疏编码的复杂度会急剧上升。针对上述问题，Yang 等[71]提出 Metaface learning 方法，对每一类数据学习出一个低维的字典，并将所有类的字典联合成一个大的稀疏分类字典。Zhang 等[72]提出鉴别 KSVD，该算法可以学习出一个稀疏表示字典和线性分类器，该线性分类器直接作用于稀疏系数上，通过使稀疏系数具有鉴别性，间接地使得字典具有鉴别性。Yang 等[73]提出 Fisher 判别字典学习方法，通过引入 Fisher 判别正则化项，保证字典和稀疏系数具有鉴别分析能力。在故障诊断领域，Yang 等[74]提出基于盲特征辨识和稀疏分类的结构损伤自适应识别算法，该算法可实现损伤的定位和损伤严重程度的判别。Zhang 等[75]提出结构化的隐标签一致字典学习算法，通过加权鉴别字典和稀疏编码实现机械设备健康状态的识别。

数据驱动的稀疏鉴别算法具有自动获取知识的能力，退化了对物理模型的要求，可实现特征辨识技术无法实现的诊断功能，尤其适用于故障机理不明确部件的诊断或者故障严重程度的辨识。然而，该类算法需要建立完整的故障状态数据库。对于样本不充足的诊断情况，数据驱动的稀疏鉴别算法无法实现故障的溯源。

1.3 本书内容

本书系统介绍稀疏表示的基本概念，阐述结构化稀疏学习诊断的基本理论，从一维结构化稀疏过渡到二维结构化稀疏，建立一系列具体的结构化稀疏学习诊断模型，以实现不同诊断问题的有效解决方案，并结合风电装备齿轮箱特征辨识和航空发动机齿轮毂裂纹诊断两个工程案例，证明了结构化稀疏学习诊断新理论的可行性。

第 1 章为绪论，从高端制造业的需求角度论述故障诊断与状态监测的必要性；介绍故障诊断与状态监测的发展情况以及稀疏理论和稀疏诊断技术的发展现状。

第 2 章主要介绍稀疏表示的基本理论，特别是稀疏表示理论的基础知识，包括信号稀疏性定义、正则化项约束、稀疏表示模型构建、稀疏表示字典构造和信号稀疏恢复算法等基础内容。

第 3 章在分析机电系统特征辨识领域中的两大主流特征辨识策略均存在显著的不足后，针对特征辨识映射 $\mathcal{M}$ 设计难题，通过分析两大主流特征辨识策略的优缺点，构造结构化稀疏学习诊断理论，并针对映射 $\mathcal{M}$ 优化模型开发广义块坐标优化求解框架，有效地融合两大主流技术的优势，并克服各自的不足，为机电系统特征辨识提供统一的数学建模手段。为证明提出理论和算法的性能，以机电装备中的微弱特征辨识问题为对象，基于结构化稀疏学习诊断理论，构建对应的层级稀疏学习诊断模型，并通过大量的仿真试验统计分析，证实层级稀疏学习诊断技术的有效性和优越性，进而表明结构化稀疏学习诊断理论的可行性和工程适用性。

第 4 章针对经典稀疏分解算法中稀疏字典的构造策略以及稀疏系数的收缩问题，提出加权稀疏分解算法，为摆脱经典稀疏分解算法高斯白噪声统计假设的约束，基于结构化稀疏学习诊断理论，将反映故障物理统计特性的包络谱峭度指标建模为权系数正则吸引子，协同到经典稀疏分解模型中，建立基于故障物理属性的稀疏系数收缩机制。进一步考虑调 Q 小波字典的多尺度滤波特性，加权稀疏分解算法在稀疏框架下可实现多尺度稀疏系数的非一致性收缩，可自适应融合故障特征子频带，克服经典滤波方法的多尺度能量泄漏问题。通过理论分析、数值试验和故障全寿命试验，验证了加权稀疏分解算法对强谐波耦合干扰下微弱特征的提取能力。

第 5 章针对冲击源的盲解调问题，假设传递路径与冲击源具有卷积调制关系，通过分析源信号在机电系统中的传递机制，分别建立信源信号的稀疏先验、幅值有界先验和包络非负先验，从而设计了非负有界稀疏吸引子。通过在目标函数中直接引入传递路径卷积调制滤波器，并融合非负有界稀疏吸引子，采用结构化稀疏学习诊断理论，构造非负有界卷积稀疏算法，克服了经典解卷积算法中逆滤波器不具有物理可解释性的问题。大量数值仿真试验和工程应用分析表明，提出的算法可以有效地解决传递路径的调制问题，直接得到故障源的包络信号，实现特征信息的高精度辨识。

第 6 章揭示大 *DN* 值航空轴承故障时域波形的混叠变异特性和频域冲击信息频带的弥散现象，分析现有轴承诊断方法的局限性，并针对上述问题，构造非局部协同稀疏学习算法。该算法针对大 *DN* 值轴承时域波形的混叠变异性，通过自适应稀疏聚类学习策略来构造稀疏表示字典；针对强谐波强噪声干扰下航空轴承振动特征微弱的问题，将信号的非局部相似性物理先验建模为非局部相似稀疏吸引子，用以衰减谐波和噪声干扰。基于上述稀疏聚类学习和非局部相似正则化策略，利用结构化稀疏学习诊断理论，构建非局部协同稀疏学习模型并给出其优化求解框架，解决了大 *DN* 值航空轴承混叠变异特征提取难题。通过数值试验和航空轴承加速疲劳寿命试验验证了该算法的有效性。

第 7 章深入分析齿轮、轴承典型故障模式的奇异值分布规律，并阐述分布规律的差异性，以此建立稀疏秩吸引子。利用在机器学习领域广泛使用的 SVD 技术，自动地从观测数据中构造合适的变换字典。为尽可能地保留大奇异值中的自相似特征信息，设计反比于奇异值幅值的加权序列。综合以上知识，基于结构化稀疏学习诊断理论，构建加权低秩学习诊断模型，并基于广义块坐标优化求解框架，开发匹配的求解器。此外，通过仿真分析，研究算法正则参数的影响机制，并开发正则参数的自动配置算法。将该技术应用于电机轴承和齿轮箱轴承的微弱特征耦合辨识问题中，相比于主流技术，构造的技术展现了显著性的优势。

第 8 章针对机械系统动部件特征信息普遍存在的周期结构，从局部分块的视角，探索局部波形集合中存在的协同稀疏先验模式，进而建立协同行稀疏吸引子。随后，利用稀疏学习的字典自适应设计策略，构建稀疏变换字典的定制化学习方案，融合协同稀疏吸引子，基于结构化稀疏学习诊断理论，提出广义协同稀疏模型，并基于广义块坐标优化求解框架，开发块临近梯度下降算法求解器。基于美国国家可再生能源实验室的齿轮箱数据，分析本章提出模型的参数演变特性，并给出一种自适应参数配置方案。最后对比小波匹配滤波和谱峭度滤波两类算法，充分地证实提出的模型和算法在特征信息周期结构描述方面的优势。

第 9 章以风电装备微弱特征辨识和航空发动机齿轮毂裂纹诊断为对象，来验证本书所提出的结构化稀疏学习诊断理论的工程有效性。在风电装备的齿轮箱微弱特征提取方面，利用加权低秩学习算法消除齿轮箱中与关注特征不相关的耦合分量，并抑制背景噪声，从而显著地提升故障源的调制波形，解决了微弱特征耦合问题；对输入的调制波形进行包络卷积稀疏学习操作，消除了传递路径导致的特征调制变异现象，并直接得到特征源的冲击包络成分，实现了齿轮箱的高精度特征辨识。在航空发动机齿轮毂裂纹诊断方面，利用等效转换给出齿轮毂裂纹故障的动态响应模式；利用自相似稀疏滤波算法消除整机振动信号的多源干扰，保留与齿轮毂相关的振动信息；通过建立协同稀疏分类原子库，利用稀疏分类算法实现了齿轮毂裂纹的自适应状态识别。

参考文献

[1] 李克强. 政府工作报告. 中华人民共和国全国人民代表大会常务委员会公报, 2017, (2): 234-249.

[2] 程道来, 吴茜, 吕庭彦, 等. 国内电站故障诊断系统的现状及发展方向. 动力工程, 1999, 19(1): 53-57.

[3] Yin S, Ding S X, Zhou D H. Diagnosis and prognosis for complicated industrial systems—Part I. IEEE Transactions on Industrial Electronics, 2016, 63(4): 2501-2505.

[4] Gao Z W, Cecati C, Ding S X. A survey of fault diagnosis and fault-tolerant techniques—Part I: Fault diagnosis with model-based and signal-besed approaches. IEEE Transactions on Industrial Electronics, 2015, 62(6): 3757-3767.

[5] Grossmann A, Morlet J. Decomposition of Hardy functions into square integrable wavelets of constant shape. SIAM Journal on Mathematical Analysis, 1984, 15(4): 723-736.

[6] Sweldens W. The lifting scheme: A construction of second generation wavelets. SIAM Journal on Mathematical Analysis, 1998, 29(2): 511-546.

[7] Qin Y, Xing J F, Mao Y F. Weak transient fault feature extraction based on an optimized Morlet wavelet and kurtosis. Measurement Science and Technology, 2016, 27(8): 085003.

[8] He S L, Chen J L, Zhou Z T, et al. Multifractal entropy based adaptive multiwavelet construction and its application for mechanical compound-fault diagnosis. Mechanical Systems and Signal Processing, 2016, 76-77: 742-758.

[9] Pan J, Chen J L, Zi Y Y, et al. Data-driven mono-component feature identification via modified nonlocal means and MEWT for mechanical drivetrain fault diagnosis. Mechanical Systems and Signal Processing, 2016, 80: 533-552.

[10] Khakipour M H, Safavi A A, Setoodeh P. Bearing fault diagnosis with morphological gradient wavelet. Journal of the Franklin Institute, 2017, 354(6): 2465-2476.

[11] Li Y B, Liang X H, Xu M Q, et al. Early fault feature extraction of rolling bearing based on ICD and tunable *Q*-factor wavelet transform. Mechanical Systems and Signal Processing, 2017, 86:

204-223.

[12] Wang D, Tsui K L. Dynamic Bayesian wavelet transform: New methodology for extraction of repetitive transients. Mechanical Systems and Signal Processing, 2017, 88 : 137-144.

[13] Cai T T, Silverman B W. Incorporating information on neighbouring coefficients into wavelet estimation. Sankhya: The Indian Journal of Statistics, Series B, 2001, 63(2): 127-148.

[14] Li Z, He Z J, Zi Y Y, et al. Customized wavelet denoising using intra-and inter-scale dependency for bearing fault detection. Journal of Sound and Vibration, 2008, 313(1-2): 342-359.

[15] Yuan J, He Z J, Zi Y Y, et al. Gearbox fault diagnosis of rolling Mills using multiwavelet sliding window neighboring coefficient denoising and optimal blind deconvolution. Science in China Series E: Technological Sciences, 2009, 52(10): 2801-2809.

[16] 张弦, 王宏力. 进化小波消噪方法及其在滚动轴承故障诊断中的应用. 机械工程学报, 2010, 46(15): 76-81.

[17] Chen J L, Wan Z G, Pan J, et al. Customized maximal-overlap multiwavelet denoising with data-driven group threshold for condition monitoring of rolling mill drivetrain. Mechanical Systems and Signal Processing, 2016, 68-69 : 44-67.

[18] Li H K, Xu F J, Liu H Y, et al. Incipient fault information determination for rolling element bearing based on synchronous averaging reassigned wavelet scalogram. Measurement, 2015, 65: 1-10.

[19] Li H, Zhang Y P, Zheng H Q. Application of Hermitian wavelet to crack fault detection in gearbox. Mechanical Systems and Signal Processing, 2011, 25(4): 1353-1363.

[20] Bozchalooi I S, Liang M. A joint resonance frequency estimation and in-band noise reduction method for enhancing the detectability of bearing fault signals. Mechanical Systems and Signal Processing, 2008, 22(4): 915-933.

[21] Antoni J. Fast computation of the Kurtogram for the detection of transient faults. Mechanical Systems and Signal Processing, 2007, 21(1): 108-124.

[22] Lei Y G, Lin J, He Z J, et al. Application of an improved kurtogram method for fault diagnosis of rolling element bearings. Mechanical Systems and Signal Processing, 2011, 25(5): 1738-1749.

[23] Wang D, Tse P W, Tsui K L. An enhanced Kurtogram method for fault diagnosis of rolling element bearings. Mechanical Systems and Signal Processing, 2013, 35(1-2): 176-199.

[24] Barszcz T, Jablonski A. A novel method for the optimal band selection for vibration signal demodulation and comparison with the Kurtogram. Mechanical Systems and Signal Processing, 2011, 25(1): 431-451.

[25] Tse P W, Wang D. The design of a new sparsogram for fast bearing fault diagnosis: Part 1 of the two related manuscripts that have a joint title as “Two automatic vibration-based fault diagnostic

methods using the novel sparsity measurement—Parts 1 and 2". Mechanical Systems and Signal Processing, 2013, 40(2): 499-519.

[26] Antoni J. The infogram: Entropic evidence of the signature of repetitive transients. Mechanical Systems and Signal Processing, 2016, 74: 73-94.

[27] He D, Wang X F, Li S C, et al. Identification of multiple faults in rotating machinery based on minimum entropy deconvolution combined with spectral kurtosis. Mechanical Systems and Signal Processing, 2016, 81: 235-249.

[28] Wang T Y, Chu F L, Han Q K, et al. Compound faults detection in gearbox via meshing resonance and spectral kurtosis methods. Journal of Sound and Vibration, 2017, 392: 367-381.

[29] Wang Y X, Xiang J W, Markert R, et al. Spectral kurtosis for fault detection, diagnosis and prognostics of rotating machines: A review with applications. Mechanical Systems and Signal Processing, 2016, 66-67: 679-698.

[30] Dragomiretskiy K, Zosso D. Variational mode decomposition. IEEE Transactions on Signal Processing, 2014, 62(3): 531-544.

[31] Li Z P, Chen J L, Zi Y Y, et al. Independence-oriented VMD to identify fault feature for wheel set bearing fault diagnosis of high speed locomotive. Mechanical Systems and Signal Processing, 2017, 85 : 512-529.

[32] Shen Z J, Chen X F, Zhang X L, et al. A novel intelligent gear fault diagnosis model based on EMD and multi-class TSVM. Measurement, 2012, 45(1): 30-40.

[33] Zhang X L, Chen W, Wang B J, et al. Intelligent fault diagnosis of rotating machinery using support vector machine with ant colony algorithm for synchronous feature selection and parameter optimization. Neurocomputing, 2015, 167: 260-279.

[34] Zhong J J, Tse P W, Wang D. Novel Bayesian inference on optimal parameters of support vector machines and its application to industrial survey data classification. Neurocomputing, 2016, 211: 159-171.

[35] Liu Z W, Guo W, Hu J H, et al. A hybrid intelligent multi-fault detection method for rotating machinery based on RSGWPT, KPCA and Twin SVM. ISA Transactions, 2017, 66: 249-261.

[36] Venkatasubramanian V, Chan K. A neural network methodology for process fault diagnosis. American Institute of Chemical Engineers Journal, 1989, 35(12): 1993-2002.

[37] Bessam B, Menacer A, Boumehraz M, et al. Detection of broken rotor bar faults in induction motor at low load using neural network. ISA Transactions, 2016, 64: 241-246.

[38] Fernando H, Surgenor B. An unsupervised artificial neural network versus a rule-based approach for fault detection and identification in an automated assembly machine. Robotics and Computer-Integrated Manufacturing, 2017, 43: 79-88.

[39] Hinton G E, Osindero S, Teh Y W. A fast learning algorithm for deep belief nets. Neural

Computation, 2006, 18(7): 1527-1554.

[40] LeCun Y, Bengio Y, Hinton G. Deep learning. Nature, 2015, 521(7553): 436-444.

[41] 雷亚国, 贾峰, 周昕, 等. 基于深度学习理论的机械装备大数据健康监测方法. 机械工程学报, 2015, 51(21): 49-56.

[42] Jia F, Lei Y G, Lin J, et al. Deep neural networks: A promising tool for fault characteristic mining and intelligent diagnosis of rotating machinery with massive data. Mechanical Systems and Signal Processing, 2016, 72-73: 303-315.

[43] Sun W J, Shao S Y, Zhao R, et al. A sparse auto-encoder-based deep neural network approach for induction motor faults classification. Measurement, 2016, 89: 171-178.

[44] Sun W J, Zhao R, Yan R Q, et al. Convolutional discriminative feature learning for induction motor fault diagnosis. IEEE Transactions on Industrial Informatics, 2017, 13(3): 1350-1359.

[45] Jing L Y, Wang T Y, Zhao M, et al. An adaptive multi-sensor data fusion method based on deep convolutional neural networks for fault diagnosis of planetary gearbox. Sensors, 2017, 17(2): 414.

[46] Hubel D H, Wiesel T N. Receptive fields of single neurones in the cat's striate cortex. The Journal of Physiology, 1959, 148(3): 574-591.

[47] Mallat S G, Zhang Z F. Matching pursuits with time-frequency dictionaries. IEEE Transactions on Signal Processing, 1993, 41(12): 3397-3415.

[48] Chen S S, Donoho D L, Saunders M A. Atomic decomposition by basis pursuit. SIAM Review, 2001, 43(1): 129-159.

[49] Feng Z P, Liang M. Complex signal analysis for wind turbine planetary gearbox fault diagnosis via iterative atomic decomposition thresholding. Journal of Sound and Vibration, 2014, 333(20): 5196-5211.

[50] Cai G G, Chen X F, He Z J. Sparsity-enabled signal decomposition using tunable *Q*-factor wavelet transform for fault feature extraction of gearbox. Mechanical Systems and Signal Processing, 2013, 41(1-2): 34-53.

[51] Cui L L, Wang J, Lee S. Matching pursuit of an adaptive impulse dictionary for bearing fault diagnosis. Journal of Sound and Vibration, 2014, 333(10): 2840-2862.

[52] Fan W, Cai G G, Zhu Z K, et al. Sparse representation of transients in wavelet basis and its application in gearbox fault feature extraction. Mechanical Systems and Signal Processing, 2015, 56-57: 230-245.

[53] He G L, Ding K, Lin H B. Gearbox coupling modulation separation method based on match pursuit and correlation filtering. Mechanical Systems and Signal Processing, 2016, 66-67: 597-611.

[54] He G L, Ding K, Lin H B. Fault feature extraction of rolling element bearings using sparse

representation. Journal of Sound and Vibration, 2016, 366: 514-527.

[55] Olshausen B A, Field D J. Emergence of simple-cell receptive field properties by learning a sparse code for natural images. Nature, 1996, 381(6583): 607-609.

[56] Engan K, Aase S O, Husoy J H. Method of optimal directions for frame design. IEEE International Conference on Acoustics, Speech, and Signal Processing, Phoenix, 1999: 2443-2446.

[57] Aharon M, Elad M, Bruckstein A. K-SVD: An algorithm for designing overcomplete dictionaries for sparse representation. IEEE Transactions on Signal Processing, 2006, 54(11): 4311-4322.

[58] Liu H N, Liu C L, Huang Y X. Adaptive feature extraction using sparse coding for machinery fault diagnosis. Mechanical Systems and Signal Processing, 2011, 25(2): 558-574.

[59] Chen X F, Du Z H, Li J M, et al. Compressed sensing based on dictionary learning for extracting impulse components. Signal Processing, 2014, 96: 94-109.

[60] Zhou H T, Chen J, Dong G M, et al. Detection and diagnosis of bearing faults using shift-invariant dictionary learning and hidden Markov model. Mechanical Systems and Signal Processing, 2016, 72-73: 65-79.

[61] Yang B Y, Liu R N, Chen X F. Fault diagnosis for a wind turbine generator bearing via sparse representation and shift-invariant K-SVD. IEEE Transactions on Industrial Informatics, 2017, 13(3): 1321-1331.

[62] Xu Z B, Chang X Y, Xu F M, et al. $L_{1/2}$ regularization: A thresholding representation theory and a fast solver. IEEE Transactions on Neural Networks and Learning Systems, 2012, 23(7): 1013-1027.

[63] Candes E J, Wakin M B, Boyd S P. Enhancing sparsity by reweighted l_1 minimization. Journal of Fourier Analysis and Applications, 2008, 14(5-6): 877-905.

[64] Selesnick I W, Bayram I. Sparse signal estimation by maximally sparse convex optimization. IEEE Transactions on Signal Processing, 2014, 62(5): 1078-1092.

[65] Yuan M, Lin Y. Model selection and estimation in regression with grouped variables. Journal of the Royal Statistical Society: Series B (Statistical Methodology), 2006, 68(1): 49-67.

[66] Huang J Z, Zhang T. The benefit of group sparsity. The Annals of Statistics, 2010, 38(4): 1978-2004.

[67] He W P, Ding Y, Zi Y Y, et al. Sparsity-based algorithm for detecting faults in rotating machines. Mechanical Systems and Signal Processing, 2016, 72-73: 46-64.

[68] Du Z H, Chen X F, Zhang H, et al. Weighted low-rank sparse model via nuclear norm minimization for bearing fault detection. Journal of Sound and Vibration, 2017, 400: 270-287.

[69] Yang Y C, Nagarajaiah S. Harnessing data structure for recovery of randomly missing structural

vibration responses time history: Sparse representation versus low-rank structure. Mechanical Systems and Signal Processing, 2016, 74: 165-182.

[70] Wright J, Yang A Y, Ganesh A, et al. Robust face recognition via sparse representation. IEEE Transactions on Pattern Analysis and Machine Intelligence, 2009, 31(2): 210-227.

[71] Yang M, Zhang L, Yang J, et al. Metaface learning for sparse representation based face recognition. 2010 IEEE International Conference on Image Processing, Hong Kong, 2010: 1601-1604.

[72] Zhang Q, Li B X. Discriminative K-SVD for dictionary learning in face recognition. IEEE Computer Society Conference on Computer Vision and Pattern Recognition (CVPR), San Francisco, 2010: 2691-2698.

[73] Yang M, Zhang L, Feng X C, et al. Sparse representation based Fisher discrimination dictionary learning for image classification. International Journal of Computer Vision, 2014, 109(3): 209-232.

[74] Yang Y C, Nagarajaiah S. Structural damage identification via a combination of blind feature extraction and sparse representation classification. Mechanical Systems and Signal Processing, 2014, 45(1): 1-23.

[75] Zhang Z, Jiang W M, Li F Z, et al. Structured latent label consistent dictionary learning for salient machine faults representation-based robust classification. IEEE Transactions on Industrial Informatics, 2017, 13(2): 644-656.

第 2 章　稀疏表示基本理论

稀疏表示理论是揭示信号内在结构上的重大突破。“稀疏”的“疏”是疏而不漏，稀疏表示的目的是既要降低处理信号的成本，又要充分揭示信号的内在结构。稀疏表示在自然界中广泛存在，如著名的奥卡姆剃刀定律：如无必要，勿增实体。而在数学中，稀疏理论是对欠定线性方程组解的一种先验假设[1]，亦称为稀疏正则化。本章将从直观的概念出发，引出稀疏理论的基本概念，并介绍常见的稀疏模型、正则化约束和字典构造以及不同稀疏模型的求解算法等。

2.1　稀疏表示理论

2.1.1　信号稀疏性定义

稀疏对于信号而言意味着“少量有效”，即只有个别非零值。图 2.1 为一维和二维稀疏示意图。

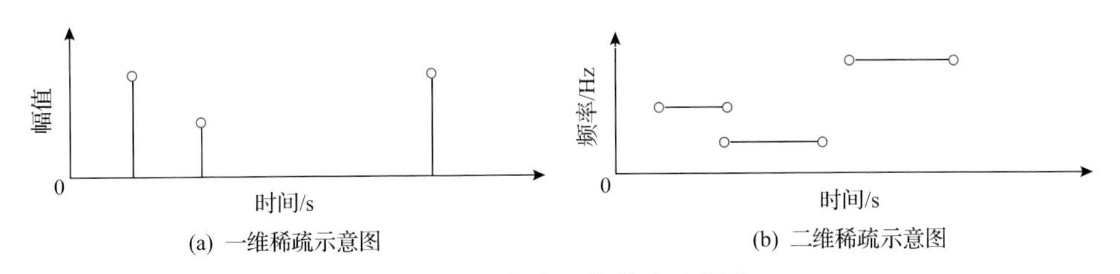

(a) 一维稀疏示意图　　(b) 二维稀疏示意图

图 2.1　一维和二维稀疏示意图

在时域中认为故障特征信号是呈现周期性组内组间稀疏的，但是特征信号往往会被强噪声淹没，所以需要构造合理的稀疏模型来反向检测特征信号，即从原始信号中提取出特征信号来判断设备健康状态。而当时域中噪声过大时，需要对原始信号进行稀疏变换(这个变换也称为字典)，在变换域中挖掘故障特征信号的稀疏特性，即可构建相应的优化模型并对其进行求解。

2.1.2　正则化项约束与稀疏表示模型

正则化是将先验知识加到数学模型中，对原模型产生约束，使得解更加符合先验假设。稀疏理论中的正则化项正如前面所述，大多为稀疏正则化项，使解的结果尽可能稀疏。对于机械系统的故障诊断问题，由于采集到的信号经常会有各种噪声的干扰，构建如下数学模型：

$$\boldsymbol{y} = \boldsymbol{x} + \boldsymbol{e} = \boldsymbol{D\alpha} + \boldsymbol{e} \tag{2.1}$$

式中，$\boldsymbol{y} \in \mathbb{R}^{m\times 1}$ 为所观测到的信号；$\boldsymbol{x} \in \mathbb{R}^{m\times 1}$ 为故障特征信号；$\boldsymbol{e} \in \mathbb{R}^{m\times 1}$ 为噪声信号；$\boldsymbol{\alpha} \in \mathbb{R}^{n\times 1}$ 为故障特征信号的稀疏表示系数；$\boldsymbol{D} \in \mathbb{R}^{m\times n}$ 为变换矩阵或者字典。

可以看出，在已知 $\boldsymbol{y}$、$\boldsymbol{D}$ 和 $\boldsymbol{e}$ 的情况下求解 $\boldsymbol{x}$，若 $\boldsymbol{D}$ 为冗余字典，即其列数远大于行数（$n \gg m$），则造成方程数小于变量数，如果不增加解的约束，难以直接求解。

稀疏正则理论则是通过构造稀疏正则化项来求解这个欠定的病态问题，该理论的基本假设是特征信号在合适的稀疏表示字典 $\boldsymbol{D} \in \mathbb{R}^{m\times n}$ 下具有稀疏的结构，即其稀疏表示系数 $\boldsymbol{\alpha}$ 是稀疏的，$\boldsymbol{\alpha}$ 的稀疏性可以用其 L_0 范数来度量，即 $\|\boldsymbol{\alpha}\|_0$（表示向量中非零元素的个数）。因此，可得到如下稀疏正则模型：

$$\begin{cases} \underset{\boldsymbol{\alpha}}{\operatorname{argmin}} \ \|\boldsymbol{\alpha}\|_0 \\ \text{s.t.} \ \|\boldsymbol{y} - \boldsymbol{D\alpha}\|_2 \leqslant \varepsilon \end{cases} \tag{2.2}$$

该模型中，$\|\boldsymbol{\alpha}\|_0$ 为稀疏正则化项，$\|\boldsymbol{y} - \boldsymbol{D\alpha}\|_2 \leqslant \varepsilon$ 为信号的保真项，ε 为噪声的方差。通过优化求解式(2.2)，可获得稀疏表示系数 $\boldsymbol{\alpha}$ 的估计 $\hat{\boldsymbol{\alpha}}$，进而得到特征信号 $\boldsymbol{x}$ 的估计 $\hat{\boldsymbol{x}}$ 为

$$\hat{\boldsymbol{x}} = \boldsymbol{D}\hat{\boldsymbol{\alpha}} \tag{2.3}$$

若对式(2.2)引入合适的拉格朗日乘子 λ，则可以等价地转化为无约束问题的求解，即

$$\underset{\boldsymbol{\alpha}}{\operatorname{argmin}} \ \frac{1}{2}\|\boldsymbol{y} - \boldsymbol{D\alpha}\|_2^2 + \lambda\|\boldsymbol{\alpha}\|_0 \tag{2.4}$$

对于此问题的求解，若 $\boldsymbol{D}$ 为标准正交矩阵，即满足 $\boldsymbol{DD}^{\mathrm{T}}=\boldsymbol{D}^{\mathrm{T}}\boldsymbol{D}=\boldsymbol{I}$，$\boldsymbol{I}$ 为单位矩阵，则存在闭式解为

$$\hat{\boldsymbol{\alpha}} = \operatorname{hard}(\boldsymbol{D}^{\mathrm{T}}\boldsymbol{y}, \sqrt{2}\lambda) \tag{2.5}$$

式中，$\operatorname{hard}(x,T)$ 为硬阈值函数，

$$\operatorname{hard}(x,T) = \begin{cases} 0, & |x| < T \\ x, & |x| > T \end{cases} \tag{2.6}$$

T 为阈值大小。

对于 L_0 范数问题，若 $\boldsymbol{D}$ 不满足正交矩阵的条件，可以使用贪婪算法进行求解。

由于 L_0 范数固有的不连续性和非光滑性，模型(2.2)是一个高度非凸的优化问题，对于非凸优化问题往往很难获得问题的最优解，存在非常多的局部极小值[2]。基于贪婪算法的稀疏优化仅仅是对原问题的估计，并非保证得到的解为问题的最优解。因此，诞生了用 L_1 范数代替 L_0 范数来近似表征信息稀疏性的正则化项 $\|\boldsymbol{\alpha}\|_1$，进而得到如下凸松弛稀疏正则模型：

$$\begin{cases}\underset{\boldsymbol{\alpha}}{\operatorname{argmin}}\ \|\boldsymbol{\alpha}\|_1 \\ \text{s.t.}\ \|\boldsymbol{y}-\boldsymbol{D}\boldsymbol{\alpha}\|_2 \leqslant \varepsilon\end{cases} \tag{2.7}$$

式中，$\|\boldsymbol{\alpha}\|_1=\sum_{i=1}^{n}|\boldsymbol{\alpha}_i|$。

引入拉格朗日乘子 λ，式(2.7)可以转化为无约束优化问题的求解：

$$\underset{\boldsymbol{\alpha}}{\operatorname{argmin}}\ \frac{1}{2}\|\boldsymbol{y}-\boldsymbol{D}\boldsymbol{\alpha}\|_2^2+\lambda\|\boldsymbol{\alpha}\|_1 \tag{2.8}$$

若 $\boldsymbol{D}$ 为正交矩阵，同样可以求得此问题的闭式解，即

$$\hat{\boldsymbol{\alpha}}=\operatorname{soft}(\boldsymbol{D}^{\mathrm{T}}\boldsymbol{y},\lambda) \tag{2.9}$$

式中，$\operatorname{soft}(x,T)$ 为软阈值函数，

$$\operatorname{soft}(x,T)=\begin{cases}x+T, & x<-T \\ 0, & |x|\leqslant T \\ x-T, & x>T\end{cases} \tag{2.10}$$

对于 L_1 范数问题，若 $\boldsymbol{D}$ 不满足正交矩阵的条件，则该优化问题不存在一个闭式的解，但是由于此时这个优化目标函数连续并且为凸函数，在凸优化理论中有很多方法可以求解。经常使用的方法有迭代收缩阈值算法(iterative shrinkage-thresholding algorithm, ISTA)和交替方向乘子法(alternating direction method of multipliers, ADMM)。

除上述这两种范数的约束外，还有其他很多种稀疏正则化项。例如，L_p 范数正则化罚函数为：$\rho(x)=\sum_i|x_i|^p\,(0<p<1)$，反正切稀疏正则化罚函数为：$\rho(x)=\frac{2}{\sqrt{3}}\left(\arctan\frac{1+2|x|}{\sqrt{3}}-\frac{\pi}{6}\right)$，对数稀疏正则化罚函数为：$\rho(x)=\lg(1+|x|)$。这些正则化项大多是非凸的，能更好地促进结果的稀疏性，但是若不进行调整，则会导致

目标函数整体上是非凸的，在求解过程中容易陷入局部最优。这个问题可以通过非凸保凸策略来解决，也就是在正则化项为非凸函数时，通过引入参数进行调整，从而保证加上数据保真项之后的整体目标函数为凸函数[3]。上面提到的三种非凸正则化项均可以通过这样的方法实现目标函数整体为凸，即可以求得较为稳定的解。

单纯地将稀疏先验作为正则化项加到目标函数中求解故障诊断问题有时候还是不够合理的，因为在机械设备发生故障时，设备运行过程中产生的冲击性故障信号大多数是以组的形式出现的，所以如果在约束信号稀疏性时，提前将信号分组，然后以组为单位约束稀疏性，会取得更好的结果，即组稀疏约束[4]。

图 2.2 为常见稀疏正则化罚函数的一维表示。可以看出，只有 L_1 范数对应的罚函数是凸的，其他罚函数均为非凸。

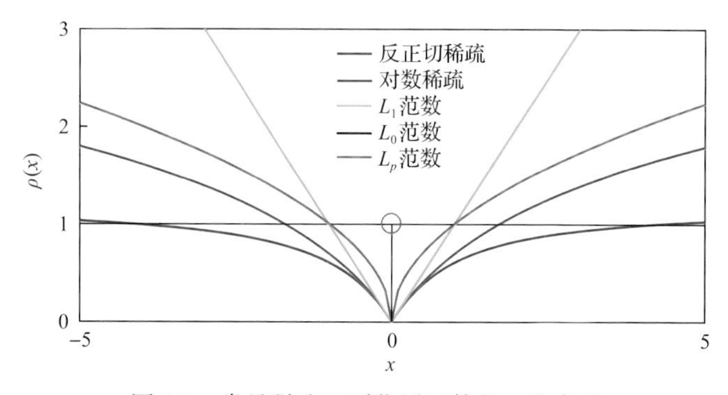

图 2.2 常见稀疏正则化罚函数的一维表示

2.2 稀疏表示字典构造

稀疏表示字典 $\boldsymbol{D}$ 是用来描述信号表示的原子集合，因此对于一类具体的信号，$\boldsymbol{D}$ 的选取至关重要，直接影响到故障特征信号稀疏表示系数 $\boldsymbol{\alpha}$ 的稀疏度，也直接影响故障特征信号重构的形态。$\boldsymbol{D}$ 的选取主要有三种思路：第一种是基于物理模型的参数化字典，主要是构造具有一定物理含义的信号，如冲击衰减信号，然后通过变换其中的参数生成一系列原子，将原子组合构成字典，该方法适用于物理先验明确情况下的字典构造；第二种是解析字典，即利用数学模型来构造具有解析范式的字典，信号与字典相乘的过程相当于对信号进行了某种变换；第三种是字典学习算法，建立信号实例的训练样本库，利用这个样本库对字典进行无监督训练。

在三种字典构造方法中，第二种方法的优点在于计算速度快，但是其稀疏化能力局限于所给定的具体数学解析表达；第一种和第三种方法运算速度均较慢，但是第三种方法可以根据所给的信号自适应地训练得到字典，适应性更强、降噪性能更出众。下面主要介绍解析字典的构造和字典学习算法的实现。

2.2.1 解析字典构造

由于解析字典的构造相对固定，并且大多存在快速算法，在实际的故障诊断中有着广泛的应用。常见的解析字典有离散余弦变换(discrete cosine transform, DCT)、离散傅里叶变换(discrete Fourier transform, DFT)和离散小波变换(discrete wavelet transform, DWT)等。小波变换由于具有丰富的基函数和良好的时频局部化能力，在机械部件局部故障检测方面具有良好的效果，因此以离散小波变换为基础的字典构造在故障诊断领域具有非常广泛的应用，下面主要介绍基于离散小波变换的字典构造。

从内积匹配原理来看，小波变换实质是一种基于信号与小波基函数相似匹配的内积变换，小波基函数和故障特征信号相似程度越高，特征在小波变换域的表示系数越稀疏，其特征在变换域内的显著程度就越高，有利于微弱特征的识别。从滤波器的角度来看，小波变换通过一系列滤波器组成小波多尺度空间的频带划分网格，利用故障特征在频域内的紧支特性，筛选出故障信息容量较高的频带，进而实现特征辨识。因此，一方面，小波基函数的选择要和故障特征尽可能匹配，提高特征在变换域的显著程度；另一方面，小波滤波器对频带网格的划分要尽可能精细，保证有一定的冗余度，避免过渡频带分析不足的问题。

经典的连续小波变换，如 Morlet 小波[5]、Laplace 小波[6]，都属于参数化的小波变换，自由度参数的连续性给小波的局部化分析能力提供较高的自由度和灵活性。然而，连续小波变换具有计算量大的特点，同时缺少快速算法。经典的离散小波变换基于 Mallat 的塔式快速算法，以快速傅里叶变换为基础，大大降低了计算复杂度。然而，离散小波变换一方面品质因子不可调节，具有较低的品质因子，不能根据实际工程应用对象灵活地匹配待分析信号的振荡属性。信号的振荡特性体现在轴承局部损伤激发的瞬态响应信号上，表征为衰减阻尼比的差异性，较小的阻尼比意味着信号具有较强的振荡特性。另一方面，离散小波变换的正交特性使得其对频带的划分固定，对过渡频带内信号分析能力不足。过完备小波紧框架成为小波研究的热点，Bayram 等[7]提出过完备分数尺度伸缩小波变换(overcomplete rational dilation wavelet transform, ORDWT)，在频域内完成小波基的设计和多尺度空间的网格划分。随后，Selesnick[8]提出调 Q 小波变换(tunable Q-factor wavelet transform, TQWT)，它综合了经典二进离散小波变换和连续小波变换各自的优点，不仅能够提供更精细且可调的频率分辨率，而且有效解决了小波基时域振荡特性的调节问题。

2.2.2　学习字典构造

本小节主要介绍两种经典的学习字典构造方法：一种称为最优方向算法(MOD)，另一种称为基于 K 均值聚类的奇异值分解算法(KSVD)。

在开始介绍之前，首先阐述学习字典构造的核心问题。现假设模型允许的偏差为 ε，要估计的字典为 $\boldsymbol{D}$，给定的训练数据为 $\{\boldsymbol{y}_i\}_{i=1}^M$，训练数据由潜在的物理模型 $M_{\{\boldsymbol{D},k_0,\boldsymbol{x},\boldsymbol{e}\}}$ 生成，则有以下优化目标函数：

$$\begin{cases}\min\limits_{\boldsymbol{D},\{\boldsymbol{x}_i\}_{i=1}^M} \sum\limits_{i=1}^{M}\|\boldsymbol{x}_i\|_0 \\ \text{s.t. } \|\boldsymbol{y}_i-\boldsymbol{D}\boldsymbol{x}_i\|_2 \leqslant \varepsilon, \quad 1\leqslant i\leqslant M\end{cases} \tag{2.11}$$

该问题将每个数据 $\boldsymbol{y}_i$ 描述为字典 $\boldsymbol{D}$ 上最稀疏的表示 $\boldsymbol{x}_i$，目的是确定字典 $\boldsymbol{D}$ 和稀疏表示 $\boldsymbol{x}_i$。显而易见，如果能找到一个解使得每个表示的非零项有 k_0 个或者更少，那么就得到可行的候选模型字典 $\boldsymbol{D}$。如果将稀疏性作为约束，目标是得到最优的拟合，那么优化目标函数就会变成以下形式：

$$\begin{cases}\min\limits_{\boldsymbol{D},\{\boldsymbol{x}_i\}_{i=1}^M} \sum\limits_{i=1}^{M}\|\boldsymbol{y}_i-\boldsymbol{D}\boldsymbol{x}_i\|_2^2 \\ \text{s.t. } \|\boldsymbol{x}_i\|_0 \leqslant k_0, \quad 1\leqslant i\leqslant M\end{cases} \tag{2.12}$$

其核心问题是这个优化目标函数是否存在解以及是否存在唯一解，因为字典原子缩放与原子顺序的交换，导致式(2.12)有多个等价的解，需探索更多的约束确保解的唯一性。

下面介绍最优方向算法。式(2.11)和式(2.12)没有通用的求解算法，但可以通过启发式的方法进行分析。式(2.11)可以看成嵌套的最小化问题，内层可以视为给定字典情况下关于表示向量 $\boldsymbol{x}_i$ 的最小化问题，外层可以视为给定 $\{\boldsymbol{x}_i\}_{i=1}^M$ 情况下定义在字典上的最小化问题，这样就可以使用交替迭代更新的方法对此问题进行求解：在第 k 步迭代，使用第 $k-1$ 步得到的字典 $\boldsymbol{D}_{k-1}$ 分别求解 M 个数据的表示向量 $\{\boldsymbol{x}_i\}_{i=1}^M$，即对训练样本库中每一个样本 $\boldsymbol{y}_i$ 进行稀疏优化分解得到 $\boldsymbol{x}_i$，这样就会得到矩阵 $\boldsymbol{X}_k$，然后再用最小二乘法更新字典原子，即

$$\boldsymbol{D}_k=\underset{\boldsymbol{D}}{\operatorname{argmin}}\|\boldsymbol{Y}-\boldsymbol{D}\boldsymbol{X}_k\|_{\mathrm{F}}^2=\boldsymbol{Y}\boldsymbol{X}_k^{\mathrm{T}}(\boldsymbol{X}_k\boldsymbol{X}_k^{\mathrm{T}})^{-1}=\boldsymbol{Y}\boldsymbol{X}_k^{+} \tag{2.13}$$

式中，$\|\cdot\|_{\mathrm{F}}$ 为 Frobenius 范数(简称 F 范数)，用来衡量重构误差。

若误差还不满足设定的迭代过程停止条件，则继续进行迭代求解，重复以上步骤直至满足迭代停止条件。这个算法称为块坐标松弛算法，又被命名为最优方向算法。

对于 KSVD 算法，在字典中除第 j_0 列 $\boldsymbol{d}_{j_0}$ 外，保持其余所有的列不变，则原子 $\boldsymbol{d}_{j_0}$ 可以通过在 $\boldsymbol{X}$ 中乘以它对应的系数来更新。按此思路，将式(2.13)重新写成如下形式：

$$\|\boldsymbol{Y}-\boldsymbol{D}\boldsymbol{X}\|_{\mathrm{F}}^2=\left\|\boldsymbol{Y}-\sum_{i=0}^{n}\boldsymbol{d}_i\boldsymbol{x}_i^{\mathrm{T}}\right\|_{\mathrm{F}}^2=\left\|\left(\boldsymbol{Y}-\sum_{i\neq j_0}\boldsymbol{d}_i\boldsymbol{x}_i^{\mathrm{T}}\right)-\boldsymbol{d}_{j_0}\boldsymbol{x}_{j_0}^{\mathrm{T}}\right\|_{\mathrm{F}}^2 \tag{2.14}$$

式中，$\boldsymbol{x}_j^{\mathrm{T}}$ 代表 $\boldsymbol{X}$ 的第 j 行，因此需要求解的变量为 $\boldsymbol{d}_{j_0}$ 和 $\boldsymbol{x}_{j_0}^{\mathrm{T}}$。定义残差项为

$$\boldsymbol{E}_{j_0}=\boldsymbol{Y}-\sum_{i=1}^{n}\boldsymbol{d}_i\boldsymbol{x}_i^{\mathrm{T}} \tag{2.15}$$

优化问题(2.14)是一个典型的秩 1 矩阵估计问题，这个问题存在最优解，通过对 $\boldsymbol{E}_{j_0}$ 进行奇异值分解(singular value decomposition，SVD)并取其最大奇异值构成的秩 1 矩阵即为问题的最优解，但是这个计算过程往往会得到一个非零值较多的向量 $\boldsymbol{x}_{j_0}^{\mathrm{T}}$，这意味着矩阵 $\boldsymbol{X}$ 的整体稠密性也会增加。为确保在求解过程中矩阵 $\boldsymbol{X}$ 的稀疏性不被破坏，并且可以让误差矩阵达到最小，取出 $\boldsymbol{E}_{j_0}$ 的一个子集，这个子集中的列与样本集中所使用的第 j_0 个原子的信号相对应，即这些列对应的位置就是向量 $\boldsymbol{x}_{j_0}^{\mathrm{T}}$ 中非零值对应的向量。这样只允许 $\boldsymbol{x}_{j_0}^{\mathrm{T}}$ 中非零项对应的系数进行变化，就可以保证矩阵 $\boldsymbol{X}$ 整体稀疏性不被破坏。定义一个约束算子 $\boldsymbol{P}_{j_0}\in\mathbb{R}^{M\times M_{j_0}}$，它右乘 $\boldsymbol{E}_{j_0}$ 可以消去非相关列，对于 $\boldsymbol{x}_{j_0}^{\mathrm{T}}$ 的约束可以定义为 $\left(\boldsymbol{x}_{j_0}^{R}\right)^{\mathrm{T}}=\boldsymbol{x}_{j_0}^{\mathrm{T}}\boldsymbol{P}_{j_0}$，这个操作仅用来选择非零项。

同样对于子矩阵 $\boldsymbol{E}_{j_0}\boldsymbol{P}_{j_0}$，可以通过 SVD 算法得到秩为 1 的矩阵，用来更新原子 $\boldsymbol{d}_{j_0}$ 和对应的稀疏表示系数 $\boldsymbol{x}_{j_0}^{R}$，这样的并行更新可以大大加快训练算法的收敛速度。

2.3　稀疏信号恢复算法

对于式(2.2)中的 L_0 范数约束问题，可以看出解主要由两个有效的成分组成，一个是解的支撑(非零元位置的集合)，另一个是对应支撑上的值，可以通过贪婪

算法进行求解，即每次迭代时从信号中发现一个或一组最匹配原始信号的稀疏系数支撑集，并利用最小二乘法来得到信号的稀疏解。典型代表为匹配追踪(matching pursuit, MP)[9]、正交匹配追踪(orthogonal matching pursuit, OMP)[10]和逐级正交匹配追踪(stagewise orthogonal matching pursuit, StOMP)[11]等。

由于式(2.7)中的 L_1 范数约束问题属于凸优化问题，可以通过传统的凸优化工具包[12]进行求解。但是对于大规模问题，凸优化工具包计算复杂度较高，这时可以使用各类一阶优化算法框架(并行变量固定点算法[13]、交替方向乘子法[14]等)及其加速算法。

2.3.1　贪婪算法

对于 L_0 范数问题，若 $\boldsymbol{D}$ 不满足正交矩阵的条件，一般情况下可以使用贪婪算法进行求解。贪婪算法中的 MP 策略简单直观，对于如下优化问题：

$$\begin{cases} \underset{\boldsymbol{\alpha}}{\operatorname{argmin}} \ \|\boldsymbol{\alpha}\|_0 \\ \text{s.t.} \ \|\boldsymbol{y}-\boldsymbol{D\alpha}\|_2 \leqslant \varepsilon \end{cases} \tag{2.16}$$

先假设 $\|\boldsymbol{\alpha}\|_0=1$，即 $\boldsymbol{\alpha}$ 中只有一个非零元的情况，求解出一个最佳非零元素索引和对应的系数。从字典 $\boldsymbol{D}$ 中找出一个 $\boldsymbol{d}_{i_0}$ 和求解出对应的 $\boldsymbol{\alpha}_{i_0}$，使得 $\|\boldsymbol{y}-\boldsymbol{d}_{i_0}\boldsymbol{\alpha}_{i_0}\|_2$ 达到最小值，若此时还不满足 $\|\boldsymbol{y}-\boldsymbol{D\alpha}\|_2 \leqslant \varepsilon$，则设 $\|\boldsymbol{\alpha}\|_0=2$，并保持第一次找到的非零元素索引和对应的系数不变，寻找第二个非零元素索引并求解对应的系数，以此类推，直到满足 $\|\boldsymbol{y}-\boldsymbol{D\alpha}\|_2 \leqslant \varepsilon$，就停止运算。以上过程即为 MP 算法的基本过程，具体流程见算法 2.1。

算法 2.1　MP 算法

目标函数：近似求解 L_0 范数约束问题 $\begin{cases} \underset{\boldsymbol{\alpha}}{\operatorname{argmin}} \ \|\boldsymbol{\alpha}\|_0 \\ \text{s.t.} \ \|\boldsymbol{y}-\boldsymbol{D\alpha}\|_2 \leqslant \varepsilon \end{cases}$。

输入：带噪声的观测信号 $\boldsymbol{y}$，迭代过程停止参数 $\delta \leqslant \varepsilon$。

输出：提取的特征信号 $\hat{\boldsymbol{\alpha}}$。

初始化：$k=0, \boldsymbol{\alpha}^0=\boldsymbol{0}, \boldsymbol{r}^0=\boldsymbol{y}-\boldsymbol{D\alpha}^0=\boldsymbol{y}, S^0=\text{Support}\left\{\boldsymbol{\alpha}^0\right\}$。

主要迭代：每次循环给 k 加 1，重复以下步骤：

(1)扫描：利用优化的参数选择计算 $\varepsilon(j)=\min\limits_{\boldsymbol{\alpha}_j}\left\|\boldsymbol{d}_j\boldsymbol{\alpha}_j-\boldsymbol{r}^{k-1}\right\|_2^2$。

(2)更新支撑集：确定最小 $\varepsilon(j)$ 对应的 j_0，更新支撑集 $S^k=S^{k-1}\cup\{j_0\}$。

---

(3) 更新临时解：$\boldsymbol{\alpha}^k=\boldsymbol{\alpha}^{k-1}$，更新元素 $\alpha^k(j_0)=\alpha^{k-1}(j_0)+\alpha_{j_0}^*$。

(4) 更新残差：$\boldsymbol{r}^k=\boldsymbol{y}-\boldsymbol{D}\boldsymbol{\alpha}^k=\boldsymbol{r}^{k-1}-\boldsymbol{\alpha}_{j_0}^*\boldsymbol{d}_{j_0}$。

(5) 停止条件：如果 $\left\|\boldsymbol{r}^k\right\|_2\leqslant\delta$，停止迭代，否则继续。

输出： k 次迭代之后获得优化解 $\hat{\boldsymbol{\alpha}}=\boldsymbol{\alpha}^k$。

注：k 为迭代次数；$\boldsymbol{r}^k$ 为第 k 次迭代的残差；S^k 为第 k 次迭代后解 $\boldsymbol{\alpha}^k$ 的支撑集。

为了改进 MP 算法的性能，OMP 算法迭代是在临时支撑集中更新所有系数的幅值，使得残差与支撑集向量正交，其具体流程见算法 2.2。

算法 2.2　OMP 算法

目标函数： 近似求解 L_0 范数约束问题 $\begin{cases}\underset{\boldsymbol{\alpha}}{\operatorname{argmin}}\ \|\boldsymbol{\alpha}\|_0\\ \text{s.t.}\ \|\boldsymbol{y}-\boldsymbol{D}\boldsymbol{\alpha}\|_2\leqslant\varepsilon\end{cases}$。

输入： 带噪声的观测信号 $\boldsymbol{y}$，迭代过程停止参数 $\delta\leqslant\varepsilon$。

输出： 提取的特征信号 $\hat{\boldsymbol{\alpha}}$。

初始化： $k=0,\boldsymbol{\alpha}^0=\boldsymbol{0},\boldsymbol{r}^0=\boldsymbol{y}-\boldsymbol{D}\boldsymbol{\alpha}^0=\boldsymbol{y},S^0=\text{Support}\left\{\boldsymbol{\alpha}^0\right\}$。

主要迭代： 每次循环给 k 加 1，重复以下步骤：

(1) 扫描：利用优化的参数选择计算 $\varepsilon(j)=\min\limits_{\boldsymbol{\alpha}_j}\left\|\boldsymbol{d}_j\boldsymbol{\alpha}_j-\boldsymbol{r}^{k-1}\right\|_2^2$。

(2) 更新支撑集：确定最小 $\varepsilon(j)$ 对应的 j_0，更新支撑集 $S^k=S^{k-1}\cup\{j_0\}$。

(3) 更新临时解：在支撑集 $\text{Support}\{\alpha\}=S^k$ 条件下，计算使得 $\|\boldsymbol{y}-\boldsymbol{D}\boldsymbol{\alpha}\|_2^2$ 达到最小值的 α^k。

(4) 更新残差：$\boldsymbol{r}^k=\boldsymbol{y}-\boldsymbol{D}\boldsymbol{\alpha}^k$。

(5) 停止条件：如果 $\left\|\boldsymbol{r}^k\right\|_2\leqslant\delta$，停止迭代，否则继续。

输出： k 次迭代之后获得优化解 $\hat{\boldsymbol{\alpha}}=\boldsymbol{\alpha}^k$。

2.3.2　凸优化算法

对于一般的优化问题，可以写成如下形式：

$$\begin{cases}\min\ f_0(\boldsymbol{x})\\ \text{s.t.}\ h_i(\boldsymbol{x})=0,\quad i=1,2,\cdots,p\\ \qquad f_j(\boldsymbol{x})\leqslant 0,\quad j=1,2,\cdots,m\end{cases}\tag{2.17}$$

如果式(2.17)中等式约束为仿射函数，即 $\boldsymbol{a}_i^{\mathrm{T}}\boldsymbol{x}=b_i,\ i=1,2,\cdots,p$，并且 $f_0(\boldsymbol{x})$ 和 $f_j(\boldsymbol{x})$ 均为凸函数，则此问题为凸优化问题，可以通过相应的凸优化工具包对其进行求解[13]。

对于 L_1 范数约束稀疏模型，如果信号中不包含噪声，则优化问题变成如下形式：

$$\begin{cases}\underset{\boldsymbol{\alpha}}{\operatorname{argmin}}\ \|\boldsymbol{\alpha}\|_1\\ \text{s.t.}\ \ \boldsymbol{y}=\boldsymbol{D\alpha}\end{cases}\tag{2.18}$$

这是一个非常经典的线性规划(linear programming, LP)问题，它可以转化为式(2.19)所示的形式，使用各种线性规划的算法求解：

$$\begin{cases}\min \mathbf{1}^{\mathrm{T}}\boldsymbol{t}\\ \text{s.t.}\ -\boldsymbol{t}\leqslant\boldsymbol{\alpha}\leqslant\boldsymbol{t}\\ \qquad \boldsymbol{y}=\boldsymbol{D\alpha}\end{cases}\tag{2.19}$$

对于噪声下的稀疏模型(2.8)，由于目标函数为二次形式，它是一个二次规划(quadratic programming, QP)问题，可以采用凸优化算法(内点法等)来求解。

由于式(2.8)所示优化目标函数是凸的，相对较容易求解，故可以使用的方法包括 ISTA、ADMM 等。这里仅介绍 ISTA，其余的算法请读者自行查阅相关资料。

ISTA 可以通过多种方法推导。一种思路是从最经典的梯度下降法出发，利用邻近算子和极大极小 MM 算法，结合泰勒展开式，即可以推导出 ISTA，具体流程见算法 2.3。

算法 2.3　ISTA

输入：带噪声的观测信号 $\boldsymbol{y}$，$\lambda>0,\ 0<\mu<1/\left\|D^{\mathrm{T}}D\right\|_2$。

输出：提取的特征信号 $\hat{\boldsymbol{\alpha}}$。

初始化：$\boldsymbol{\alpha}^{(0)}=\boldsymbol{D}^{\mathrm{T}}\boldsymbol{y}$，$k$=0, δ。

主要迭代：每次循环给 k 加 1，直到 K，执行以下步骤：

$$\boldsymbol{u}^{(k)}=\boldsymbol{\alpha}^{(k)}-\mu\boldsymbol{D}^{\mathrm{T}}\left(\boldsymbol{D\alpha}^{(k)}-\boldsymbol{y}\right)$$

$$\boldsymbol{\alpha}^{(k+1)}=\operatorname{soft}\left(\boldsymbol{u}^{(k)};\mu\lambda\right)$$

停止条件： $\|\alpha^{k+1}-\alpha^{k}\|_2/\|\alpha^{k}\|_2$ 小于误差容限δ。

返回： $\hat{\boldsymbol{\alpha}}=\boldsymbol{\alpha}^{(k+1)}$。

注：μ 为步长参数，$\boldsymbol{u}^{(k)}$ 为中间变量。

参考文献

[1] Elad M. Sparse and redundant representations: From theory to applications. Signal and Image Processing, 2010, 2(1): 1094-1097.

[2] Bruckstein A M, Donoho D L, Elad M. From sparse solutions of systems of equations to sparse modeling of signals and images. SIAM Review, 2009, 51(1): 34-81.

[3] Chen P Y, Selesnick I W. Group-sparse signal denoising: Non-convex regularization, convex optimization. IEEE Transactions on Signal Processing, 2014, 62(13): 3464-3478.

[4] Zhao Z B, Wu S M, Qiao B J, et al. Enhanced sparse period-group lasso for bearing fault diagnosis. IEEE Transactions on Industrial Electronics, 2019, 66(3): 2143-2153.

[5] Grossmann A, Morlet J. Decomposition of hardy functions into square integrable wavelets of constant shape. SIAM Journal on Mathematical Analysis, 2006, 15(4): 723-736.

[6] Unser M, Sage D, van de Ville D. Multiresolution monogenic signal analysis using the Riesz-Laplace wavelet transform. IEEE Transactions on Image Processing, 2009, 18(11): 2402-2418.

[7] Bayram I, Selesnick I W. Frequency-domain design of overcomplete rational-dilation wavelet transforms. IEEE Transactions on Signal Processing, 2009, 57(8): 2957-2972.

[8] Selesnick I W. Wavelet transform with tunable Q-factor. IEEE Transactions on Signal Processing, 2011, 59(8): 3560-3575.

[9] Mallat S G, Zhang Z F. Matching pursuits with time-frequency dictionaries. IEEE Transactions on Signal Processing, 1993, 41(12): 3397-3415.

[10] Tropp J A, Gilbert A C. Signal recovery from random measurements via orthogonal matching pursuit. IEEE Transactions on Information Theory, 2007, 53(12): 4655-4666.

[11] Donoho D L, Tsaig Y, Drori I, et al. Sparse solution of underdetermined systems of linear equations by stagewise orthogonal matching pursuit. IEEE Transactions on Information Theory, 2012, 58(2): 1094-1121.

[12] Boyd S, Vandenberghe L. Convex Optimization. 北京：世界图书出版公司, 2013.

[13] Combettes P L, Pesquet J. Fixed-Point Algorithms for Inverse Problems in Science and Engineering. Berlin: Springer, 2011: 185-212.

[14] Boyd S, Parikh N, Chu E, et al. Distributed optimization and statistical learning via the alternating direction method of multipliers. Foundations and Trends in Machine Learning, 2010, 3(1): 1-122.

第3章　结构化稀疏学习诊断理论

特征辨识的核心目标是增强特征信息的显著度，削弱或者移除噪声和耦合干扰成分的影响，并挖掘观测信息中隐藏的退化模式，从而辨识机电系统的健康状态[1-4]。特征信息 $\boldsymbol{x} \in \mathbb{R}^{m\times 1}$ 在从特征源传递到感知系统的过程中历经了大量的噪声和其余分量干扰，以及传递路径多样化的调制，使得观测数据 $\boldsymbol{y} \in \mathbb{R}^{m\times 1}$ 呈现出复杂的内部结构关系。为降低特征辨识问题的复杂性，本章采用经典的加性卷积模型来描述观测信号的形成过程，得到信号模型：

$$\boldsymbol{y} = \sum_{k=1}^{\mathcal{K}} \boldsymbol{f}_k * \boldsymbol{x}_k + \sum_{j=1}^{\mathcal{J}} \boldsymbol{f}_j * \boldsymbol{h}_j + \boldsymbol{e} \tag{3.1}$$

式中，$\boldsymbol{x}_k$ 为工程专家关注的机电系统特征信息；$\boldsymbol{h}_j$ 为机电系统中的耦合干扰分量；$\boldsymbol{f}_k$ 和 $\boldsymbol{f}_j$ 为不同信号分量 $\boldsymbol{x}_i$ 和 $\boldsymbol{x}_j$ 受到的多类传递路径的调制效应；$*$为卷积运算符号；$\boldsymbol{e} \in \mathbb{R}^{m\times 1}$ 为与 $\boldsymbol{x}$ 相关的所有无规律信号成分的总体效应，依据统计学中的大数定理，$\boldsymbol{e}$ 可近似建模为独立同分布的高斯白噪声。

特征辨识过程本质上在于构成合适的映射 $\mathcal{M}$，它满足以下约束要求：

$$\mathcal{M} := \begin{cases} \boldsymbol{y} \in \mathbb{R}^{m\times 1} \mapsto x_k, & k \in [\mathcal{K}] \\ \{h_j\} \mapsto \mathcal{N}, & j \in [\mathcal{J}] \end{cases} \tag{3.2}$$

式中，$[\mathcal{K}]$ 为集合 $\{1 \ \cdots \ \mathcal{K}\}$；$[\mathcal{J}]$ 为集合 $\{1 \ \cdots \ \mathcal{J}\}$；$\mathcal{N}$ 为映射 $\mathcal{M}$ 的零空间。

为便于下面描述，本章定义了如图 3.1 所示的三类空间结构：

(1) 参数空间，指映射 $\mathcal{M}$ 的所有模型参数取值范围及其可能的 $[\mathcal{K}]$ 组合模式。

(2) 可行参数空间，是参数空间的子集，此子集中的模型参数使得映射不但能可靠地从耦合数据中分离出特征信息，而且赋予特征优秀的鉴别能力。

(3) 约束参数空间，是可行参数空间的子集，式中的模型参数不但使得映射检测的特征具有鉴别特性，而且能有效地反映机电系统的物理结构信息。

基于以下三方面的原因，可以发现设计最优映射 $\mathcal{M}$ 并解决特征辨识问题是一个非常具有挑战性的任务。

(1) 寻求映射 $\mathcal{M}$ 是一个高度病态的欠定问题。设观测数据的维数为 $m = 1000$，特征信息类别为 $\mathcal{K}$=2，整个系统中产生干扰的部件数量为 $\mathcal{J} = 10$，则为仅恢复特

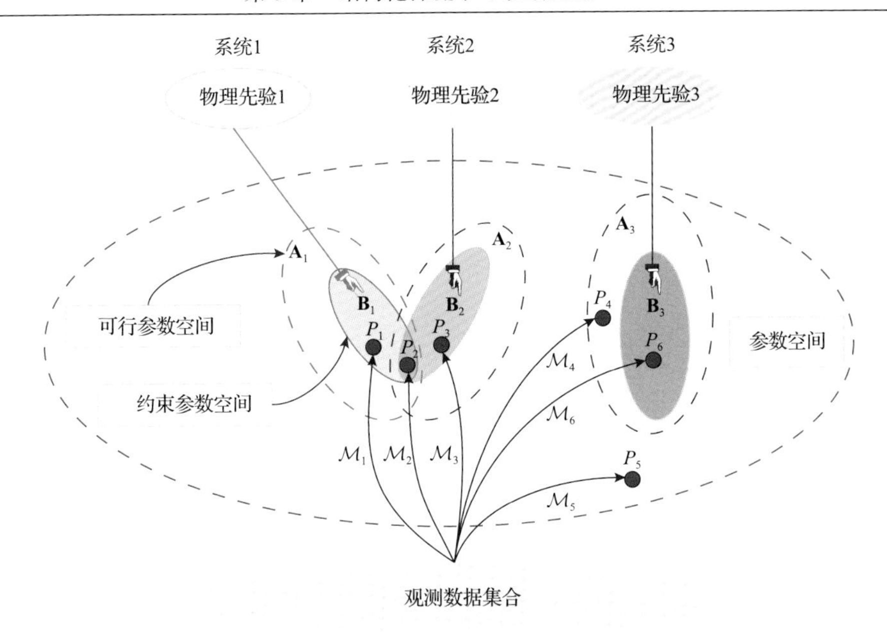

图 3.1　特征辨识策略的参数空间结构和映射模型关系

征信息$\{\boldsymbol{x}_1,\boldsymbol{x}_2\}$，设计线性映射$\mathcal{M}$需要确定的参数量为$2\times1000\times1000=2\times10^6$，这远大于观测信号的数据量$10^3$。因此，寻求映射$\mathcal{M}$需要优化参数的数量近似为$\mathcal{O}\left((\mathcal{K}+\mathcal{J})m^2\right)$，相对于观测信号的数据量$m$，$\mathcal{M}$的构造是一个高度的欠定问题，无唯一最优解。

(2) 以专家知识为核心的特征匹配滤波策略的数学本质是利用源特征$\{\boldsymbol{x}_i\}$的先验知识或统计分布规律，有效地把映射$\mathcal{M}$的搜寻空间缩小为约束参数空间，为映射$\mathcal{M}$的设计提供关键性的指导，极大地降低问题的欠定性。利用系统特定的物理先验信息，映射$\mathcal{M}$的参数空间$\mathcal{O}\left((\mathcal{K}+\mathcal{J})m^2\right)$被极大地缩减为$\mathbf{B}_1$、$\mathbf{B}_2$和$\mathbf{B}_3$，建立在系统的运行状态信息可观测性假设之上，把系统结构信息预示的约束参数空间作为目标，以大量可靠的观测数据集为出发点，通过设计匹配的映射$\mathcal{M}_1$、$\mathcal{M}_3$和$\mathcal{M}_6$，可快速收敛到不同系统映射$\mathcal{M}$的较优参数点P_1、P_3和P_6，从而实现系统隐藏的特征模式辨识。然而，特征匹配策略具有三方面的内在不足：①依据系统特殊结构化信息而设计的匹配映射模式难以推广到其余系统特征辨识任务中，例如，在图 3.1 中，由于系统 1 与系统 3 属于非相关系统，定制于系统 1 的映射$\mathcal{M}_1$几乎无法自动地收敛到系统 3 预示的约束参数空间$\mathbf{B}_3$。②即使对于具有约束参数空间交集的相似系统 2，由于系统 1 和系统 2 的共同约束参数空间较小，映射$\mathcal{M}_1$收敛到P_2的概率较小，需要大量的参数调节工作来增加映射$\mathcal{M}_1$的泛化水平，极大地降低寻求映射$\mathcal{M}$的效率。与其如此，不如探索更多的系统结构化信息来修正映射设计方案产生新的映射$\mathcal{M}_2$或者直接设计定制于系统 2 的映射$\mathcal{M}_3$。③复杂系统具有显著的随机现象、混沌现象和耦合现象，专家知识往往是深度简化的模型表示，因此对系统规律或统计特性的揭示具有较大的局限性，使得在设计映射$\mathcal{M}$时，其参考的约束参数空间$\mathbf{B}_1$、$\mathbf{B}_2$和$\mathbf{B}_3$与真实的系统参数空间具有显著的误差，因此在复杂系统的特征辨识任务中，会导致较高的误检率，难以达到机电装备诊断的工程需求。

(3) 以数据为中心的智能学习策略的数学本征在于通过设计一组学习正则化描述规则，并强加相对普适的约束来减少参数空间的搜寻范围和消除学习系统的病态性，从而实现从数据$\boldsymbol{y}$中自动挖掘并辨识隐藏的真实机电系统状态信息。学习正则化规则以期望风险最小化为目标，通过智能地从数据中获得新的知识来逐级迭代更新映射$\mathcal{M}$的参数分布，自动逼近可行参数空间$\mathbf{A}_1$、$\mathbf{A}_2$和$\mathbf{A}_3$。可行参数空间的建立是学习正则化规则与观测数据集综合交互的必然，但这对于算法的设计者和使用者均是黑箱，因此消除了对专家知识的依赖，具有较好的普适性，为快速地解决机电系统的特征辨识问题提供了简单实用的方案。然而，学习正则化规则完全依赖于机电系统的海量观测数据集，缺少对机电系统内在规律的考虑，产生了以下问题：依据学习类算法的采样复杂性分析[5-8]，可以看出有效地逼近学习算法的可行参数空间与非相关样本数量的关系为

$$\mathcal{O}\left(\left(\mathcal{K}+\mathcal{J}\right)m^2\right)\simeq\mathcal{O}\left(\left(\mathcal{K}+\mathcal{J}\right)\left(L+1\right)\begin{bmatrix}m\\L\end{bmatrix}\right)\simeq\mathcal{O}\left(\left(\mathcal{K}+\mathcal{J}\right)m^L\right)$$

式中，L为样本数据在匹配的变换空间中有效支撑集合的集度。

对于高可靠性的机电系统，如航空发动机、燃气涡轮机、高铁机车等，异常状态或者故障损伤模式的大数据观测样本往往难以有效获取，或者需要极为漫长的时间历程，极大地限制了智能学习类算法的有效性。智能学习策略的目标函数一般是高度非凸的，具有大量的局部极小值点和鞍点，非凸优化求解技术发展并不成熟，导致搜寻过程收敛到较差的局部极值点或者不稳定的鞍点，因此构造的映射$\mathcal{M}$难以到达约束参数空间，甚至驻停在可行参数空间之外。由于初始条件或者初始参数的差异，从同一观测数据集中学习得到的三类映射$\mathcal{M}_4$、$\mathcal{M}_5$、$\mathcal{M}_6$分别收敛到不同的目标点P_4、P_5和P_6，极大地增加了特征辨识的不确定性。尽管可行参数空间$\mathbf{A}_1$、$\mathbf{A}_2$和$\mathbf{A}_3$的解已经为特征辨识提供优秀的辨识精度，但是由于约束参数空间$\mathbf{B}_1$、$\mathbf{B}_2$和$\mathbf{B}_3$的区域仅是可行参数空间相对较小的子集，智能学习策略的解缺少明显的物理可解释性，极大地降低了特征信息溯源的概率，阻碍了进一步深度分析的进程。

针对特征辨识中映射设计难题，本章提出统一的结构化稀疏学习诊断理论。该理论充分利用了被诊断机电系统的故障动力学特性和特征统计先验规律等结构化知识，智能地从观测数据中学习并构建稀疏诊断模型，核心是以稀疏的视角描述机电系统的先验知识，严格地建模为结构化吸引子，进行自适应特征挖掘，让观测数据“发声”，自主学习结构化知识的稀疏表征空间，达到最优的特征辨识与故障诊断精度。

本章首先介绍结构化稀疏学习诊断理论的核心要素，进而提出统一的数学模型，并探讨理论模型的解空间结构和复杂度；接着利用块坐标下降技术开发广义求解算法框架；最后将模型和算法应用于经典特征辨识任务中的微弱冲击特征检测问题。大量的数值算例和统计分析表明，相对于主流的小波特征辨识技术，结构化稀疏学习诊断理论具有十分显著的优势，证实了其可行性和优越性。

3.1　结构化稀疏学习诊断核心要素

结构化稀疏学习诊断理论的有效性极大地依赖于机电系统结构信息的先验描述和匹配的坐标表达系统。针对特征信息的内在固有属性进行全面的分析，抽象为数学可描述的结构化信息素，通过正则化手段融入优化目标函数中，保证了特征信息的物理可解释性，从而结构化特征信息可被正则描述确立为第一要素。人工智能学习理论可从数据中自动挖掘适当的坐标表示系统，使得特征信息能量具有高度的集聚性，其表示系数呈现稀疏模式，减少了对专家知识的依赖，提高了模型的泛化能力，因而可把特征信息的稀疏表征坐标系统从数据中自动学习组建确立为第二要素。

3.1.1　结构化正则描述

机电系统的结构化特征是人类对其全寿命演变规律的数学抽象认知集合，揭示了系统内在零部件之间的相互作用机制，提供了一条有效的途径窥探机电系统内在规律。结构化特征的建立方式可粗略地分为以下两类。

1) 基于动力学的理论分析

机电系统在动力的作用下传递力、扭矩和信息，驱动零部件完成预定的动作和任务。在这一基本运动过程中，可利用动力学理论体系对系统进行深入分析，获得机电系统的动力学演变模型，从而构建机电系统的结构化特征。代表性的例子是研究较为深入的齿轮传动系统建模分析，通过对其各个零部件进行建模分析，可把一对齿轮啮合系统抽象为二阶质量弹簧阻尼系统[1]。基于齿轮的参数和工作环境，可较为准确地预知齿轮不同健康状态下传感器测点处的振动响应模式，从而建立齿轮的调幅调频结构化特征[2]。

2)基于数据挖掘的统计分析

机电系统从健康状态演变到退化状态时，常常伴随着振动、温度、电压、电流、功率等状态信息的改变。通过传感系统对这些状态量的采集、分析、整理，可建立表征机电系统运行过程的大数据仓库。利用统计分析方法对大数据集进行深度挖掘，可有效地建立描述机电系统内在规律的统计模型，进而设计出结构化特征。典型的例子是轴承系统的局部故障特征信息分析，基于大量轴承数据统计分析，结合概率分布拟合方法，有效地把轴承退化响应信息建模为二阶循环平稳信号，从而建立以峭度为核心的结构化特征[3]。

因此，机电系统的状态信息可严格地建模为结构化正则描述，对应到特定的数学表达式。一些常见的机电系统结构化特征的数学描述如表 3.1 所示。

表 3.1　机电系统常见结构化特征的数学描述

机电现象	模型	数学描述
惯性现象	自回归滑动平均模型	$\boldsymbol{x}_t = \sum_{j=0}^{q} \beta_j \boldsymbol{\varepsilon}_{t-j} - \sum_{i=1}^{p} \alpha_i \boldsymbol{x}_{t-i}$
光滑现象	多项式拟合模型	$S(\boldsymbol{x}) = \sum_{i=0}^{r} \alpha_i \boldsymbol{x}^i$
自相似现象	时域同步平均模型	$y(n\Delta t) = \frac{1}{N}\sum_{r=0}^{N-1} x(n\Delta t - rM\Delta t)$
准周期调制现象	循环平稳模型	$C_x^{\alpha}(\tau)_k = \lim_{T\to\infty}\frac{1}{T}\int_0^T c_x(t,\tau)_k \mathrm{e}^{-\mathrm{j}2\pi\alpha t}\mathrm{d}t$
分段光滑现象	全变差模型	$\Vert\nabla\boldsymbol{x}\Vert_1$
稀疏现象	稀疏促进模型	$\Vert\boldsymbol{x}\Vert_p, 0 \leqslant p \leqslant 1$

3.1.2　稀疏表征系统学习

稀疏理论是针对目标特征信息，构造匹配的字典或者表征系统，使得特征信息在此表征系统下具有高度的能量集聚性，而其余信号分量和噪声要么分散到不相干的表示系数上，要么均匀分布到整个表征空间，从而实现特征信息的稀疏表达，增强其显著性，消除耦合成分和噪声的影响，为机电系统的特征信息表征提供新的方向[4]。因此，字典或者表征系统的设计是稀疏理论的关键问题之一。然而，针对机电装备系统的工程信号，构造解析的字典或者表征系统是一个非常具有挑战性的工作，主要有以下三方面难点。

(1)字典原子与特征信息很难具有一致的振动形态。

机电系统的复杂结构阻碍了系统动力学参数的精确获取，从而难以建立特征信息振动形态的解析表达式，使得构造的原子无法有效地逼近特征形态的真实波形，降低特征信息的能量集聚性，难以满足稀疏理论的假设，尤其是对于服役于极端工况的工业系统。

(2) 观测信号具有复杂的结构和难以准确识别的耦合模式。

在构造字典原子时，由于无法准确地预知干扰分量和噪声成分的表征系数集合，特征信息在表征系统中的系数支撑集与其余成分有较高的重叠，不可避免地保留了干扰信号，降低了稀疏理论的有效性。

(3) 字典缺少优秀的数学特性，导致了微弱特征信息的漏检。

典型的例子是子空间变换设计技术[5]，基于关注对象的深度专家知识，可获得特征信息的近似解析描述，通过大量的计算来选择较优的原子子集，把观测信号投影到原子子集描述的子空间，从而实现特征信息的分离和辨识。然而，搜寻的子空间常常仅是特征信息所在空间的一个逼近，不可避免地导致大量特征信息的漏检，无法可靠地检测出微弱特征信息[6]。

人工智能学习理论为稀疏表征系统的构建提供了新的可行途径，成功地克服了解析设计的困境。首先，稀疏表征系统的设计不再完全依赖于专家知识，而是让机电装备系统的观测数据“发声”，自动地从数据中挖掘出特征信息的稀疏表示原子集。其次，在表征系统学习过程中，可以方便地向字典中加入任意的数学特性约束，增强字典的表达能力，促进稀疏性。最后，学习理论可以组建任意有限维度的特征波形原子，甚至无解析表达式的原子，为表征系统的设计提供巨大的可行性和灵活性。

下面通过图形化的对比分析来形象地展示稀疏表征系统在智能学习过程中出现的历经状态和相应解的模式。图 3.2 为同一数据在 4 个表征系统下的分布模式，其中图(a)和图(d)表征系统中的数据可通过 1 个非零坐标的表示系数(α_1和α_4)进行表达，图(b)和图(c)表征系统下的表示系数(α_2和α_3)具有 2 个非零坐标，具有相对稠密的特性。由于坐标系统$\boldsymbol{\Phi}_1$、$\boldsymbol{\Phi}_2$、$\boldsymbol{\Phi}_3$和$\boldsymbol{\Phi}_4$均可从数据中自动地学习构建，为实现观测数据的稀疏表示，可从数据中学习出坐标系旋转矩阵，使得$\boldsymbol{\Phi}_2$、$\boldsymbol{\Phi}_3$逼近$\boldsymbol{\Phi}_1$或$\boldsymbol{\Phi}_4$，再次实现α_2和α_3呈现稀疏结构。由此可以看出，人工智能学习理论通过组建不同表征系统来自适应地改变数据与稀疏约束范数之间的相对分布模式，从而可实现特征信息在匹配空间下的自适应稀疏表征。

因此，通过观测数据集可自适应地学习匹配的稀疏表征系统，有效地提高了特征信息的能量集聚性，为其稀疏表征提供基础。

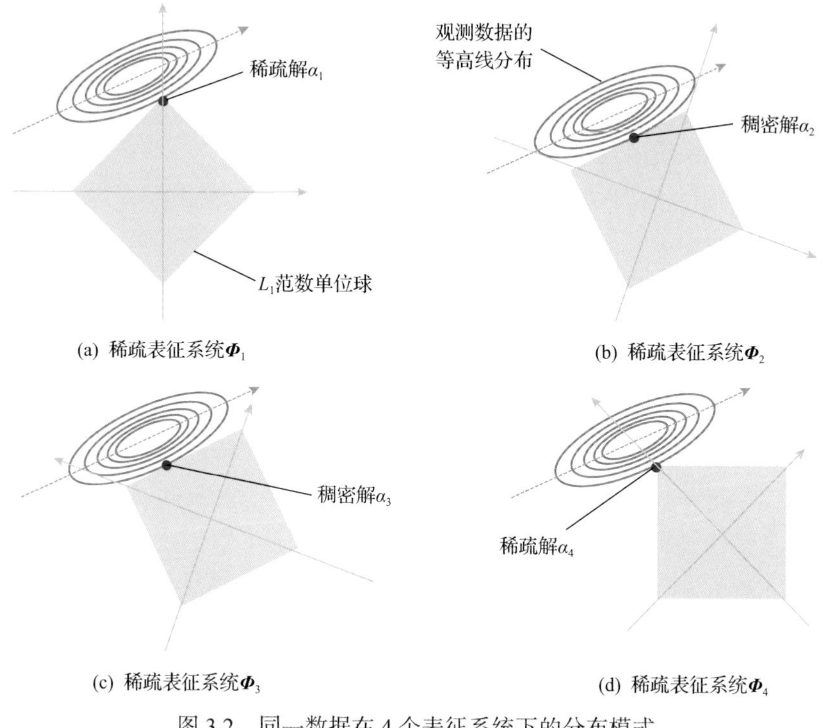

(a) 稀疏表征系统$\boldsymbol{\Phi}_1$　(b) 稀疏表征系统$\boldsymbol{\Phi}_2$

(c) 稀疏表征系统$\boldsymbol{\Phi}_3$　(d) 稀疏表征系统$\boldsymbol{\Phi}_4$

图 3.2　同一数据在 4 个表征系统下的分布模式

3.2　结构化稀疏学习诊断建模和优化求解

3.2.1　结构化稀疏学习诊断模型

机电系统结构化特征信息的可靠正则化描述和观测数据的稀疏表征系统自适应学习两大核心要素是机电装备系统和人工智能学习系统的固有物理特性，二者的融合使得机电系统的结构化特征在智能学习表征系统下具有能量稀疏集聚现象，即结构化稀疏。利用结构化稀疏这一物理现象，本节提出相应的结构化稀疏学习诊断理论。结构化稀疏学习诊断模型数学模型(structured sparsity learning diagnostic model, SSLDM)可表示为

$$\begin{cases} \underset{\substack{\{\boldsymbol{\Phi}_i\in\mathcal{C}_i\},\{\boldsymbol{\alpha}_i\}\\ \{\boldsymbol{\Psi}_j\in\mathcal{D}_j\},\{\boldsymbol{x}_j\}}}{\operatorname{argmin}} \sum_i \lambda_i r_i\left(\boldsymbol{w}_i\boldsymbol{\alpha}_i\right)+\sum_j \lambda_j r_j\left(\boldsymbol{w}_j\boldsymbol{\Psi}_j\boldsymbol{x}_j\right) \\ \text{s.t.}\ \left\|\boldsymbol{y}-\sum_i \boldsymbol{\Phi}_i\boldsymbol{\alpha}_i-\sum_j x_j\right\|_p \leqslant \varepsilon \end{cases} \tag{3.3}$$

式中，所有数学符号的物理意义参见表 3.2。

表 3.2　结构化稀疏学习诊断模型中数学符号的物理意义

数学符号	物理意义
$\{\boldsymbol{\Phi}_i\},\{\boldsymbol{\Psi}_j\}$	稀疏字典变换集合，前者是综合字典类，后者是分析字典类
$\{\mathcal{C}_i\},\{\mathcal{D}_j\}$	稀疏字典的正则化约束集合
$\boldsymbol{\alpha}_i$	特征信息 $\boldsymbol{x}_i$ 在匹配的稀疏字典 $\boldsymbol{\Phi}_i$ 下的稀疏表示系数
$\boldsymbol{x}_j$	观测信号 $\boldsymbol{y}$ 中潜在的第 j 个特征信息的时域信号
λ_i,λ_j	模型的正则化参数，前者度量了稀疏表示系数 $\boldsymbol{\alpha}_i$ 的权重，后者度量了 $\boldsymbol{x}_j$ 变换稀疏性
$\boldsymbol{w}_i,\boldsymbol{w}_j$	特征信息能量稀疏集聚性的先验分布权重
$\Vert\cdot\Vert_p$	刻画了观测信号 $\boldsymbol{y}$ 中噪声和干扰的综合影响
ε	模型的正则化参数，度量了观测信号 $\boldsymbol{y}$ 中残余信号的能量强度

SSLDM 中的变换字典 $\boldsymbol{\Phi}_i$ 或者 $\boldsymbol{\Psi}_j$ 是一系列线性变换的综合表征，可展开为

$$\begin{cases}\boldsymbol{\Phi}_i = \boldsymbol{\Phi}_{i,1}\,\boldsymbol{\Phi}_{i,2}\cdots\boldsymbol{\Phi}_{i,m-1}\,\boldsymbol{\Phi}_{i,m}\\ \boldsymbol{\Psi}_j = \boldsymbol{\Psi}_{j,1}\,\boldsymbol{\Psi}_{j,2}\cdots\boldsymbol{\Psi}_{j,m-1}\,\boldsymbol{\Psi}_{j,n}\end{cases} \tag{3.4}$$

$\boldsymbol{\Phi}_i$ 或者 $\boldsymbol{\Psi}_j$ 的多线性变换结构提供了可行性来吸收特征辨识中的经典谐波分析变换字典，如傅里叶字典、小波字典、Gabor 字典、各类时频变换等，这极大地增强了 SSLDM 刻画特征信息子空间的能力。r_i 和 r_j 表征了机电系统的专家知识，规范了学习字典的演变路径，使得最后 SSLDM 模型输出的特征信息 $\{\boldsymbol{\Phi}_i\boldsymbol{\alpha}_i\}$ 和 $\{\boldsymbol{x}_j\}$ 具有清晰的物理可解释性，为进一步的失效溯源分析提供基础。此外，权重序列 $\{\boldsymbol{w}_i\}$ 和 $\{\boldsymbol{w}_j\}$ 可有效地调节特征信息在变换字典空间中的相对能量分布，进而捕捉特征系数的先验模式，为特征信息的稀疏表征提供精确的约束。约束中 $\Vert\cdot\Vert_p$ 范数的参数 p 反映了残余特征信息、干扰成分和背景噪声的综合影响，确保 SSLDM 可有效地抵抗不同类别的噪声，增加模型的工程适用性。最后，SSLDM 的正则化参数 $\{\lambda_i\}$ 、$\{\lambda_j\}$ 和 ε 的配置极大地依赖于观测信号 $\boldsymbol{y}$ 中不同特征信息的相对显著度和噪声的能量强度。

SSLDM 包含了大量的经典故障特征辨识模型和广泛使用的特征学习模型。基于机电特征辨识综述文献[7-11]可知，经典故障特征辨识模型中的变换字典主要利用先验知识构造解析字典，代表性的解析字典有小波变换、时频分析、经验模式

分解等。此类模型的有效性主要通过强加各类机电系统的专家知识来匹配特征信息子空间。代表性的技术如基于小波变换的匹配滤波分析[12-15]，通过利用小波或小波包变换的优秀时频划分特性，把观测信号投射到一组完备的子空间中，然后利用峭度、稀疏度、谐波乘积比率等指标来选择特定的子空间，从而完成故障特征辨识的任务。令式(3.3)中$\boldsymbol{\Psi}_j$为小波或者小波包变换，r_j为指标计算公式，$\varepsilon=0$，则可得到基于小波的单特征或多特征信号辨识模型：

$$\begin{cases} \underset{\{\boldsymbol{x}_j\}}{\operatorname{argmin}} \ \sum_{j=1}^{N} \lambda_j r_j\left(\boldsymbol{w}_j \boldsymbol{\Psi}_j \boldsymbol{x}_j\right) \\ \text{s.t.} \ \ \boldsymbol{y}=\sum_{j=1}^{N} \boldsymbol{x}_j \end{cases} \tag{3.5}$$

主流特征学习技术有 KSVD[16]、L_1正则字典学习方法[17]、鉴别字典学习方法[18]和平移不变字典学习方法[19]等，基于这些学习技术的典型机电装备特征辨识的应用有基于平移不变学习的轴承特征编码[20]、基于紧框架学习的多故障特征鉴别[11]和基于平移不变 KSVD 的电机故障检测[21]等。稀疏学习是近年来学习领域的翘楚，在信息处理科学中获得广泛的应用，并且主流的特征学习技术均可追溯到稀疏的理念。稀疏字典学习模型(sparse dictionary learning model, SDLM)是稀疏学习的主要模型之一，具有下面的数学形式：

$$\begin{cases} \underset{\boldsymbol{D}\in\mathcal{C},\boldsymbol{A}}{\operatorname{argmin}} \ \|\boldsymbol{A}\|_1 \\ \text{s.t.} \ \begin{cases} \|\boldsymbol{Y}-\boldsymbol{D}\boldsymbol{A}\|_{\mathrm{F}}^2 \leqslant \varepsilon \\ \mathcal{C}=\left\{\boldsymbol{D} \,\middle|\, \|\boldsymbol{d}_j\|_2=1\right\} \end{cases} \end{cases} \tag{3.6}$$

或无约束的等价形式：

$$\begin{cases} \underset{\boldsymbol{D}\in\mathcal{C},\boldsymbol{A}}{\operatorname{argmin}} \ \frac{1}{2}\|\boldsymbol{Y}-\boldsymbol{D}\boldsymbol{A}\|_{\mathrm{F}}^2+\lambda\|\boldsymbol{A}\|_1 \\ \text{s.t.} \ \mathcal{C}=\left\{\boldsymbol{D} \,\middle|\, \|\boldsymbol{d}_j\|_2=1\right\} \end{cases} \tag{3.7}$$

式中，$\boldsymbol{d}_j$代表字典$\boldsymbol{D}\in\mathbb{R}^{M\times N}$的第$j$个原子；$\mathcal{C}$为归一化字典集合。令$\boldsymbol{\Phi}_i=\boldsymbol{D}$、$\boldsymbol{\alpha}_i=\boldsymbol{A}$、$r_i=\|\cdot\|_1$、$w_i=1$和$\lambda_i=1$，可以看出，结构化稀疏学习诊断模型(3.3)退化为稀疏字典学习模型(3.6)。

3.2.2　模型解空间结构

结构化稀疏学习诊断模型的参数空间结构和映射演变机制如图 3.3 所示。可以看出：

(1) 映射 $\mathcal{M}$ 的构建极大地依赖于观测数据集，从观测数据中自动挖掘出机电系统的稀疏表征字典，弥补了在映射 $\mathcal{M}$ 设计过程中复杂系统专家知识贫乏的困境。让观测数据“发声”，可消除由于维护专家不完全认知建立的不合理假设，增强了 SSLDM 对机电系统特征信息内在属性的描述能力。

(2) 由 $\{r_i\}$ 和 $\{r_j\}$ 表征的机电系统先验知识的主要功能是为学习系统提供不精确的收敛目标区域（P_6 附近的高亮区域），保证映射在学习过程中逼近特征信息的物理约束参数子空间 $\mathbf{B}_3$，从而极大地减少了学习系统的不确定性和解的无物理可解释性。

(3) SSLDM 算法在映射 $\mathcal{M}$ 学习过程中具有优秀的初始参数不敏感的特性。从图 3.3 中的同一数据出发，参数的初始化差异往往导致多类映射，如典型映射途径 $\mathcal{M}_1$、$\mathcal{M}_3$、$\mathcal{M}_5$ 和 $\mathcal{M}_6$，然而，由于结构化正则函数 $\{r_i\}$ 和 $\{r_j\}$ 的导引作用，所有的映射均逐步向 P_6 附近的高亮区域进行收敛，最终均到达系统的物理约束参数子空间 $\mathbf{B}_3$，从而保证了 SSLDM 算法的稳健性。

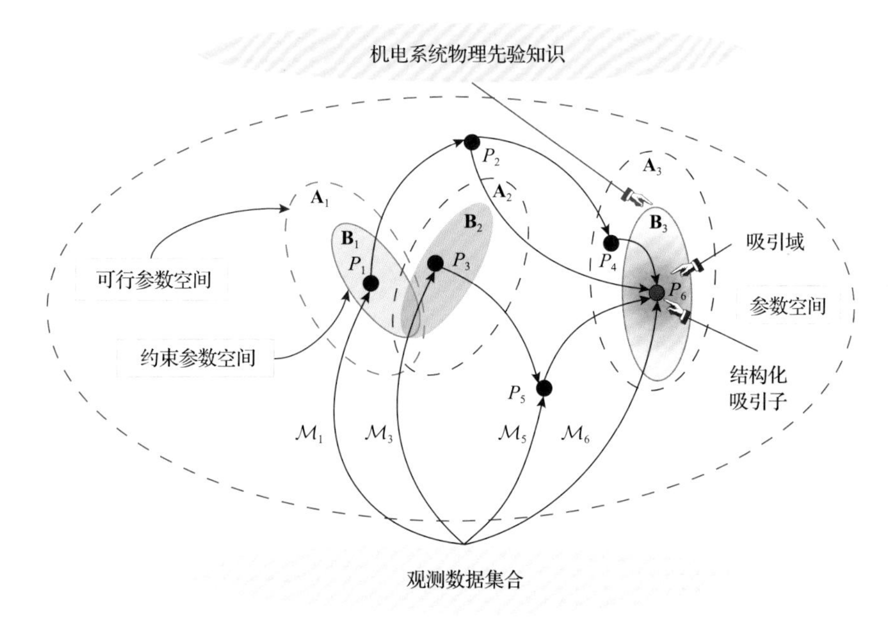

图 3.3　结构化稀疏学习诊断模型的参数空间结构和映射演变机制

因此，结构化稀疏学习诊断模型最大的优势在于把机电系统的结构化正则描述引入智能学习系统，为映射$\mathcal{M}$的设计提供核心的目标收敛区域，从而赋予了SSLDM 许多优秀的特性。由于结构化正则描述在整个映射$\mathcal{M}$设计过程中吸引着学习系统向其收敛，称其为结构化吸引子。由于难以建立机电系统特征信息的精确先验描述和需要极大的计算成本来得到 SSLDM 算法高精度的解，在实际中，映射$\mathcal{M}$的学习过程收敛到结构化吸引子附近的某一区域并满足工程需求即可。因此，在结构化吸引子附近的可行区域称为吸引域。结构化稀疏学习诊断模型的解空间结构由于结构化吸引子的导引功能，促使学习系统快速地收敛到具有物理意义的吸引域，减少了模型对初始参数的敏感性，为复杂机电系统的特征辨识提供新的策略。

对比图 3.3 与图 3.1 的映射参数空间结构可以看出：

(1) 结构化稀疏学习诊断模型不同于以专家知识为核心的特征匹配滤波策略，在映射关系的构建中，并不需要对机电系统和特征信息进行全面的动力学建模或深入的统计挖掘，仅通过简单的结构化正则描述为学习系统建立不精确的结构化吸引子即可，而机电系统先验知识的不足是通过学习系统对大量观测数据进行深入挖掘进行弥补的，从而增强了 SSLDM 算法在相似机电系统之间的可移植性。

(2) 相比于以数据为中心的智能学习策略，由于结构化吸引子的导引，映射$\mathcal{M}$的学习系统在迭代演变过程中具有清晰的目的性，从而避免了需要海量数据来消除学习系统的欠定性，为高可靠性机电系统的小样本特征学习和辨识提供可能性。

(3) 可采用松弛凸化或近似平滑等数学手段，使得结构化正则函数$\{r_i\}$和$\{r_j\}$具有相对较优的特性，从而减少整个目标函数局部极小值点和鞍点的数量，降低特征辨识的不确定性。

为保证描述的清晰性，首先引入符号$\aleph_p(\mathcal{M}_e)$、$\aleph_p(\mathcal{M}_d)$和$\aleph_p(\mathcal{M}_s)$，分别代表特征匹配滤波策略、智能学习策略和提出的结构化稀疏学习诊断理论的参数空间复杂度。若不考虑 SSLDM 中学习字典引入的参数自由度$\aleph_p\left(\mathcal{M}_{\{\Phi,\Psi\}}\right)$，则提出的模型退化为以专家知识为核心的特征匹配滤波技术，因此 SSLDM 的参数空间复杂度近似满足以下关系：

$$\aleph_p(\mathcal{M}_s) \sim \aleph_p(\mathcal{M}_e) + \aleph_p\left(\mathcal{M}_{\{\Phi,\Psi\}}\right) \tag{3.8}$$

另外，若不考虑 SSLDM 引入结构化正则$\{\{r_i\},\{r_j\}\}$导致的搜寻自由参数空间$\aleph_p\left(\mathcal{M}_{\{r_i\},\{r_j\}}\right)$的减小，则提出的模型退化为人工智能领域的一般学习理论，因此

SSLDM 的参数空间复杂度满足以下关系：

$$\aleph_p(\mathcal{M}_s) \sim \aleph_p(\mathcal{M}_d) - \aleph_p\left(\mathcal{M}_{\{r_i\},\{r_j\}}\right) \tag{3.9}$$

SSLDM 的参数空间复杂度位于两类主流特征辨识策略的复杂度之间，是 SSLDM 算法融合机电系统结构化先验知识和人工智能学习技术的必然。在实际中，$\aleph_p\left(\mathcal{M}_{\{r_i\},\{r_j\}}\right)$ 和 $\aleph_p\left(\mathcal{M}_{\{\Phi,\Psi\}}\right)$ 的大小完全取决于目标系统特征的固有模式和数据的发生机制，因此无法获取其统一的取值范围，难以精确地评估 SSLDM 算法的优势。为解决这一问题，考虑到 SDLM 在学习领域广泛使用的特点[22]，以及对于任一 SSLDM 均可构建与之对应的 SDLM，因此在本书后面章节中，针对具体特征辨识问题，以 SDLM 的参数空间复杂度为基础，定量地评估 SSLDM 的参数空间复杂度。

3.2.3 广义块坐标优化求解框架

2001 年，Chen 等[23]提出基于线性规划的求解器，吸引了研究者对稀疏优化模型求解技术进行深入的开发和分析，从小样本数据的高精度稀疏解到大尺度数据的近似解，从单一稀疏模型到多成分混合模型，求解器呈现出快速增长。典型的稀疏求解器可粗略地分为贪婪类算法和凸优化算法。然而，为增强机电先验知识的描述能力，结构化稀疏学习诊断模型(3.3)中的$\{r_i\}$和$\{r_j\}$是非凸函数，加之模型中的变量$\boldsymbol{\alpha}_i$和$\boldsymbol{x}_j$在约束中的耦合影响，求解算法难以直接推广到 SSLDM 的求解。为此，本节推导开发了统一的求解算法——广义块坐标优化求解框架。

SSLDM 中的不等式可行约束$\left\|\boldsymbol{y} - \sum_i \boldsymbol{\Phi}_i \boldsymbol{\alpha}_i - \sum_j \boldsymbol{x}_j\right\|_p \leqslant \varepsilon$本质上是椭球约束$\mathcal{B}_\varepsilon$，即

$$\mathcal{B}_\varepsilon = \left\{\boldsymbol{\omega} \in \mathbb{R}^{m\times 1} : \|\boldsymbol{\omega}\|_p \leqslant \varepsilon\right\} \tag{3.10}$$

为消除不等式约束的影响，引入指示函数$\delta_{\mathcal{B}_\varepsilon} : \mathbb{R}^{m\times 1} \mapsto \overline{\mathbb{R}}$，其定义为

$$\delta_{\mathcal{B}_\varepsilon} = \begin{cases} 0, & \boldsymbol{\omega} \in \mathcal{B}_\varepsilon \\ +\infty, & \boldsymbol{\omega} \notin \mathcal{B}_\varepsilon \end{cases} \tag{3.11}$$

SSLDM 的优化目标函数式(3.3)可转化为如下无约束问题：

$$\underset{\substack{\{\boldsymbol{\Phi}_i\},\{\boldsymbol{\alpha}_i\} \\ \{\boldsymbol{\Psi}_j\},\{\boldsymbol{x}_j\}}}{\operatorname{argmin}} \sum_i \left\{\lambda_i r_i\left(\boldsymbol{w}_i \boldsymbol{\alpha}_i\right)+\delta_{\mathcal{C}_i}\left(\boldsymbol{\Phi}_i\right)\right\}+\sum_j\left\{\lambda_j r_j\left(\boldsymbol{w}_j \boldsymbol{\Psi}_j \boldsymbol{x}_j\right)+\delta_{\mathcal{D}_i}\left(\boldsymbol{\Psi}_j\right)\right\}+\delta_{\mathcal{B}_{\varepsilon}}\left(y-\sum_i \boldsymbol{\Phi}_i \boldsymbol{\alpha}_i-\sum_j \boldsymbol{x}_j\right) \tag{3.12}$$

为能对目标函数的变量集进行块坐标更新，必须消除式(3.12)中的变量耦合现象，引入$\{\boldsymbol{u}_i\}$、$\{\boldsymbol{v}_j\}$和$\boldsymbol{z}$辅助变量，可以得到

$$\begin{cases} \underset{\substack{\{\boldsymbol{\Phi}_i\},\{\boldsymbol{\alpha}_i\}\{\boldsymbol{\Psi}_j\},\{\boldsymbol{x}_j\} \\ \{\boldsymbol{u}_i\},\{\boldsymbol{v}_j\},\boldsymbol{z}}}{\operatorname{argmin}} \sum_i \lambda_i r_i\left(\boldsymbol{u}_i\right)+\sum_j \lambda_j r_j\left(\boldsymbol{v}_j\right)+\delta_{\mathcal{B}_{\varepsilon}}(\boldsymbol{z})+\sum_i \delta_{\mathcal{C}_i}\left(\boldsymbol{\Phi}_i\right)+\sum_j \delta_{\mathcal{D}_j}\left(\boldsymbol{\Psi}_j\right) \\ \text{s.t.}\ \boldsymbol{u}_i=\boldsymbol{w}_i \boldsymbol{\alpha}_i, \forall i \\ \quad \boldsymbol{v}_j=\boldsymbol{w}_j \boldsymbol{\Psi}_j \boldsymbol{x}_j, \forall j \\ \quad \boldsymbol{z}=\boldsymbol{y}-\sum_i \boldsymbol{\Phi}_i \boldsymbol{\alpha}_i-\sum_j \boldsymbol{x}_j \end{cases} \tag{3.13}$$

依据一般约束优化理论的知识[24]，优化问题(3.13)的解可通过求解相应的增广拉格朗日函数获得。为了便于后面优化算法的推导，引入以下的变量：

$$\begin{aligned} & \boldsymbol{W}_i=\operatorname{diag}\left\{\begin{bmatrix}\boldsymbol{w}_{\alpha,1}^{\mathrm{T}} & \boldsymbol{w}_{\alpha,2}^{\mathrm{T}} & \cdots & \boldsymbol{w}_{\alpha,i}^{\mathrm{T}} & \cdots & \boldsymbol{w}_{\alpha,P}^{\mathrm{T}}\end{bmatrix}^{\mathrm{T}}\right\} \\ & \boldsymbol{W}_j=\operatorname{diag}\left\{\begin{bmatrix}\boldsymbol{w}_{x,1}^{\mathrm{T}} & \boldsymbol{w}_{x,2}^{\mathrm{T}} & \cdots & \boldsymbol{w}_{x,j}^{\mathrm{T}} & \cdots & \boldsymbol{w}_{x,Q}^{\mathrm{T}}\end{bmatrix}^{\mathrm{T}}\right\} \\ & \boldsymbol{\Phi}=\operatorname{diag}\left\{\begin{bmatrix}\boldsymbol{\Phi}_1 & \boldsymbol{\Phi}_2 & \cdots & \boldsymbol{\Phi}_i & \cdots & \boldsymbol{\Phi}_P\end{bmatrix}\right\} \\ & \boldsymbol{\Psi}=\operatorname{diag}\left\{\begin{bmatrix}\boldsymbol{\Psi}_1 & \boldsymbol{\Psi}_2 & \cdots & \boldsymbol{\Psi}_i & \cdots & \boldsymbol{\Psi}_Q\end{bmatrix}\right\} \\ & \mathcal{C}=\mathcal{C}_1 \times \mathcal{C}_2 \times \cdots \times \mathcal{C}_i \times \cdots \times \mathcal{C}_P \\ & \mathcal{D}=\mathcal{D}_1 \times \mathcal{D}_2 \times \cdots \times \mathcal{D}_i \times \cdots \times \mathcal{D}_Q \\ & \boldsymbol{u}=\begin{bmatrix}\boldsymbol{u}_1^{\mathrm{T}} & \boldsymbol{u}_2^{\mathrm{T}} & \cdots & \boldsymbol{u}_i^{\mathrm{T}} & \cdots & \boldsymbol{u}_P^{\mathrm{T}}\end{bmatrix}^{\mathrm{T}} \\ & \boldsymbol{\alpha}=\begin{bmatrix}\boldsymbol{\alpha}_1^{\mathrm{T}} & \boldsymbol{\alpha}_2^{\mathrm{T}} & \cdots & \boldsymbol{\alpha}_i^{\mathrm{T}} & \cdots & \boldsymbol{\alpha}_P^{\mathrm{T}}\end{bmatrix}^{\mathrm{T}} \\ & \boldsymbol{v}=\begin{bmatrix}\boldsymbol{v}_1^{\mathrm{T}} & \boldsymbol{v}_2^{\mathrm{T}} & \cdots & \boldsymbol{v}_j^{\mathrm{T}} & \cdots & \boldsymbol{v}_Q^{\mathrm{T}}\end{bmatrix}^{\mathrm{T}} \\ & \overline{\boldsymbol{x}}_j=\begin{bmatrix}\boldsymbol{x}_1^{\mathrm{T}} & \boldsymbol{x}_2^{\mathrm{T}} & \cdots & \boldsymbol{x}_j^{\mathrm{T}} & \cdots & \boldsymbol{x}_Q^{\mathrm{T}}\end{bmatrix}^{\mathrm{T}}, \\ & \boldsymbol{\beta}=\begin{bmatrix}\beta_1 & \beta_2 & \beta_3\end{bmatrix} \end{aligned} \tag{3.14}$$

式中，$\operatorname{diag}\{\cdot\}$算子的功能是把一组向量或矩阵重组为对角阵，其中集合中的元素依次占据对角线上的位置；符号$\mathcal{C}$和$\mathcal{D}$表示笛卡儿积；P和Q分别表示正则函数

$\boldsymbol{r}_i$ 和 $\boldsymbol{r}_j$ 的数量；变量 $\boldsymbol{\beta}$ 为邻近惩罚项的强度因子。

优化问题(3.13)的增广拉格朗日函数可表示为

$$\begin{aligned}\mathcal{L}_\beta = &\sum_i \lambda_i r_i(\boldsymbol{u}_i) + \sum_j \lambda_j r_j(\boldsymbol{v}_j) + \delta_{\mathcal{B}_\varepsilon}(\boldsymbol{z}) + \delta_{\mathcal{C}}(\boldsymbol{\Phi}) + \delta_{\mathcal{D}}(\boldsymbol{\Psi}) + \frac{\beta_1}{2}\left\|\boldsymbol{u} - \boldsymbol{W}_i\boldsymbol{\alpha} - \frac{\boldsymbol{\gamma}}{\beta_1}\right\|_2^2 \\ &+ \frac{\beta_2}{2}\left\|\boldsymbol{v} - \boldsymbol{W}_j\boldsymbol{\Psi}\overline{\boldsymbol{x}}_j - \frac{\boldsymbol{\eta}}{\beta_2}\right\|_2^2 + \frac{\beta_3}{2}\left\|\boldsymbol{z} + \boldsymbol{B}_1\boldsymbol{\Phi}\boldsymbol{\alpha} + \boldsymbol{B}_1\overline{\boldsymbol{x}}_j - \boldsymbol{y} - \frac{\boldsymbol{\xi}}{\beta_3}\right\|_2^2 - \frac{\|\boldsymbol{\gamma}\|_2^2}{2\beta_1} - \frac{\|\boldsymbol{\eta}\|_2^2}{2\beta_2} - \frac{\|\boldsymbol{\xi}\|_2^2}{2\beta_3}\end{aligned} \tag{3.15}$$

式中，$\boldsymbol{\gamma}$、$\boldsymbol{\eta}$ 和 $\boldsymbol{\xi}$ 是优化问题(3.13)的对偶变量；β_1、β_2 和 β_3 是增广拉格朗日乘子,反映了不同增广邻近项的权重。在工程优化算法中,为了减少参数的数量,β_1、β_2 和 β_3 通常设置为常数，$\boldsymbol{B}_1$ 为多个单位阵构成的对角阵[$\mathbb{1}, \mathbb{1}, \cdots, \mathbb{1}$]。在增广拉格朗日函数 $\mathcal{L}_\beta$ 中,所有的待优化变量是线性可分的,可采用块坐标优化的思想,每次优化一个变量，固定其余变量，循环优化所有变量，直到满足停止准则。

为了保证信号中所有特征成分的表示系数具有结构化特性，通过固定其余变量交替地更新这两类表示系统 $\boldsymbol{\Phi}$ 和 $\boldsymbol{\Psi}$。综合字典集 $\boldsymbol{\Phi}$ 的优化问题可表达为

$$\boldsymbol{\Phi}_i^{k+1} = \underset{\boldsymbol{\Phi}_i}{\operatorname{argmin}}\ \delta_{\mathcal{C}_i}(\boldsymbol{\Phi}_i) + \frac{\beta_3}{2}\left\|\boldsymbol{z} + \boldsymbol{B}_1\boldsymbol{\Phi}\boldsymbol{\alpha} + \boldsymbol{B}_1\overline{\boldsymbol{x}}_j - \boldsymbol{y} - \frac{\boldsymbol{\xi}}{\beta_3}\right\|_2^2 \tag{3.16}$$

由于优化问题(3.16)中 $\boldsymbol{\Phi}$ 和 $\boldsymbol{\alpha}$ 具有耦合关系，难以直接得到闭式解，导致迭代过程计算复杂。为此，变换式(3.16)得到以下优化问题，

$$\boldsymbol{\Phi}_i^{k+1} = \underset{\boldsymbol{\Phi}_i}{\operatorname{argmin}}\ \delta_{\mathcal{C}_i}(\boldsymbol{\Phi}_i) + \frac{L_{\boldsymbol{\Phi}_i}}{2}\left\|\boldsymbol{\Phi}_i - \boldsymbol{\Phi}_i^k + \frac{\beta_3}{L_{\boldsymbol{\Phi}_i}}\left(\boldsymbol{z} + \boldsymbol{B}_1\boldsymbol{\Phi}^k\boldsymbol{\alpha} + \boldsymbol{B}_1\overline{\boldsymbol{x}}_j - \boldsymbol{y} - \frac{\boldsymbol{\xi}}{\beta_3}\right)\boldsymbol{\alpha}_i^{\mathrm{T}}\right\|_{\mathrm{F}}^2 \tag{3.17}$$

式中，$L_{\boldsymbol{\Phi}_i}$ 是 $\boldsymbol{\Phi}_i$ 子优化问题中光滑项的利普希茨常数，满足关系

$$L_{\boldsymbol{\Phi}_i} \geqslant \beta_3\left\|\left\{\boldsymbol{\alpha}_i^k\left(\boldsymbol{\alpha}_i^k\right)^{\mathrm{T}}\right\}\right\|$$

由于集合 $\mathcal{C}_i$ 一般是凸集或者矩阵流形，$\boldsymbol{\Phi}_i^{k+1}$ 具有近似闭式解，即

$$\boldsymbol{\Phi}_i^{k+1} = \operatorname{Proj}_{\mathcal{C}_i}\left(\boldsymbol{\Phi}_i^k - \frac{\beta_3}{L_{\boldsymbol{\Phi}_i}}\left(\boldsymbol{z} + \boldsymbol{B}_1\boldsymbol{\Phi}^k\boldsymbol{\alpha} + \boldsymbol{B}_1\overline{\boldsymbol{x}}_j - \boldsymbol{y} - \frac{\boldsymbol{\xi}}{\beta_3}\right)\boldsymbol{\alpha}_i^{\mathrm{T}}\right) \tag{3.18}$$

式中，Proj{·}为投影算子。

类似于$\boldsymbol{\Phi}$，分析字典集$\boldsymbol{\Psi}$的变量耦合优化问题具有以下形式：

$$\boldsymbol{\Psi}^{k+1}=\underset{\boldsymbol{\Psi}}{\operatorname{argmin}}\ \delta_{\mathcal{D}}(\boldsymbol{\Psi})+\frac{\beta_2}{2}\left\|\boldsymbol{v}-\boldsymbol{W}_j\boldsymbol{\Psi}\overline{\boldsymbol{x}}_j-\frac{\boldsymbol{\eta}}{\beta_2}\right\|_2^2 \tag{3.19}$$

为获得近似解，将式(3.19)转换为下面的优化问题：

$$\boldsymbol{\Psi}^{k+1}=\underset{\boldsymbol{\Psi}}{\operatorname{argmin}}\ \delta_{\mathcal{D}}(\boldsymbol{\Psi})+\frac{L_{\boldsymbol{\Psi}}}{2}\left\|\boldsymbol{\Psi}-\boldsymbol{\Psi}^k-\frac{\beta_2\boldsymbol{W}_j}{L_{\boldsymbol{\Psi}}}\left(\boldsymbol{v}-\boldsymbol{W}_j\boldsymbol{\Psi}^k\overline{\boldsymbol{x}}_j-\frac{\boldsymbol{\eta}}{\beta_2}\right)\overline{\boldsymbol{x}}_j^{\mathrm{T}}\right\|_2^2 \tag{3.20}$$

式中，$L_{\boldsymbol{\Psi}}$为$\boldsymbol{\Psi}$子优化问题中光滑项的利普希茨常数，即满足关系

$$L_{\boldsymbol{\Psi}}\geqslant\beta_2\left\|\left\{\boldsymbol{W}_j\boldsymbol{W}_j^{\mathrm{T}}\right\}\right\|\left\|\left\{\overline{\boldsymbol{x}}_j^k\left(\overline{\boldsymbol{x}}_j^k\right)^{\mathrm{T}}\right\}_{k\in\mathbb{N}}\right\|$$

式(3.20)等价于$\boldsymbol{\Psi}$在$\mathcal{D}$上的投影算子，可以写为

$$\boldsymbol{\Psi}^{k+1}=\operatorname{Proj}_{\mathcal{D}}\left(\boldsymbol{\Psi}^k+\frac{\beta_2\boldsymbol{W}_j}{L_{\Psi}}\left(\boldsymbol{v}-\boldsymbol{W}_j\boldsymbol{\Psi}^k\overline{\boldsymbol{x}}_j-\frac{\boldsymbol{\eta}}{\beta_2}\right)\overline{\boldsymbol{x}}_j^{\mathrm{T}}\right) \tag{3.21}$$

由于$\mathcal{L}_\beta$中的剩余各个变量是无耦合关系的，可以采用块坐标算法框架进行逐个求解，然后利用高斯-赛德尔更新策略获得算法迭代格式。依据自由变量的个数，迭代过程中需要求解六类子优化问题，下面分别进行详细讨论。

对于变量$\{\boldsymbol{u}_i\}$，其优化子问题具有以下形式：

$$\boldsymbol{u}_i^{k+1}=\underset{\boldsymbol{u}_i}{\operatorname{argmin}}\ \lambda_i r_i(\boldsymbol{u}_i)+\frac{\beta_1}{2}\left\|\boldsymbol{u}_i-w_i\boldsymbol{\alpha}_i-\frac{\gamma_i}{\beta_1}\right\|_2^2 \tag{3.22}$$

从优化的视角可以看出，式(3.22)本质上是结构化正则r_i的邻近点算子[25]，记为$\operatorname{Prox}_{\tau r_i}(\boldsymbol{v})$，定义为以下优化问题的最小值：

$$\operatorname{Prox}_{\tau r_i}(\boldsymbol{v})=\underset{\boldsymbol{u}}{\operatorname{argmin}}\ \tau r_i(\boldsymbol{u})+\frac{1}{2}\|\boldsymbol{v}-\boldsymbol{u}\|_2^2 \tag{3.23}$$

如果r_i是凸非光滑的函数，则邻近点优化问题是强凸的，可通过次梯度下降法获得$\operatorname{Prox}_{\tau r_i}$唯一的最小值。如果$r_i$是非凸光滑的函数，可通过经典的优化技术到达可行的平稳点，如梯度下降法、牛顿法、伪牛顿法。此外，基于一些研究工作[26, 27]，在特定的稀疏正则下，式(3.23)最小值具有闭式解，如$r_i(v)=\|v\|_1$的解为软阈值算子，

$$\mathrm{Prox}_{\tau r_i}(v)=\begin{cases} v-\tau, & v>\tau \\ 0, & |v|\leqslant\tau \\ v+\tau, & v<-\tau \end{cases} \tag{3.24}$$

因此，$\boldsymbol{u}_i^{k+1}$可通过其邻近点算子进行更新：

$$\boldsymbol{u}_i^{k+1}=\mathrm{Prox}_{\tau r_i/\beta}\left(w_i\boldsymbol{\alpha}_i+\frac{\boldsymbol{\gamma}_i}{\beta_1}\right) \tag{3.25}$$

对于$\{\boldsymbol{v}_j\}$子问题，其更新表达式等价于求解以下问题：

$$\boldsymbol{v}_j^{k+1}=\underset{\boldsymbol{v}_j}{\mathrm{argmin}}\ \lambda_j r_j(\boldsymbol{v}_j)+\frac{\beta_2}{2}\left\|\boldsymbol{v}_j-w_j\boldsymbol{\Psi}_j\boldsymbol{x}_j-\frac{\boldsymbol{\eta}_j}{\beta_2}\right\|_2^2,\quad \forall j \tag{3.26}$$

对比式(3.22)可以看出，式(3.26)也是一类邻近点算子：

$$\boldsymbol{v}_j^{k+1}=\mathrm{Prox}_{\lambda_j r_j/\beta_2}\left(w_j\boldsymbol{\Psi}_j\boldsymbol{x}_j+\frac{\boldsymbol{\eta}_j}{\beta_2}\right) \tag{3.27}$$

下面求解$\boldsymbol{z}$子问题，固定其余变量，可以得到以下形式的$\boldsymbol{z}$优化问题：

$$\boldsymbol{z}^{k+1}=\underset{\boldsymbol{z}}{\mathrm{argmin}}\ \delta_{\mathcal{B}_\varepsilon}(\boldsymbol{z})+\frac{\beta_3}{2}\left\|\boldsymbol{z}+\boldsymbol{B}_1\boldsymbol{\Phi\alpha}+\boldsymbol{B}_1\bar{\boldsymbol{x}}_j-\boldsymbol{y}-\frac{\boldsymbol{\xi}}{\beta_3}\right\|_2^2 \tag{3.28}$$

由于$\mathcal{B}_\varepsilon$是$\mathbb{R}^m$空间的广义球形区域，$\boldsymbol{z}$优化问题是凸子问题，具有唯一的最小值解。利用凸投影算子[28]可得如下闭式解：

$$\boldsymbol{z}^{k+1}=\mathrm{Proj}_{\mathcal{B}_\varepsilon}\left(\boldsymbol{y}+\frac{\boldsymbol{\xi}}{\beta_3}-\boldsymbol{B}_1\boldsymbol{\Phi\alpha}-\boldsymbol{B}_1\bar{\boldsymbol{x}}_j\right) \tag{3.29}$$

其具体展开形式依据约束中范数p值设计相应的解，例如，$p=2$时更新公式为

$$\boldsymbol{z}^{k+1}=\begin{cases} \boldsymbol{y}+\dfrac{\boldsymbol{\xi}}{\beta_3}-\boldsymbol{B}_1\boldsymbol{\Phi\alpha}-\boldsymbol{B}_1\bar{\boldsymbol{x}}_j, & \left\|\boldsymbol{y}+\dfrac{\boldsymbol{\xi}}{\beta_3}-\boldsymbol{B}_1\boldsymbol{\Phi\alpha}-\boldsymbol{B}_1\bar{\boldsymbol{x}}_j\right\|_2\leqslant\varepsilon \\ \dfrac{\boldsymbol{y}+\dfrac{\boldsymbol{\xi}}{\beta_3}-\boldsymbol{B}_1\boldsymbol{\Phi\alpha}-\boldsymbol{B}_1\bar{\boldsymbol{x}}_j}{\left\|\boldsymbol{y}+\dfrac{\boldsymbol{\xi}}{\beta_3}-\boldsymbol{B}_1\boldsymbol{\Phi\alpha}-\boldsymbol{B}_1\bar{\boldsymbol{x}}_j\right\|_2}\varepsilon, & \left\|\boldsymbol{y}+\dfrac{\boldsymbol{\xi}}{\beta_3}-\boldsymbol{B}_1\boldsymbol{\Phi\alpha}-\boldsymbol{B}_1\bar{\boldsymbol{x}}_j\right\|_2>\varepsilon \end{cases} \tag{3.30}$$

对于表示系数集 $\boldsymbol{\alpha}$，相应的优化问题完全独立于结构化正则描述，因此其问题具有二次优化问题的形式：

$$\boldsymbol{\alpha}^{k+1}=\underset{\boldsymbol{\alpha}}{\operatorname{argmin}}\ \frac{\beta_1}{2}\left\|\boldsymbol{u}-\boldsymbol{W}_i\boldsymbol{\alpha}-\frac{\boldsymbol{\gamma}}{\beta_1}\right\|_2^2+\frac{\beta_3}{2}\left\|\boldsymbol{z}+\boldsymbol{B}_1\boldsymbol{\Phi}\boldsymbol{\alpha}+\boldsymbol{B}_1\overline{\boldsymbol{x}}_j-\boldsymbol{y}-\frac{\boldsymbol{\xi}}{\beta_3}\right\|_2^2 \tag{3.31}$$

基于优化问题的一阶最优条件，得到其闭式解为

$$\boldsymbol{\alpha}^{k+1}=\left(\beta_1\boldsymbol{W}_i^{\mathrm{T}}\boldsymbol{W}_i+\beta_3\boldsymbol{\Phi}^{\mathrm{T}}\boldsymbol{B}_1^{\mathrm{T}}\boldsymbol{B}_1\boldsymbol{\Phi}\right)^{-1}\left[\boldsymbol{\Phi}^{\mathrm{T}}\boldsymbol{B}_1^{\mathrm{T}}\xi+\beta_3\boldsymbol{\Phi}^{\mathrm{T}}\boldsymbol{B}_1^{\mathrm{T}}\left(\boldsymbol{y}-\boldsymbol{z}-\boldsymbol{B}_1\overline{\boldsymbol{x}}_j\right)-\boldsymbol{W}_i^{\mathrm{T}}\boldsymbol{\gamma}+\beta_1\boldsymbol{W}_i^{\mathrm{T}}\boldsymbol{u}\right] \tag{3.32}$$

对于特征信息子集 $\overline{\boldsymbol{x}}_j$，其更新优化问题如下：

$$\overline{\boldsymbol{x}}_j^{k+1}=\underset{\overline{\boldsymbol{x}}_j^k}{\operatorname{argmin}}\ \frac{\beta_2}{2}\left\|\boldsymbol{v}-\boldsymbol{W}_j\boldsymbol{\Psi}\overline{\boldsymbol{x}}_j-\frac{\boldsymbol{\eta}}{\beta_2}\right\|_2^2+\frac{\beta_3}{2}\left\|\boldsymbol{z}+\boldsymbol{B}_1\boldsymbol{\Phi}\boldsymbol{\alpha}+\boldsymbol{B}_1\overline{\boldsymbol{x}}_j-\boldsymbol{y}-\frac{\boldsymbol{\xi}}{\beta_3}\right\|_2^2 \tag{3.33}$$

类似于 $\boldsymbol{\alpha}$ 子问题，可以得到闭式解：

$$\overline{\boldsymbol{x}}_j^{k+1}=\left(\beta_2\boldsymbol{\Psi}^{\mathrm{T}}\boldsymbol{W}_j^{\mathrm{T}}\boldsymbol{W}_j\boldsymbol{\Psi}+\beta_3\boldsymbol{B}_1\boldsymbol{I}\right)^{-1}\left[\xi+\left(\boldsymbol{W}_j\boldsymbol{\Psi}\right)^{\mathrm{T}}\left(\beta_2\boldsymbol{v}-\boldsymbol{\eta}\right)+\beta_3\left(\boldsymbol{y}-\boldsymbol{z}-\boldsymbol{B}_1\boldsymbol{\Phi}\boldsymbol{\alpha}\right)\right] \tag{3.34}$$

对于对偶目标函数中的变量更新问题，可直接获得下面的迭代表达式：

$$\begin{cases}\boldsymbol{\gamma}^{k+1}=\boldsymbol{\gamma}^k-\beta_1\left(\boldsymbol{u}^{k+1}-\boldsymbol{W}_i\boldsymbol{\alpha}^{k+1}\right)\\ \boldsymbol{\eta}^{k+1}=\boldsymbol{\eta}^k-\beta_2\left(\boldsymbol{v}^{k+1}-\boldsymbol{W}_j\boldsymbol{\Psi}^{k+1}\overline{\boldsymbol{x}}_j^{k+1}\right)\\ \boldsymbol{\xi}^{k+1}=\boldsymbol{\xi}^k-\beta_3\left(\boldsymbol{z}^{k+1}+\boldsymbol{B}_1\boldsymbol{\Phi}^{k+1}\boldsymbol{\alpha}^{k+1}+\boldsymbol{B}_1\overline{\boldsymbol{x}}_j^{k+1}-\boldsymbol{y}\right)\end{cases} \tag{3.35}$$

因此，所有子问题均可以有效地进行求解，并获得闭式表达式，为结构化稀疏学习诊断模型提供一般的求解算法框架。在处理大数据集时，为增加算法的收敛速度，引入 Nesterov 的外插加速策略[29]，此策略在光滑目标函数的求解过程中可到达一阶算法的最优收敛速率。假定 $\boldsymbol{u}$ 为上述更新变量集中的加速变量，则加速更新的外插点计算公式为

$$\begin{cases}t_{k+1}=\dfrac{1+\sqrt{1+4t_k^2}}{2}\\ \hat{\boldsymbol{u}}^{k+1}=\boldsymbol{u}^k+\dfrac{t_k-1}{t_{k+1}}\left(\boldsymbol{u}^k-\boldsymbol{u}^{k-1}\right)\end{cases} \tag{3.36}$$

Nesterov 外插点 $\hat{\boldsymbol{u}}$ 具有记忆最近数据位置的特征，可充分利用以前更新过程中解的信息来确定下降方向，部分弥补了仅以梯度为参考导致的下降偏差，极大地加快了算法逼近真实解的收敛速度。Su 等[30]从偏微分方程的角度解释了此加速法则的合理性。如果对优化问题(3.13)的所有自变量进行加速更新，一般会导致算法收敛过程产生严重的振荡现象，因此本节提出的广义块坐标优化求解框架仅对部分变量加速，并采用目标函数值下降保护策略，即一旦当外插点导致更新后的目标函数出现增加，用 $\boldsymbol{u}^k$ 取代 $\hat{\boldsymbol{u}}$ 重新计算各个变量的更新值。本节提出的广义块坐标优化求解框架列于算法 3.1 中，从算法流程可以看出，子问题 $\{\boldsymbol{u}_i\}$ 、$\{\boldsymbol{v}_j\}$ 和 $\boldsymbol{z}$ 的更新是相互独立的，因此可利用分布式计算系统进行快速计算获得辅助变量的值，然后利用融合技术进行投影系数的更新。子问题 $\boldsymbol{\Phi}$ 和 $\boldsymbol{\Psi}$ 的更新也是独立的，因此两类表示系统可存储在不同的计算处理单元中，这为大型变换字典的学习提供了快速计算基础。

算法 3.1　广义块坐标优化求解框架

输入： 观测信号 $\boldsymbol{y}$，综合字典集 $\{\boldsymbol{\Phi}_i\}$，分析字典集 $\{\boldsymbol{\Psi}_j\}$，字典约束投影空间 $\{\mathcal{C}_i\}$ 和 $\{\mathcal{D}_j\}$，正则化参数集 $\{\boldsymbol{\lambda}_i\}$ 和 $\{\boldsymbol{\lambda}_j\}$，噪声强度因子 ε。

初始化： 设置稀疏系数 $\boldsymbol{\alpha}_i=\boldsymbol{\Phi}_i^{\mathrm{T}}\boldsymbol{y}$，$\boldsymbol{x}_j=\boldsymbol{y}$，$\boldsymbol{u}_i=\boldsymbol{\alpha}_i$，$\boldsymbol{v}_j=\boldsymbol{\Psi}_j^{\mathrm{T}}\boldsymbol{y}$，$t_0=1$，充分大的参数 β_1、β_2、β_3，并依据特征物理先验信息或者系数的统计规律设置权重系数 $\boldsymbol{W}_i$ 和 $\boldsymbol{W}_j$。

主循环： 执行以下迭代步骤，直到满足停止准则。

(1)综合字典集 $\boldsymbol{\Phi}$ 更新。

$$\boldsymbol{\Phi}_i^{k+1}=\mathrm{Proj}_{\mathcal{C}_i}\left(\boldsymbol{\Phi}_i^k-\frac{\beta_3}{L_{\Phi_i}}\left(\boldsymbol{z}^k+\boldsymbol{B}_1\boldsymbol{\Phi}^k\boldsymbol{\alpha}^k+\boldsymbol{B}_1\overline{\boldsymbol{x}}_j^k-\boldsymbol{y}-\frac{\boldsymbol{\xi}^k}{\beta_3}\right)\left(\boldsymbol{\alpha}_i^k\right)^{\mathrm{T}}\right)$$

(2)分析字典集 $\boldsymbol{\Psi}$ 更新。

$$\boldsymbol{\Psi}^{k+1}=\mathrm{Proj}_{\mathcal{D}}\left(\boldsymbol{\Psi}^k-\frac{\beta_2\boldsymbol{W}_j}{L_{\boldsymbol{\Psi}}}\left(\boldsymbol{v}^k-\boldsymbol{W}_j\boldsymbol{\Psi}^k\overline{\boldsymbol{x}}_j^k-\frac{\boldsymbol{\eta}^k}{\beta_2}\right)\left(\overline{\boldsymbol{x}}_j^k\right)^{\mathrm{T}}\right)$$

(3) $\boldsymbol{u}_i$ 子问题求解。

$$\boldsymbol{u}_i^{k+1}=\mathrm{Prox}_{\lambda_i r_i/\beta_1}\left(w_i\boldsymbol{\alpha}_i^k+\frac{\boldsymbol{\gamma}_i^k}{\beta_1}\right)$$

(4) $\boldsymbol{v}_j$ 子问题求解。

$$\boldsymbol{v}_j^{k+1}=\mathrm{Prox}_{\lambda_j r_j/\beta_2}\left(w_j\boldsymbol{\Psi}_j^{k+1}\boldsymbol{x}_j^k+\frac{\boldsymbol{\eta}_j^k}{\beta_2}\right)$$

(5) $\boldsymbol{z}$ 子问题求解。

$$z^{k+1} = \text{Proj}_{\mathcal{B}_\varepsilon}\left(\boldsymbol{y} + \frac{\xi^k}{\beta_3} - \boldsymbol{B}_1 \boldsymbol{\Phi}^{k+1} \boldsymbol{\alpha}^k - \boldsymbol{B}_1 \overline{\boldsymbol{x}}_j^k \right)$$

(6) $\boldsymbol{\alpha}$ 子问题求解。

$$\boldsymbol{\alpha}^{k+1} = (\beta_1 \boldsymbol{W}_i^{\mathrm{T}} \boldsymbol{W}_i + \beta_3 (\boldsymbol{B}_1 \boldsymbol{\Phi}^{k+1})^{\mathrm{T}} \boldsymbol{B}_1 \boldsymbol{\Phi}^{(k+1)})^{-1} \times [(\boldsymbol{B}_1 \boldsymbol{\Phi}^{k+1})^{\mathrm{T}} (\xi^k + \beta_3 (\boldsymbol{y} - \boldsymbol{z}^{k+1} - \boldsymbol{B}_1 \overline{\boldsymbol{x}}_j^k)) - \boldsymbol{W}_i^{\mathrm{T}} \boldsymbol{\gamma}^k \\ + \beta_1 \boldsymbol{W}_i^{\mathrm{T}} \boldsymbol{u}^{k+1}]$$

(7) $\overline{\boldsymbol{x}}_j$ 子问题求解。

$$\overline{\boldsymbol{x}}_j^{k+1} = [\beta_2 (\boldsymbol{\Psi}^{k+1})^{\mathrm{T}} \boldsymbol{W}_j^{\mathrm{T}} \boldsymbol{W}_j \boldsymbol{\Psi}^{k+1} + \beta_3 \boldsymbol{B}_1 \boldsymbol{I}]^{-1} \times [\xi^k + (\boldsymbol{W}_j \boldsymbol{\Psi}^{k+1})^{\mathrm{T}} (\beta_2 \boldsymbol{v}^{k+1} - \boldsymbol{\eta}^k) \\ + \beta_3 (\boldsymbol{y} - \boldsymbol{z}^{k+1} - \boldsymbol{B}_1 \boldsymbol{\Phi}^{k+1} \boldsymbol{\alpha}^{k+1})]$$

(8) 对偶变量更新。

$$\boldsymbol{\gamma}^{k+1} = \boldsymbol{\gamma}^k - \beta_1 \left(\boldsymbol{u}^{k+1} - \boldsymbol{W}_i \boldsymbol{\alpha}^{k+1} \right)$$

$$\boldsymbol{\eta}^{k+1} = \boldsymbol{\eta}^k - \beta_2 \left(\boldsymbol{v}^{k+1} - \boldsymbol{W}_j \boldsymbol{\Psi}^{k+1} \overline{\boldsymbol{x}}_j^{k+1} \right)$$

$$\xi^{k+1} = \xi^k - \beta_3 \left(\boldsymbol{z}^{k+1} + \boldsymbol{B}_1 \boldsymbol{\Phi}^{k+1} \boldsymbol{\alpha}^{k+1} + \boldsymbol{B}_1 \overline{\boldsymbol{x}}_j^{k+1} - \boldsymbol{y} \right)$$

(9) Nesterov 的外插加速。

$$t_{k+1} = \frac{1 + \sqrt{1 + 4t_k^2}}{2}$$

从变量集合 $\{\{\boldsymbol{u}_i\}, \{\boldsymbol{v}_j\}, \boldsymbol{z}, \boldsymbol{\alpha}, \overline{\boldsymbol{x}}_j, \boldsymbol{\gamma}, \boldsymbol{\eta}, \boldsymbol{\xi}\}$ 中选择部分变量进行外插加速，采用式(3.36)的外插策略对选择的变量进行更新。

(10) 目标函数值下降保护策略。

计算目标函数值，如果相对上次的目标函数值增加，则所有的外插 $\hat{\boldsymbol{u}}^{k+1}$ 赋值为 $\boldsymbol{u}^k$，并重新计算所有变量更新，设置 $t_{k+1} = 1$。

(11) 判断迭代停止准则。

若相邻两次迭代的变化小于预先指定的阈值，则停止迭代，否则，令 $k = k + 1$ 并继续执行上述迭代。

输出： 稀疏投影系数 $\hat{\boldsymbol{\alpha}}^*$，综合字典 $\hat{\boldsymbol{\Phi}}^*$，特征信号 $\hat{\boldsymbol{x}}_i^* = \hat{\boldsymbol{\Phi}}_i^* \hat{\boldsymbol{\alpha}}_i^*$ 和 $\hat{\boldsymbol{x}}_j^*$。

3.3 结构化稀疏学习诊断理论实例分析

机电系统在初期退化状态时，一般会诱导产生具有单边衰减的周期性微弱冲击特征，因此从含有大量噪声干扰的观测信号中提取出初期的微弱冲击故障特征具有重要的价值，而这也是机械故障特征辨识中的经典任务之一，吸引大量研究人员进行了持续而又深入的研究。因而，本节以微弱冲击特征辨识为目标，通过大量的仿真试验分析，研究本章提出的结构化稀疏学习诊断理论的可行性和有效性。

冲击特征辨识技术中最具有代表性的一类算法是基于小波阈值的特征辨识，其不但具有完备的理论体系，而且在实际的工程信号中具有非常优秀的表现。基于小波的技术为消除噪声，凸显冲击特征信息，采用的方案如下：首先通过专家知识设计或者寻求较优的小波基函数，使得微弱冲击特征在小波变换域中呈现出高度的稀疏能量集聚性，其次对观测信号中的强干扰成分和背景噪声分量进行统计分析，进而确定合理的阈值，最后通过小波阈值收缩技术移除与特征信息不相关的能量。

然而，由于干扰成分和噪声分量的随机分布模式及冲击特征信息的微弱性，在移除非特征信息的过程中不可避免地“误伤”特征信息，使得基于小波阈值的特征辨识技术提取的冲击波形呈现出不连续的突变结构，这与工程实际中的冲击波形存在较大的差距。图 3.4 为经典小波算法的阈值收缩缺陷示例，其中外圈的故障特征信息是在预制故障轴承的模拟故障试验条件下采集获取的。在故障特征

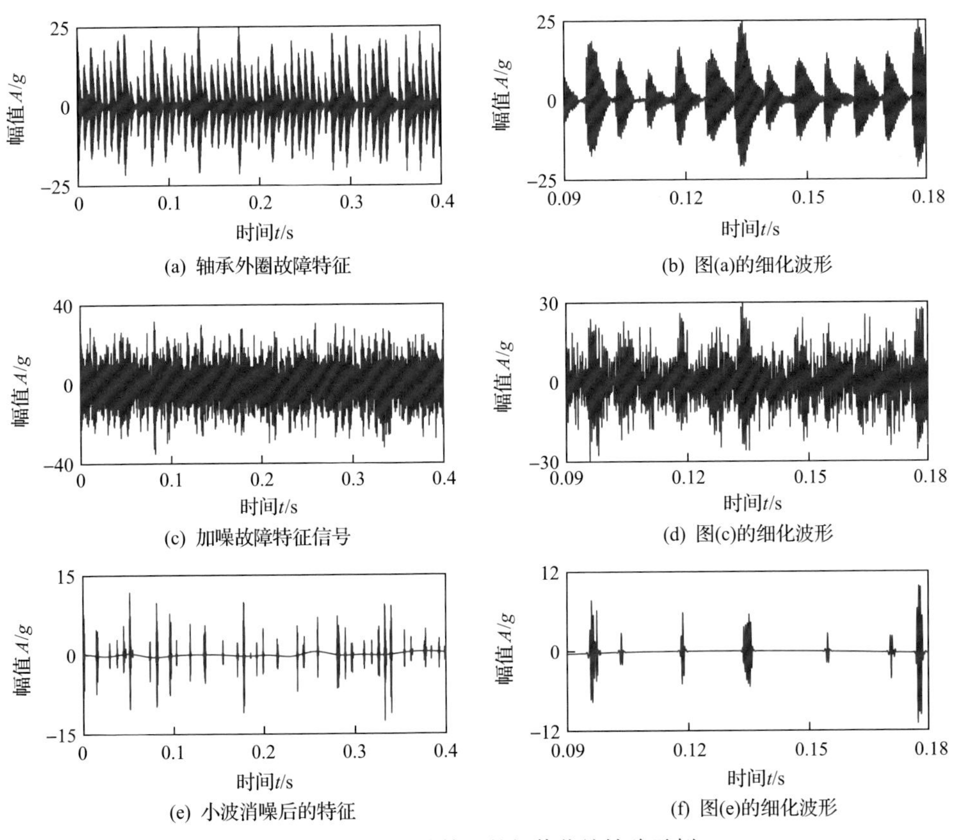

图 3.4　经典小波算法的阈值收缩缺陷示例

中加入方差为 1 的高斯噪声后，采用小波阈值收缩技术提取冲击信息，小波基函数是 Symmlet 8，阈值收缩策略采用 Donoho 等[31]基于统计分析理论提出的 SureShrink 阈值。从图中可以看出，真实的单个冲击特征波形具有单边指数衰减的连续包络，而提取的特征具有非常小的时域支撑，近似为单个小波基原子在冲击发生位置的叠加，因此基于小波阈值的特征辨识技术为了最大限度消除噪声的影响，忽视了冲击波形的细节信息，甚至错误地把微弱冲击视为噪声成分而移除，无法高精度地恢复微弱冲击特征信息。

为克服小波阈值技术在微弱冲击特征辨识中的不足，基于结构化稀疏学习诊断理论和统一模型(3.3)，设计了层级稀疏学习诊断模型，如图 3.5 所示。其核心的结构化先验是冲击特征在频域中的能量具有稀疏统计分布规律，从而构建以离散余弦字典为核心的频域稀疏表征吸引子。另外，为自动地捕捉不同机电装备产生的多样化冲击特征振荡形态，引入智能学习领域的层级学习字典，从而增强了模型的工程泛化能力。基于广义块坐标优化算法框架开发了冲击的稀疏检测算法(简称 SpaEIAD 求解器)，其中，为获得稀疏编码过程中的 L_0 范数最小值求解问题，利用块正交匹配追踪技术来快速逼近稀疏解。通过大量的仿真试验和统计分析，提出的模型相对于基于小波阈值的特征辨识技术，无论在微弱冲击的能量稀疏集聚性方面还是在特征信息的高精度保真方面，均具有显著性的优势，证实了结构化稀疏学习诊断理论的可行性和有效性。

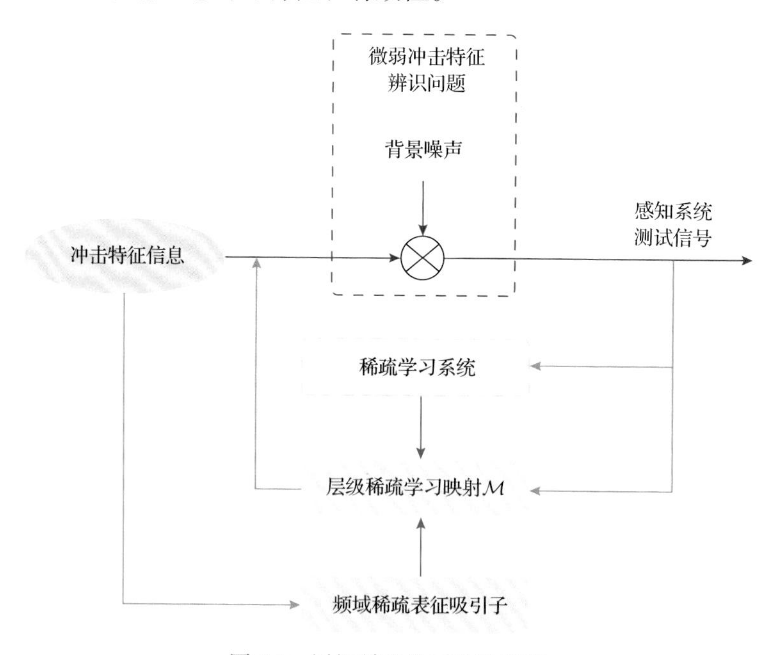

图 3.5　层级稀疏学习诊断模型

3.3.1　频域稀疏表征吸引子设计

频谱分析技术一直被工程界视为最基础的特征辨识方法之一，其成功之处在于把在时域分散的特征信息能量集中在频谱中的单个或者少数几个谱线上，从而有效地把噪声和干扰成分分离，增强了特征信息的显著度，体现了稀疏表示理论的核心理念。然而，不同于正弦或余弦函数的波形，冲击特征的波形是局部振荡衰减的，因此其特征能量在频域中分布较为广泛，直觉上难以发现其稀疏分布模式。为探索冲击特征的频域分布规律，下面利用冲击数值仿真信号和预制故障的试验信号进行分析，从而建立冲击特征在频域中的稀疏结构先验。

在机电系统中，当具有局部失效模式的配合部件运动时，因失效导致接触表面之间的间隙或者电学性能发生改变，从而产生冲击激励作用于系统，并在观测信号中表征为微弱冲击响应 $h(t)$：

$$h(t)=a\exp\left(-2\pi\frac{\zeta}{\sqrt{1-\zeta^2}}f_{\mathrm{d}}t\right)\sin\left(2\pi f_{\mathrm{d}}t+\phi_0\right) \tag{3.37}$$

式中，a 为激振力的幅值；ζ 为系统的阻尼比；f_{d} 为系统的阻尼振动频率；ϕ_0 为振动响应的初始相位。

机电系统周期性运动会导致周期的激励，那么冲击故障特征信息可近似表述为

$$x(t)=\sum_{i=1}^{N}A_i h\left(t-\frac{i}{f_{\mathrm{c}}}+\phi(i)\right) \tag{3.38}$$

式中，f_{c} 为冲击激励周期；A_i 和 $\phi(i)$ 分别为第 i 个冲击波形的幅值和初始相位。

为探索冲击信息的频域分布模式，构造如图 3.6 所示的冲击特征仿真信号。

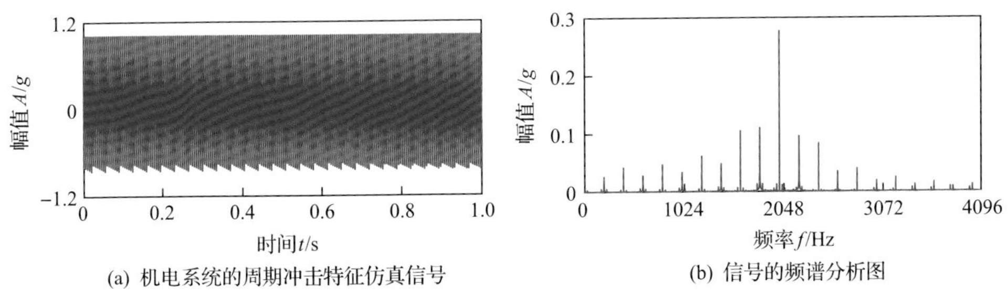

(a) 机电系统的周期冲击特征仿真信号　(b) 信号的频谱分析图

图 3.6　冲击特征仿真信号

此外，由于冗余字典能有效地增加特征信息的稀疏能量集聚性，采用冗余谱分析技术，其中冗余度 R 的取值范围为 1～8。冲击特征信号在不同冗余度频谱中的系数统计衰减率如图 3.7 所示，图中的横坐标是冲击信号的频谱系数从大到小

的排列指标，纵坐标是归一化频谱系数幅值，归一化处理的目的是消除不同冗余频谱系数幅值差异导致的尺度不一致现象。从图中可以看出，冲击特征的频谱系数幅值具有快速的衰减特性，并且冗余谱分析有效地增加了冲击信息的能量集聚性，尤其是冗余度 R 为 2 时，其系数幅值具有最快的衰减分布。因此，冲击特征在频域中具有稀疏分布模式。

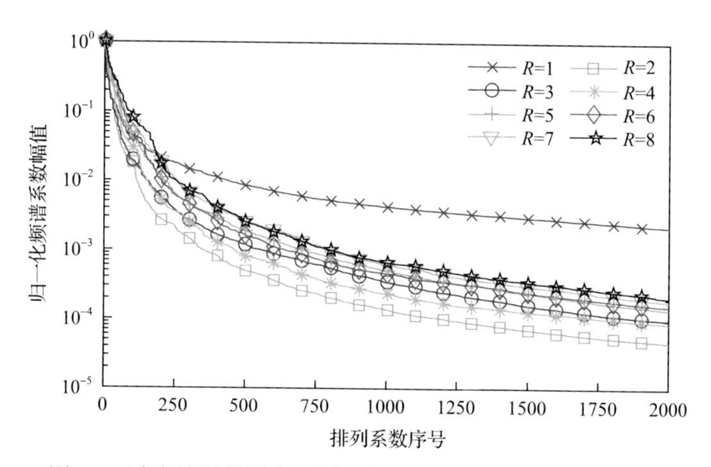

图 3.7　冲击特征信号在不同冗余度频谱中的系数统计衰减率

为定量地度量图 3.7 中系数衰减速度，利用稀疏表示理论中的可压缩信号定义构建下面的度量法则[32]。对于冗余度为 R 的频谱分析字典 $\boldsymbol{D}_R$，若周期冲击特征信号 $\boldsymbol{x}$ 的谱系数 α 满足

$$|\alpha_{I(i)}| \leqslant C_1 i^{-\frac{1}{r}}, \quad i \in \{1,2,\cdots,N\}, \ r \in (0,1) \tag{3.39}$$

式中，C_1 为常数；I 为排列系数序号，则称此类冲击特征为频域可压缩的。

对于频域可压缩冲击特征，其能量主要集中在少数的大幅值频谱系数上，因此直觉上可通过仅保留大幅值频谱系数来逼近原始的冲击特征，从而设计最优的 K 项近似误差来度量其能量集中度。冲击特征信号 $\boldsymbol{x}$ 在冗余度 R 的频谱分析字典 $\boldsymbol{D}_R$ 中的最优 K 项近似误差为

$$\begin{cases} \sigma_{\boldsymbol{D}_R}(\boldsymbol{x},K)_p := \inf\limits_{x_K} \left\| \boldsymbol{x} - \boldsymbol{D}\boldsymbol{\alpha}_{(R,K)} \right\|_p \\ \text{s.t. } \boldsymbol{\alpha}_{(R,K)} \in S_K \end{cases} \tag{3.40}$$

式中，S_K 为稀疏度为 K 的全体信号集合。

图 3.6 中的冲击特征在不同冗余谱分析中的最优 K 项近似误差如图 3.8 所示。

可以看出，仅利用少数的大幅值谱系数就能高可靠地恢复特征信息中的大部分能量，增加谱分析的冗余性可显著地减小近似误差。为了更直观分析 K 项近似误差随冗余度的变换规律，构造相对近似误差指标 $\left\|\boldsymbol{x}-\boldsymbol{D}\boldsymbol{\alpha}_{(R,K)}\right\|_2 / \|\boldsymbol{x}\|_2$，并用“$k$%-近似”表示仅保留 k%的系数时相对近似误差的大小，其统计分布规律如图 3.9 所示。在冗余谱中，仅 4%的频谱系数就可以恢复冲击特征信号 97%的能量，充分表明冲击特征信号在频域中具有稀疏聚集性。当冗余度 R 为 2 时，冲击特征信号在频域达到最优的能量集聚性，因此本章后面涉及 $\boldsymbol{D}$ 的冗余度均默认配置为 2。

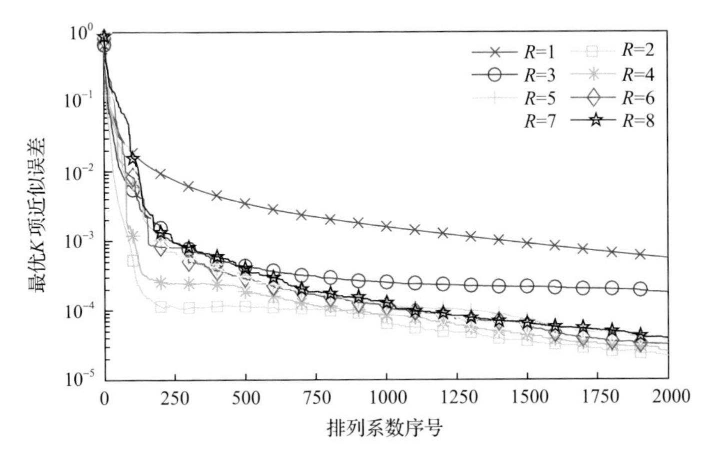

图 3.8　冲击特征信号的频域最优 K 项近似误差

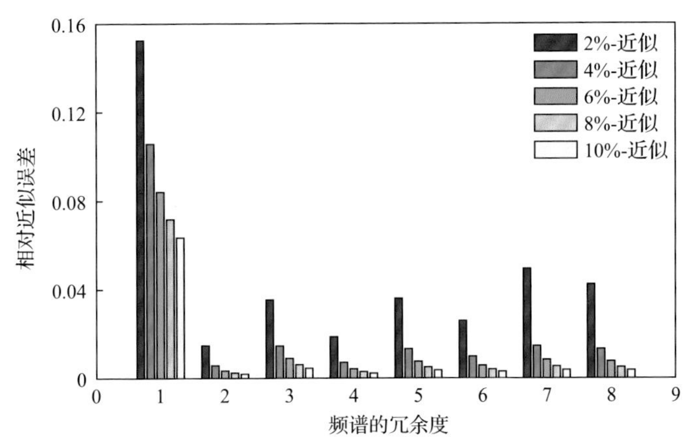

图 3.9　冲击特征信号的频域最优 K 项近似误差随冗余度的变化规律

利用真实的试验信号来研究周期冲击特征信号在频域中的系数分布规律，建立谱稀疏结构先验，分析的信号来自航空轴承试验机的轴承故障振动信号，航空轴承故障模拟试验台结构简图和预制的局部故障如图 3.10 所示。图 3.11 为航空故障轴承试验台信号和对应的频谱，信号能量主要集中在少数的谱线上，呈现出非常稀疏的分布模式。图 3.12 为航空轴承预制局部故障后信号的频谱系数和最优 K 项近似误差分布，从图中可以看出频谱系数具有近似指数的衰减速度，最优 K 项近似误差也呈现出类似快速的衰减模式，因而可通过少量的大频谱系数重构原始的信号。图 3.13 为航空轴承故障信号的稀疏重构，仅少量的频谱系数就恢复了波形特征，表明轴承故障信息完全集中在少量的大幅值频谱系数上，即冲击特征的频谱系数具有稀疏结构。

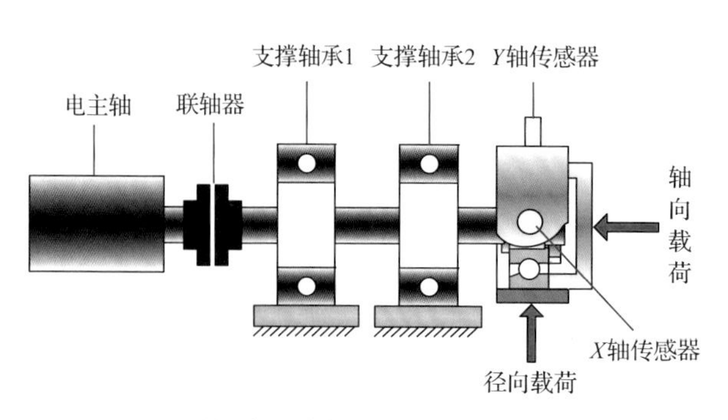

(a) 航空轴承故障模拟试验台结构简图

(b) 预制的局部故障

图 3.10　航空轴承故障模拟试验台结构简图和预制的局部故障

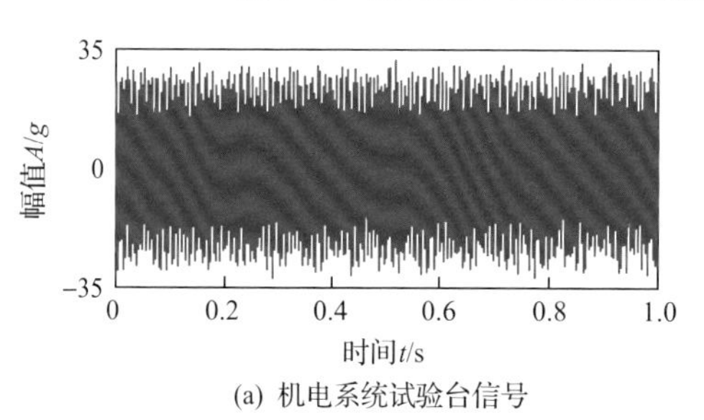

(a) 机电系统试验台信号

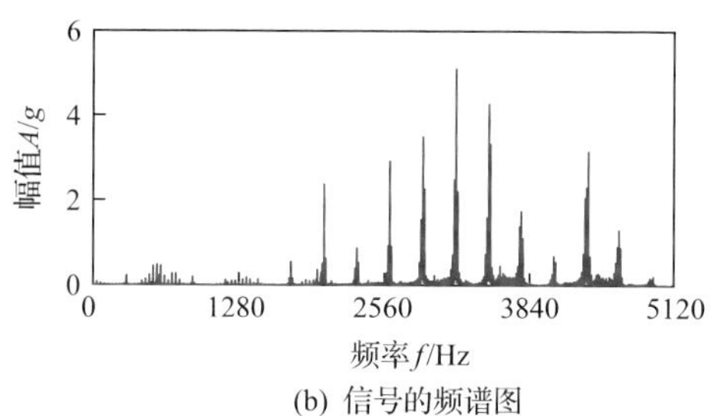

(b) 信号的频谱图

图 3.11　航空故障轴承试验台信号和对应的频谱

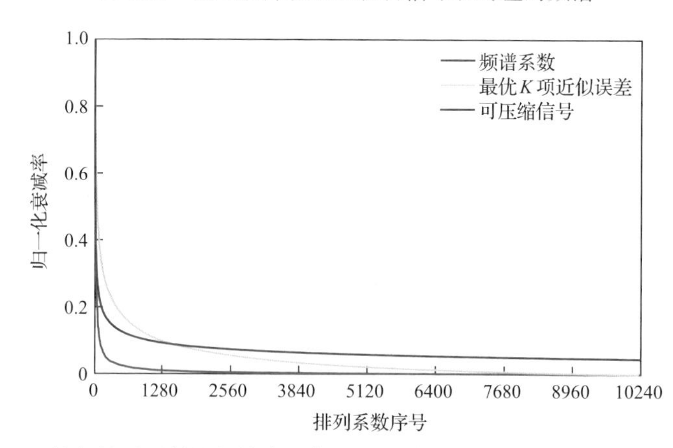

图 3.12　航空轴承预制局部故障后信号的频谱系数和最优 K 项近似误差分布

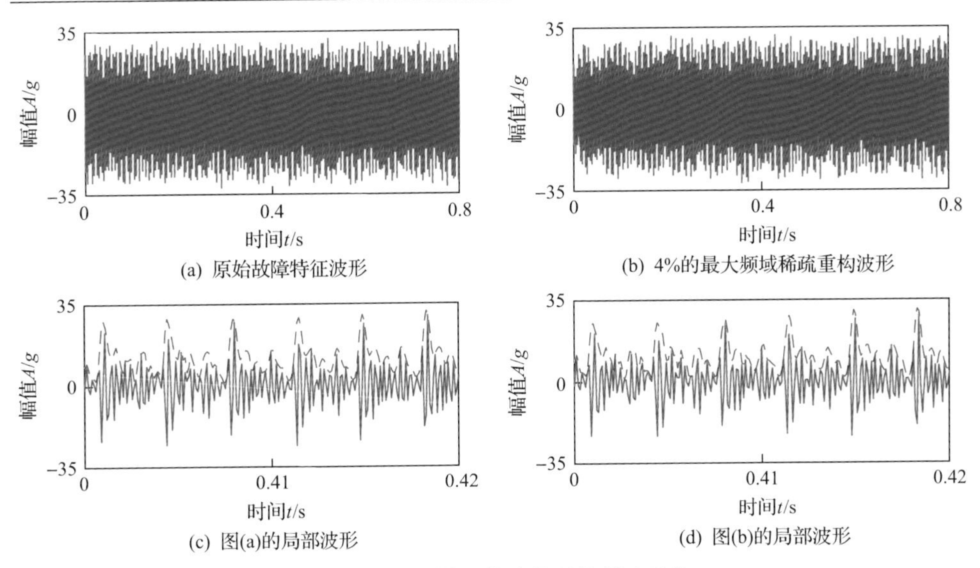

(a) 原始故障特征波形

(b) 4%的最大频域稀疏重构波形

(c) 图(a)的局部波形

(d) 图(b)的局部波形

图 3.13　航空轴承故障信号的稀疏重构

为进一步证实冲击特征信息在频域中呈现稀疏性，利用预制剥落故障的试验信号再次进行分析验证。图 3.14 为轴承故障模拟试验台和预制的剥落故障。为有

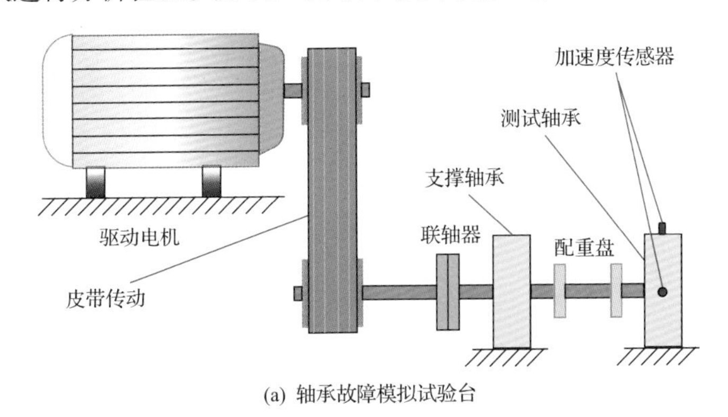

(a) 轴承故障模拟试验台

(b) 预制的轴承外圈剥落故障

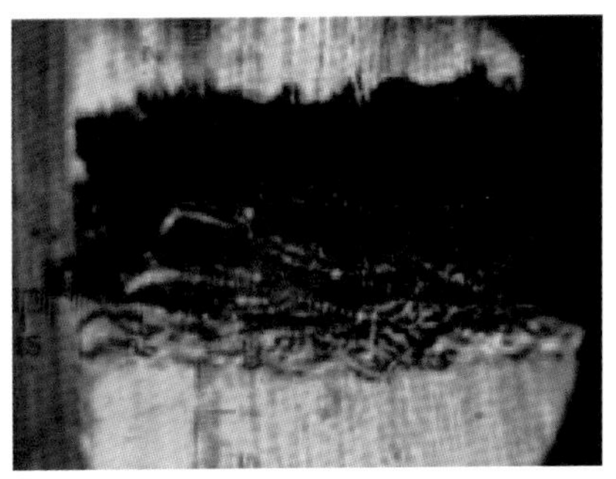

(c) 剥落故障显微镜放大图

图 3.14　轴承故障模拟试验台和预制的剥落故障

效地挖掘轴承冲击特征的分布模式，对轴承外圈表面进行了大面积的剥落，使得在轴承座上测试的振动信号可较为准确地模拟真实的冲击特征。图 3.15 为轴承外圈故障特征信号和对应的频谱，时域波形具有显著的伪周期现象，频谱中除轴承共振频带和故障特征频率外，无显著的干扰和噪声成分，因此测试信号可靠地描述了轴承故障的冲击特征。

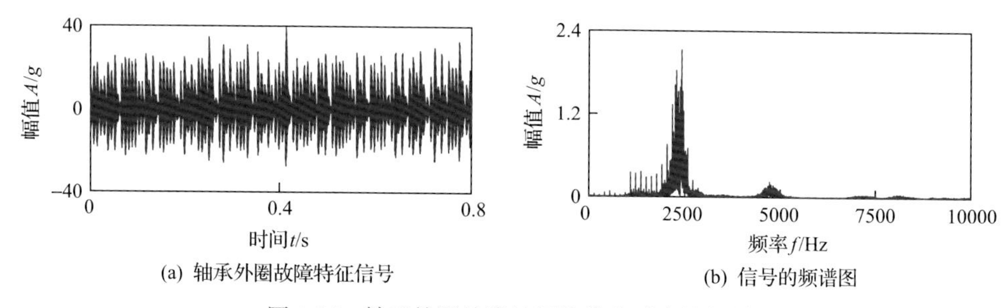

图 3.15　轴承外圈故障特征信号和对应的频谱

对测试信号进行频谱分析，其频谱系数的统计分布如图 3.16 所示。从图中可以看出，测试的冲击特征信号比理论的可压缩信号具有更快的衰减速度，因此轴承冲击特征在频谱中具有稀疏性。最优 K 项近似误差分布也绘制在图 3.16 中，其显著的快速衰减特性保证了冲击特征的稀疏重构。利用仅 4%的最大频域系数进行最优重构近似，重构波形和特征细节如图 3.17 所示。可以看出，除极少的局部细节外，重构波形几乎保留了所有的冲击振荡模式和故障周期信息，因而轴承试验信号的统计分析再次确认了冲击特征的谱稀疏分布模式。

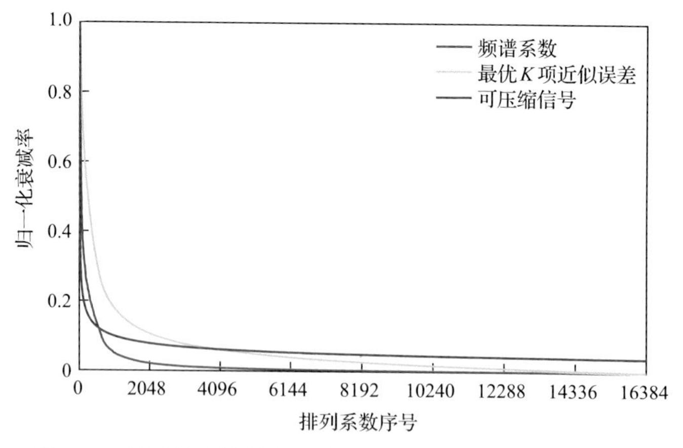

图 3.16　轴承故障信号的频谱系数和最优 K 项近似误差分布

冲击特征信息在频域中呈现出快速衰减的频谱系数序列，利用极少的大幅值频谱系数就能可靠地近似重构冲击特征振荡形态，因此可建立冲击特征在频域中具有稀疏分布这一统计先验。然而，由于冲击特征波形是局部振荡衰减的，并且衰减持续期与机电系统的阻尼呈反比关系，经典的傅里叶复指数基的描述能力相对不足，本章采用与冲击特征匹配的离散余弦字典来获得冲击特征的谱系数序列。最后，联合冲击特征的频谱系数稀疏分布结构，把离散余弦字典下的稀疏分布设计为频域稀疏表征吸引子，如图 3.18 所示。

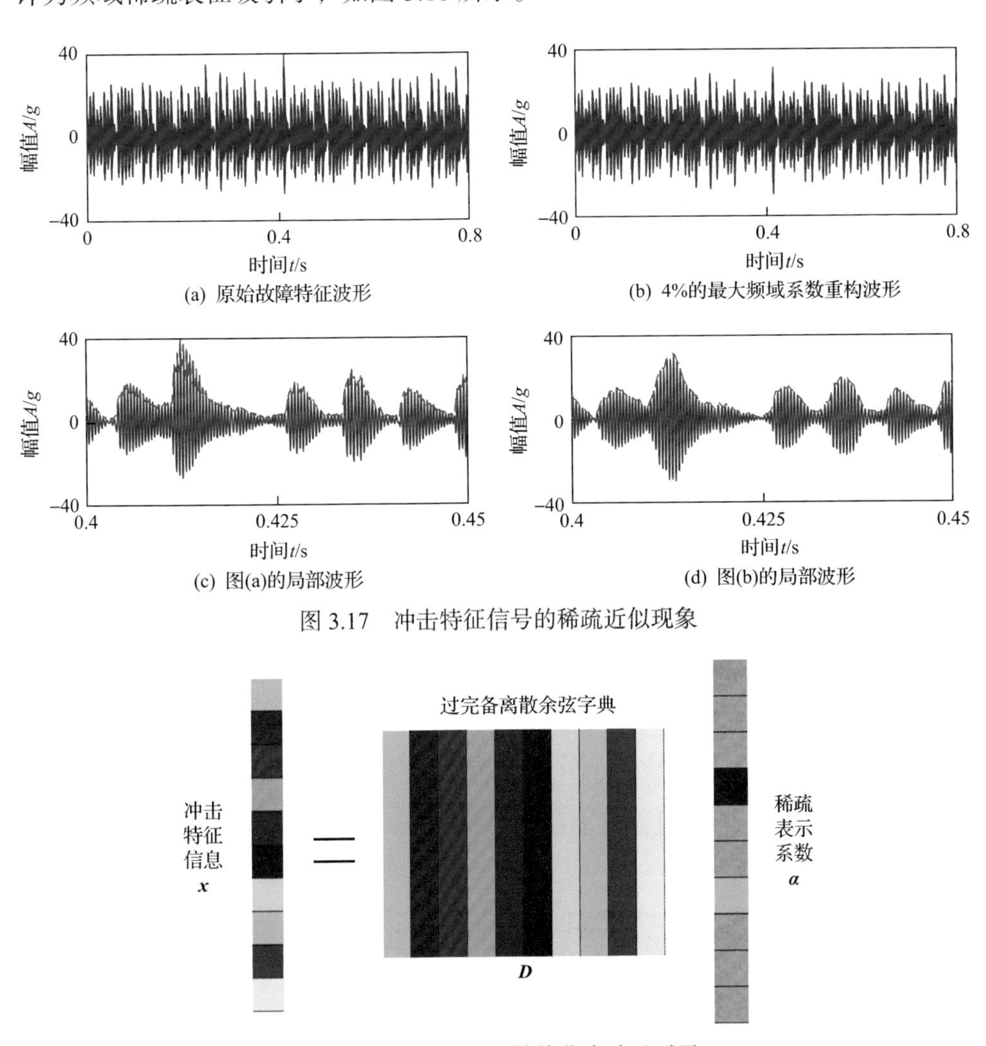

图 3.17　冲击特征信号的稀疏近似现象

图 3.18　冲击特征的结构化先验吸引子

3.3.2　层级稀疏学习诊断模型

不同的机电装备具有不同的失效模式和结构阻尼，因此故障产生的冲击力和激发的共振模式千差万别，使得冲击特征的持续时间和振荡形态具有多样性。尽管频谱稀疏的结构化先验可有效地促进冲击特征的能量集聚性，但是面对微弱的冲击信息和不同的振荡形态，其离散余弦字典的稀疏化集聚能力难以满足工程中的多样化要求，需要从研究的机电装备观测数据中挖掘出更多特征知识来高效地增强微弱冲击信息的集聚性。因此基于结构化稀疏学习诊断理论，引入人工智能领域的层级学习字典，提出层级稀疏学习模型(hierarchical sparse learning model, HiSLM)，即

$$\begin{cases} \underset{\boldsymbol{x},\{\boldsymbol{\alpha}_i\},\boldsymbol{A}\in\mathcal{C}}{\operatorname{argmin}} \ \dfrac{1}{2}\sum_{i=1}^{N}\left\|\boldsymbol{\mathcal{R}}_i(\boldsymbol{x})-\boldsymbol{D}\boldsymbol{A}\boldsymbol{\alpha}_i\right\|_2^2+\sum_{i=1}^{N}\mu_i\left\|\boldsymbol{\alpha}_i\right\|_0 \\ \text{s.t.} \ \left\|\boldsymbol{y}-\boldsymbol{x}\right\|_2\leqslant\varepsilon \\ \qquad \mathcal{C}=\left\{\boldsymbol{A}\middle|\left\|\boldsymbol{a}_j\right\|_0\leqslant t,\left\|\boldsymbol{D}\boldsymbol{a}_j\right\|_2=1,\forall j\right\} \end{cases} \tag{3.41}$$

式中，$\boldsymbol{\mathcal{R}}_i$ 为特征 $\boldsymbol{x}$ 的第 i 个局部冲击提取算子，并且全体 $\{\boldsymbol{\mathcal{R}}_i\}$ 至少构成了 $\boldsymbol{x}$ 的一个覆盖，从而保证冲击特征信息的无泄漏检测；$\boldsymbol{\alpha}_i$ 为单个局部冲击特征 $\boldsymbol{\mathcal{R}}_i(\boldsymbol{x})$ 在字典 $\boldsymbol{DA}$ 下的稀疏表示系数；$\boldsymbol{D}$ 为预先指定的冗余度为 2 的离散余弦变换；$\boldsymbol{A}$ 为层级学习字典；$\boldsymbol{a}_j$ 为 $\boldsymbol{A}$ 的第 j 列；t 控制了层级字典 $\boldsymbol{A}$ 的稀疏度。

本节提出的模型(3.41)与结构化稀疏学习诊断模型(3.3)的关系显而易见，这里不再赘述。模型中字典的设计具有以下三方面的优越性：

(1) $\boldsymbol{D}$ 充分反映冲击特征信息的频域稀疏特性，因此通过把特征限定在频域中，有效地为冲击辨识过程构造吸引子，促使学习过程向频域稀疏的分布模式收敛，增强了冲击信息的表征能力。

(2) $\boldsymbol{A}$ 的参数配置是从观测数据中自动学习确定的，因此可有效地匹配研究对象的特殊性，增强了冲击特征的能量集聚性和显著度，提高了模型的工程泛化能力，为微弱冲击的高精度辨识问题提供可行解。

(3) $\boldsymbol{A}$ 的逐列稀疏约束在保证模型泛化能力的同时，可有效地减少目标函数自由参数的数量，从而极大地降低学习系统的病态性。单位范数约束有效地消除了层级学习字典的尺度模糊性[33]。

图 3.19 为冲击层级稀疏学习诊断模型。

下面讨论层级稀疏学习诊断模型(3.41)的参数复杂度。假设 $\{\boldsymbol{\mathcal{R}}_i\}$ 的数量为 q，并且提取的局部冲击波形具有相同的维数 m，层级学习字典 $\boldsymbol{A}$ 有 n 个原子，则 $\boldsymbol{D}\in\mathbb{R}^{m\times 2m}$，$\boldsymbol{A}\in\mathbb{R}^{2m\times n}$，$\boldsymbol{\alpha}_i\in\mathbb{R}^{n\times 1}$，设定 $\boldsymbol{\alpha}_i$ 的期望稀疏水平为 s。在模型中，自由参数主要来自 $\boldsymbol{A}$ 和 $\boldsymbol{\alpha}_i$。对于 $\boldsymbol{A}$，由于每列仅具有 t 个非零值，则 $\boldsymbol{A}$ 产生的模型自由参数数量为 $\mathcal{O}(tn)$；对于 $\{\boldsymbol{\alpha}_i\}$，每个 $\boldsymbol{\alpha}_i$ 具有 s 个非零值，则 $\boldsymbol{\alpha}_i$ 产生了 $\mathcal{O}(sq)$ 个

自由参数。因此，层级稀疏学习诊断模型的参数空间自由度可表示为

$$\aleph_p(\mathcal{M}_{\text{HiSLM}}) \sim tn + sq \tag{3.42}$$

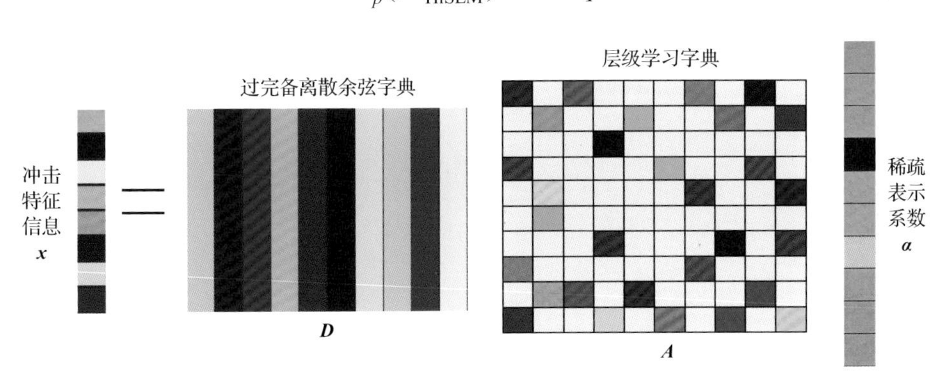

图 3.19　冲击层级稀疏学习诊断模型

通过设计与层级稀疏学习诊断模型匹配的稀疏学习模型，分析其参数空间自由度，揭示结构化稀疏诊断理论的优势。令 $\boldsymbol{D}=\boldsymbol{I}$ ， $t \geqslant m$ ，则层级稀疏学习诊断模型可演变为稀疏学习模型，其参数空间自由度为

$$\aleph_p(\mathcal{M}_{\text{HiSLM}}^{\text{SDLM}}) \sim mn + sq \tag{3.43}$$

由于 $t \ll m$ ，且 $m \leqslant n$ ，层级稀疏学习诊断模型(3.41)的映射 $\mathcal{M}$ 参数空间较小，极大地缩小了学习系统的搜索范围和降低了陷入局部极小值的概率。

3.3.3　SpaEIAD 求解器

层级稀疏学习诊断模型(3.41)中主要涉及三类优化自变量 $\boldsymbol{x}$ 、$\{\boldsymbol{\alpha}_i\}$ 、$\boldsymbol{A}$ 。因此，基于广义块坐标优化求解框架，可通过交替求解下面的三个子问题来得到目标函数的解：

$$\boldsymbol{A}^{k+1} = \underset{\boldsymbol{A}\in\mathcal{C}}{\operatorname{argmin}} \frac{1}{2}\sum_{i=1}^{N}\left\|\boldsymbol{\mathcal{R}}_i(\boldsymbol{x}) - \boldsymbol{D}\boldsymbol{A}\boldsymbol{\alpha}_i\right\|_2^2 \tag{3.44}$$

$$\boldsymbol{\alpha}_i^{k+1} = \underset{\boldsymbol{\alpha}_i}{\operatorname{argmin}} \frac{1}{2}\left\|\boldsymbol{\mathcal{R}}_i(\boldsymbol{x}) - \boldsymbol{D}\boldsymbol{A}\boldsymbol{\alpha}_i\right\|_2^2 + \mu_i\left\|\boldsymbol{\alpha}_i\right\|_0 \tag{3.45}$$

$$\boldsymbol{x}^{k+1} = \underset{\boldsymbol{x}}{\operatorname{argmin}} \frac{1}{2}\left\|\boldsymbol{y} - \boldsymbol{x}\right\|_2^2 + \frac{\lambda}{2}\sum_{i=1}^{N}\left\|\boldsymbol{\mathcal{R}}_i(\boldsymbol{x}) - \boldsymbol{D}\boldsymbol{A}\boldsymbol{\alpha}_i\right\|_2^2 \tag{3.46}$$

对于 $\boldsymbol{A}$ 子问题，由于约束集 $\mathcal{C}$ 中具有 L_0 范数的约束，约束集具有非凸的特性，

无法直接得到可行的投影点，本章采用 Rubinstein 等[34]提出的逐原子近似求解技术。首先，为了在字典原子更新的过程中不会改变表示系数$\{\boldsymbol{\alpha}_i\}$的支撑集，把 $\boldsymbol{A}$ 子问题式(3.44)转化为

$$\begin{cases}\{\boldsymbol{a}_j,\boldsymbol{g}\}=\underset{\boldsymbol{a}_j,\boldsymbol{g}}{\operatorname{argmin}}\ \dfrac{1}{2}\left\|\boldsymbol{E}-\boldsymbol{D}\boldsymbol{a}_j\boldsymbol{g}^{\mathrm{T}}\right\|_{\mathrm{F}}^2\\ \text{s.t.}\ \left\|\boldsymbol{a}_j\right\|_0\leqslant t,\ \left\|\boldsymbol{D}\boldsymbol{a}_j\right\|_2=1\end{cases}\tag{3.47}$$

式中，$\boldsymbol{E}$ 为不考虑 $\boldsymbol{D}\boldsymbol{a}_j$ 原子信号贡献量时的误差矩阵。

通过引入归一化的操作 $\boldsymbol{g}=\boldsymbol{g}/\|\boldsymbol{g}\|_2$ 和后续单位化运算 $\left\|\boldsymbol{D}\boldsymbol{a}_j\right\|_2=1$，$\boldsymbol{A}$ 子问题的主要求解困难转移到下面的优化问题：

$$\begin{cases}\boldsymbol{a}_j=\underset{\boldsymbol{a}_j,\boldsymbol{g}}{\operatorname{argmin}}\ \dfrac{1}{2}\left\|\boldsymbol{E}\boldsymbol{g}-\boldsymbol{D}\boldsymbol{a}_j\right\|_{\mathrm{F}}^2\\ \text{s.t.}\ \left\|\boldsymbol{a}_j\right\|_0\leqslant t\end{cases}\tag{3.48}$$

这是一个稀疏编码问题，可通过基于批处理的正交匹配追踪算法[35]进行快速计算。在获得 $\boldsymbol{a}_j$ 后，$\boldsymbol{g}$ 的更新等式为

$$\boldsymbol{g}=\boldsymbol{E}^{\mathrm{T}}\boldsymbol{D}\boldsymbol{a}_j\tag{3.49}$$

对于 $\boldsymbol{\alpha}_i$ 子问题式(3.45)的更新，可转化为与优化问题式(3.48)相同的形式，因此采用同样的 BatchOMP 算法得到稀疏表示系数集$\{\boldsymbol{\alpha}_i\}$。

对于 $\boldsymbol{x}$ 子问题式(3.46)，其优化子问题的目标函数中无非光滑项，因此利用优化理论中的 KKT 条件(Karush-Kuhn-Tucker condition)，得到其闭式表达式为

$$\boldsymbol{x}^{k+1}=\left(\boldsymbol{I}+\lambda\sum_{i=1}^{N}\boldsymbol{\mathcal{R}}_i^{\mathrm{T}}\boldsymbol{\mathcal{R}}_i\right)^{-1}\left(\boldsymbol{y}+\lambda\sum_{i=1}^{N}\boldsymbol{\mathcal{R}}_i^{\mathrm{T}}\left(\boldsymbol{D}\boldsymbol{A}\boldsymbol{\alpha}_i\right)\right)\tag{3.50}$$

因此，层级稀疏学习诊断模型(3.41)的三个子问题均被有效地求解，循环执行上述迭代公式，直到前后两次迭代的相对变化小于预先指定的容许范围，则可到达目标函数的一个平稳点，具体迭代步骤如算法 3.2 所示。

下面对上述迭代算法进行计算复杂度分析。从算法 3.2 可以看出，在 $\boldsymbol{A}$ 子问题更新中，主要的运算成本是 BatchOMP 的搜寻操作，其计算复杂度为

$$\mathcal{T}_{\text{BatchOMP}}=2K_1mn+2K_1^2m+2K_1(m+n)+K_1^3\tag{3.51}$$

式中，K_1 为第一次调用 BatchOMP 的迭代次数。

算法 3.2　基于层级稀疏学习的冲击特征辨识

初始化：基于 ε，设置等价的参数 λ 和 BatchOMP 编码算法中的稀疏度 s；设置稀疏表示系数 $\boldsymbol{\alpha}_i=(\boldsymbol{DA})^{\mathrm{T}}\mathcal{R}_i(\boldsymbol{y})$，随机初始化 $\boldsymbol{A}$。

主循环：执行以下迭代步骤，直到满足停止准则。

(1) $\boldsymbol{A}$ 子问题更新。

$\hat{\boldsymbol{g}}^k=\boldsymbol{g}^k/\left\|\boldsymbol{g}^k\right\|_2$

计算误差矩阵 $\boldsymbol{E}^k$：

$\hat{\boldsymbol{a}}_j^{k+1}=\mathrm{BatchOMP}(\boldsymbol{E}^k\boldsymbol{g}^k,\boldsymbol{D},t)$

$\boldsymbol{a}_j^{k+1}=\boldsymbol{D}\hat{\boldsymbol{a}}_j^{k+1}/\left\|\boldsymbol{D}\hat{\boldsymbol{a}}_j^{k+1}\right\|_2$

$\boldsymbol{g}^{k+1}=(\boldsymbol{E}^k)^{\mathrm{T}}\boldsymbol{D}\boldsymbol{a}_j^{k+1}$

基于 $\boldsymbol{g}^{k+1}$ 的支撑集和对应的信号进行稀疏系数更新。

(2) $\boldsymbol{\alpha}_i$ 子问题求解。

$\boldsymbol{\alpha}_i^{k+1}=\mathrm{BatchOMP}(\mathcal{R}_i(\boldsymbol{x}^k),\boldsymbol{DA}^{k+1},s)$

(3) 冲击分量 x 更新。

$$\boldsymbol{x}^{k+1}=\left(\boldsymbol{I}+\lambda\sum_{i=1}^{N}\mathcal{R}_i^{\mathrm{T}}\mathcal{R}_i\right)^{-1}\left(\boldsymbol{y}+\lambda\sum_{i=1}^{N}\mathcal{R}_i^{\mathrm{T}}\left(\boldsymbol{DA}^{k+1}\boldsymbol{\alpha}_i^{k+1}\right)\right)$$

(4) 判断迭代停止准则。

若相邻两次迭代的变化小于预先指定的阈值，则停止迭代，否则，令 $k=k+1$，并继续执行上述迭代。

输出：冲击特征信息 $\boldsymbol{x}^*$、稀疏投影系数 $\boldsymbol{\alpha}_i^*$ 和层级学习字典 $\boldsymbol{A}^*$。

同理，$\boldsymbol{\alpha}_i$ 子问题的主要计算成本亦为 BatchOMP 的搜寻。$\boldsymbol{x}$ 的更新本质上是对重构信号进行加权平均，主要的计算为矩阵的乘法运算，因此其计算成本为

$$\mathcal{T}_x=mnS \tag{3.52}$$

式中，S 为信号局部块的数量。

算法中其余的运算主要为矩阵与向量的乘法和加法运算以及向量与向量的乘法和加法运算，需要的计算成本为 $\mathcal{O}(mn)$。因此，算法 3.2 的总计算复杂度为

$$\begin{aligned}\mathcal{T}_{\mathrm{BatchOMP}}&\approx K2K_1mn+2K_1^2m+2K_1(m+n)+K_1^3+5mn+2mnS\\&\quad+K\left\{S\times\left[2K_2mn+2K_2^2m+2K_2(m+n)+K_2^3\right]\right\}\\&\approx K\left[2(K_1+SK_2+5)mn+2mnS\right]\\&\approx\mathcal{O}(KSmn)\end{aligned} \tag{3.53}$$

式中，K 为算法的外循环迭代次数。

3.3.4　统计分析

为全面地评估层级稀疏学习诊断模型(3.41)的性能，本节通过设计冲击仿真信号，评估其学习字典 $\boldsymbol{A}$ 的稀疏表示能力和在冲击特征检测任务中的精度。基于机电系统冲击特征的生成模型(3.37)，构建四类仿真信号，如图 3.20 所示。为模拟不同机械系统的阻尼系数，每类信号具有不同的冲击衰减时间，分别为[0.05, 0.15, 0.25, 0.35]。此外，样本中噪声成分的强度是通过信号与噪声的标准差比值确定的，其取值范围为[0.4, 0.8, 1, 2, 6]。样本信号的长度考查了四类情况，分别为 2048、4096、8192 和 16384。依据有关小波特征检测仿真研究结论[36]，TI-H 小波算法在最小均方误差度量指标下具有最优的性能，SureShrink 小波算法具有统计最优的阈值特性，VisuShrink 小波算法检测的冲击特征在视觉上具有最优的性能。本试验采用此三类小波冲击特征检测技术进行对比，并且小波基函数选用 Symmlet8，阈值参数均依据统计最优方式进行配置。对于提出的算法 3.2，在不同振荡持续时间下的所有参数设置如表 3.3 所示，其中，为保证不同衰减持续时间下的 $\mathcal{R}_i$ 具有相同的冲击信息，依据冲击持续时间的增量而以步长 10 的速度改变 $\mathcal{R}_i$ 的长度。在每次试验中，用于层级学习字典 $\boldsymbol{A}$ 的样本集合具有与 $\mathcal{R}_i$ 长度呈线性关系的样本数量，若样本数量不足，并不增加新的训练样本，仅采用所有样本进行训练。为度量四类算法的重构冲击特征表现，引入了均方误差准则：

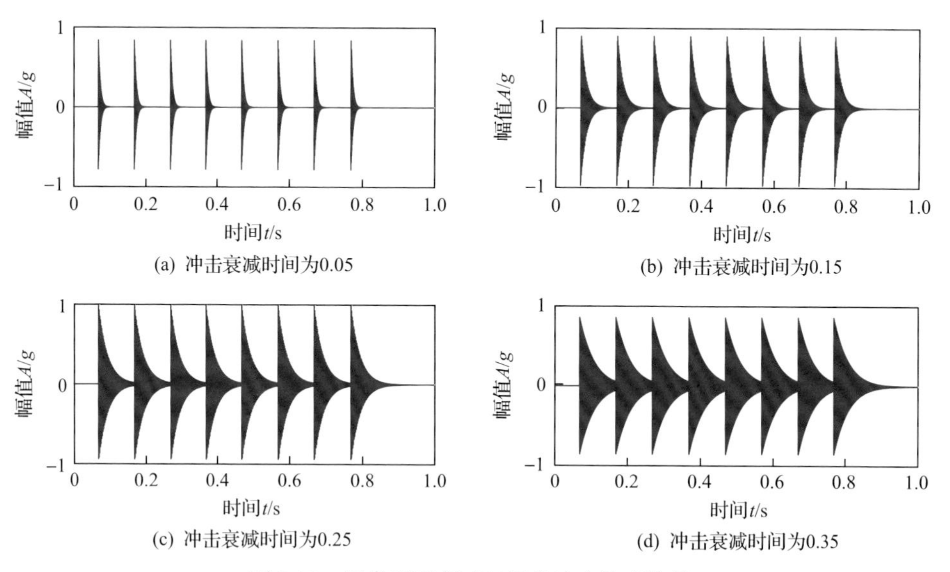

(a) 冲击衰减时间为0.05　(b) 冲击衰减时间为0.15　(c) 冲击衰减时间为0.25　(d) 冲击衰减时间为0.35

图 3.20　四类不同衰减时间的冲击仿真信号

$$\mathrm{MSE} = \frac{1}{M}\sum_{j=1}^{M}\left\|\boldsymbol{x} - \boldsymbol{x}^{*}\right\|_2^2 \tag{3.54}$$

式中，M 是为消除试验结果的随机性而进行的重复试验次数。

表 3.3　算法 3.2 在仿真分析中的参数配置

参数名称	参数值
$\mathcal{R}_i$ 长度	60(0.05)、70(0.15)、80(0.25)、90(0.35)
$\mathcal{R}_i$ 重叠率	最大重叠率
$\boldsymbol{D}$ 的冗余度	2
字典学习样本数	$16\times\mathcal{R}_i$ 长度，或所有样本
字典 $\boldsymbol{A}$ 初始化方式	随机选择的训练样本
字典的列稀疏水平 t	6
字典 $\boldsymbol{A}$ 更新迭代次数	20

本节中所有对比结果均是进行了 500 次随机噪声重复试验的平均表现。另外，为度量冲击特征在字典 $\boldsymbol{DA}$ 下的稀疏性，引入了稀疏系数的平均 $\boldsymbol{L}_0^A$ 范数指标：

$$\boldsymbol{L}_0^A = \frac{1}{M}\sum_{i=1}^{M}\left\|\boldsymbol{\alpha}_i\right\|_0 \tag{3.55}$$

为便于评估层级稀疏学习诊断技术相对于三类小波算法的表现，对所有小波算法的指标值除以层级稀疏学习诊断算法的指标值，得到对应的比率值。均方误差比率统计结果如表 3.4 所示，若表中的值大于 1，表明提出的层级稀疏学习诊断算法优于小波类算法，若表中的值等于 1，则两类算法性能持平，若表中的值小于 1，则小波类算法占优。从表 3.4 可以看出，除一次试验外，层级稀疏学习诊断算法的表现均优于小波类算法。对层级稀疏学习诊断算法唯一的一次冲击检测失效情况进行分析，如果缩减 $\mathcal{R}_i$ 的长度为 32，则均方误差比率从 0.74 提升为 1.26，因此可以推断，层级稀疏学习诊断算法的失效是由层级学习字典 $\boldsymbol{A}$ 的样本数量不足导致的，而非层级稀疏学习诊断模型的冲击描述能力欠缺所致。表 3.4 中 240 次试验结果的统计平均值为 7.02，充分表明相比于广泛使用的小波类算法，层级稀疏学习诊断算法在冲击特征信息检测方面具有非常显著的优势。

表征系数的 L_0 范数比值如表 3.5 所示，类似于表 3.4 中数据的度量意义，比值越大表明提出的技术在冲击特征信息能量集聚性方面具有更加优秀的表现，反之亦然。除极强噪声的干扰试验情况外(信号噪声的标准差比值为 0.4 时，信噪比近似为–18dB)，本章提出的层级稀疏学习诊断算法达到的冲击能量稀疏度水平远高于小波类算法。当信号中的噪声能量极强时，层级稀疏学习诊断算法在学习过程中为挖掘噪声中的冲击信息，不可避免地需要移除噪声分量，使得学习字典中的原子与真实的冲击波形存在一定的误差，进而导致试验样本信号中隐藏的冲击特征能量无法被有效地集中在少量的稀疏系数上，因此强噪声的训练样本输入会降低层级稀疏学习诊断算法的稀疏表征能力。然而，在工程应用中，为最大限度地提取冲击特征，即使牺牲部分稀疏化表征或保留少量的噪声，在检测的冲击波形中也是可行的。另外，尽管小波类技术表面上具有相对较好的稀疏化能力，但是为移除强噪声，在最后的小波系数中仅保留了尺度层的系数或者邻近尺度层的系数，使得重构出的冲击特征类似于离散的单个小波基原子，这严重地偏离了冲击特征的真实振荡波形，无法满足工程中高精度冲击辨识的需求。在低噪声情况下，算法在两次试验中的表现欠优，其本质原因在于训练样本的质量太差。表 3.5 中试验结果的统计平均值为 2.11，充分表明层级稀疏学习诊断算法可有效地把冲击特征信息稀疏地集中在变换域的表征系数上，为微弱冲击波形的辨识提供了可靠的保障。

表 3.4　均方误差比率统计结果

冲击持续时间/s	信号点数	对比方法	信号噪声的标准差比值				
			0.4	0.8	1	2	6
0.05	2048	VisuShrink	3.16	4.03	5	5.29	4.29
		SureShrink	3.08	3.83	2.2	1.79	1.18
		TI-H	2.32	1.51	1.78	1.58	0.74
	4096	VisuShrink	5.8	8.19	7.74	7.49	5.35
		SureShrink	5.74	3.22	3.18	2.68	1.32
		TI-H	4.87	3.08	2.6	1.93	1.05
	8192	VisuShrink	4.99	7.57	7.81	8.85	6.03
		SureShrink	4.65	3.22	3.53	3.83	1.5
		TI-H	2.54	2.31	2.02	1.85	1
	16384	VisuShrink	9.36	26.63	28.74	31.66	16.19
		SureShrink	9.21	8.03	7.85	6.74	2.92
		TI-H	7.2	12.02	10.54	7.64	3.18
0.15	2048	VisuShrink	3.08	14.26	12.86	13.97	17.41
		SureShrink	3.05	13.69	12.49	3	1.86
		TI-H	3.05	9.6	9.03	4.98	4.23
	4096	VisuShrink	5.05	9.76	13.2	15.37	12.35
		SureShrink	4.97	5.38	6.93	4.19	1.88
		TI-H	4.61	5.88	6.5	5.45	2.29

续表

冲击持续时间/s	信号点数	对比方法	信号噪声的标准差比值				
			0.4	0.8	1	2	6
0.15	8192	VisuShrink	5.26	12.42	14.38	19.77	23.1
		SureShrink	5.25	12.19	4.6	3.7	2.52
		TI-H	5.23	9.09	8.58	6.71	4.94
	16384	VisuShrink	6.24	18.15	17.91	22.74	17.24
		SureShrink	6.16	6.27	5.91	8.24	2.55
		TI-H	5.63	8.26	6.85	5.46	3.07
0.25	2048	VisuShrink	2.83	8.09	7.88	12.95	7
		SureShrink	2.61	2.88	2.25	3.18	1.13
		TI-H	2.26	3.1	2.64	3.27	1
	4096	VisuShrink	3.36	7.7	11.54	15.73	17.48
		SureShrink	3.36	7.64	11.34	3.17	1.63
		TI-H	3.33	7.03	9.36	9.56	6.51
	8192	VisuShrink	5.44	10.1	11.88	15.73	22.88
		SureShrink	5.43	6.08	6.4	3.58	2.31
		TI-H	5.34	8.24	8.53	7.31	6.43
	16384	VisuShrink	5.48	14.18	17.9	29.09	21.23
		SureShrink	5.39	5.07	5.3	5.45	2.53
		TI-H	5.11	7.98	7.77	7.79	3.48
0.35	2048	VisuShrink	1.36	2.35	5.78	8.83	8.5
		SureShrink	1.36	2.36	5.74	1.99	1.8
		TI-H	1.35	2.35	5.41	6.06	4.41
	4096	VisuShrink	2.55	4.56	4.86	8.79	10.4
		SureShrink	2.55	4.55	4.84	1.96	1.58
		TI-H	2.52	4.54	4.62	5.99	4.16
	8192	VisuShrink	4.55	13.11	13.86	21.81	21.81
		SureShrink	4.55	4.41	3.82	4.99	4.45
		TI-H	4.49	8.79	7.56	6.39	3.82
	16384	VisuShrink	5.66	13.82	14.91	23.53	14.5
		SureShrink	2.78	3.59	3.42	4.64	2.05
		TI-H	5.18	6.22	5.27	5.14	1.59

为评估四类对比算法在冲击特征振荡衰减波形方面的保真能力，把冲击衰减时间为 0.15 的 8192 个冲击数据点作为辨识对象，并向其添加强度为 0.4 的噪声分量构造噪声观测信号。四类对比算法提取的冲击波形如图 3.21 所示。可以看出，由于强噪声的影响，小波类算法为去除所有的噪声成分，不可避免地把大量的冲

表 3.5　表征系数的 L_0 范数比值

持续时间/s	信号点数	对比方法	信号噪声的标准差比值				
			0.4	0.8	1	2	6
0.05	2048	VisuShrink	1.87	2.16	1.92	1.36	0.77
		SureShrink	1.87	2.44	7.87	6.05	2.68
		TI-H	1.87	2.16	1.92	1.36	0.77
	4096	VisuShrink	1.63	3.25	2.95	2	1.44
		SureShrink	2.04	19.9	9.5	6.75	3.93
		TI-H	1.63	3.25	2.95	2	1.44
	8192	VisuShrink	0.98	1.86	1.84	1.69	1.73
		SureShrink	1.17	10.95	6.52	7.18	6.68
		TI-H	0.98	1.86	1.84	1.69	1.73
	16384	VisuShrink	1.33	4.85	5.73	6.39	2.7
		SureShrink	1.52	36.95	37.43	31.22	7.42
		TI-H	1.33	4.85	5.83	6.39	2.7
0.15	2048	VisuShrink	2.15	6.46	6.96	11.76	11.31
		SureShrink	2.15	6.46	7.34	41.71	29.55
		TI-H	2.15	6.46	6.96	11.76	11.31
	4096	VisuShrink	2.13	2.91	4.2	6.35	2.21
		SureShrink	2.66	25.25	21.25	32.02	6.67
		TI-H	2.13	2.91	4.2	6.35	2.21
	8192	VisuShrink	1.78	4.86	6.89	12.19	8.78
		SureShrink	1.78	5.3	60.1	53.17	23.42
		TI-H	1.78	4.86	6.89	12.19	8.78
	16384	VisuShrink	0.59	3.27	4.7	5.44	2.78
		SureShrink	0.73	32.71	33.24	22.32	9.88
		TI-H	0.59	3.27	4.7	5.44	2.78
0.25	2048	VisuShrink	1.44	1.83	1.9	3.2	1.68
		SureShrink	2.89	15.19	11.4	11.93	3.22
		TI-H	1.44	1.83	1.9	3.2	1.68
	4096	VisuShrink	2.84	3.26	5.67	12.91	22.58
		SureShrink	2.86	3.85	6.91	71.08	76.76
		TI-H	2.84	3.26	5.67	12.91	22.58
	8192	VisuShrink	1.05	2.52	4.2	11.99	14.74
		SureShrink	1.05	37.85	61.07	97.04	53.88
		TI-H	1.05	2.52	4.2	11.99	14.74
	16384	VisuShrink	0.53	2.36	2.69	5.52	2.68
		SureShrink	0.82	39.53	36.12	27.59	7.59
		TI-H	0.53	2.36	2.69	5.52	2.68

续表

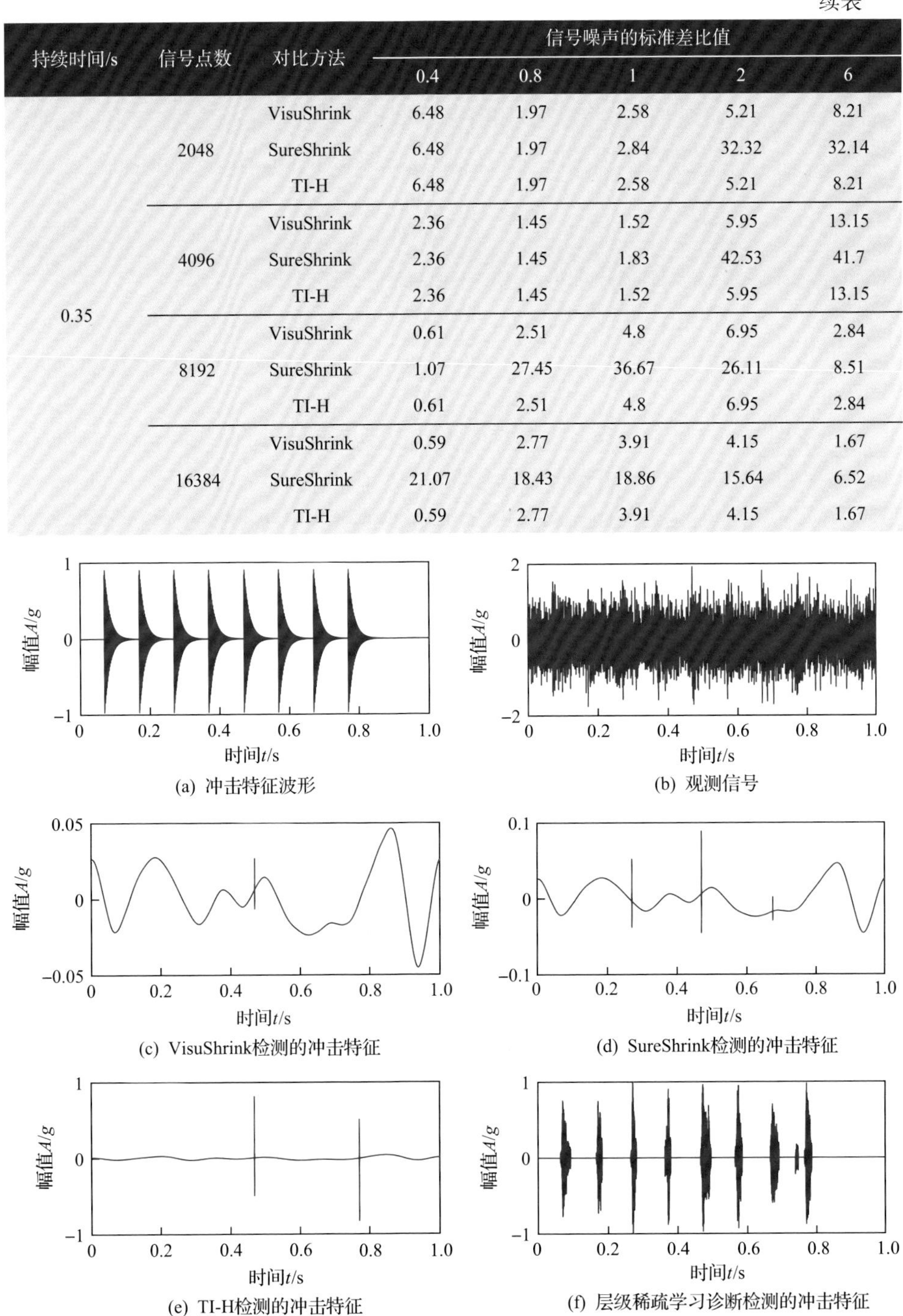

持续时间/s	信号点数	对比方法	信号噪声的标准差比值				
			0.4	0.8	1	2	6
0.35	2048	VisuShrink	6.48	1.97	2.58	5.21	8.21
		SureShrink	6.48	1.97	2.84	32.32	32.14
		TI-H	6.48	1.97	2.58	5.21	8.21
	4096	VisuShrink	2.36	1.45	1.52	5.95	13.15
		SureShrink	2.36	1.45	1.83	42.53	41.7
		TI-H	2.36	1.45	1.52	5.95	13.15
	8192	VisuShrink	0.61	2.51	4.8	6.95	2.84
		SureShrink	1.07	27.45	36.67	26.11	8.51
		TI-H	0.61	2.51	4.8	6.95	2.84
	16384	VisuShrink	0.59	2.77	3.91	4.15	1.67
		SureShrink	21.07	18.43	18.86	15.64	6.52
		TI-H	0.59	2.77	3.91	4.15	1.67

(a) 冲击特征波形　(b) 观测信号

(c) VisuShrink检测的冲击特征　(d) SureShrink检测的冲击特征

(e) TI-H检测的冲击特征　(f) 层级稀疏学习诊断检测的冲击特征

图 3.21　四类对比算法提取的冲击波形

击特征视为噪声而移除，从而导致仅少量的冲击被保留，另外，被保留的冲击成分也失去了大部分的振荡衰减形态，与真实的冲击特征差距较大。相反，层级稀疏学习诊断算法不但成功地提取了所有的冲击特征，而且有效地捕捉了真实冲击信号的关键振荡衰减模式。因此，相对于小波类特征辨识技术，在微弱冲击特征的提取任务中，提出的层级稀疏学习诊断算法具有非常优越的性能。

参考文献

[1] 屈梁生, 何正嘉. 机械故障诊断学. 上海: 上海科学技术出版社, 1986.

[2] 何正嘉, 袁静, 訾艳阳. 机械故障诊断的内积变换原理与应用. 北京: 科学出版社, 2012.

[3] Randall R. Vibration-Based Condition Monitoring: Industrial, Aerospace and Automotive Applications. New York: Wiley, 2011.

[4] Lei Y. Intelligent Fault Diagnosis and Remaining Useful Life Prediction of Rotating Machinery. Oxford: Elsevier Butterworth-Heinemann, 2016.

[5] Aharon M, Elad M, Bruckstein A M. On the uniqueness of overcomplete dictionaries, and a practical way to retrieve them. Linear Algebra and Its Applications, 2006, 416(1): 48-67.

[6] Hillar C J, Sommer F T. When can dictionary learning uniquely recover sparse data from subsamples. IEEE Transactions on Information Theory, 2015, 61(11): 6290-6297.

[7] Yan R Q, Gao R X, Chen X F. Wavelets for fault diagnosis of rotary machines: A review with applications. Signal Processing, 2014, 96: 1-15.

[8] Wang Y X, Xiang J W, Markert R, et al. Spectral kurtosis for fault detection, diagnosis and prognostics of rotating machines: A review with applications. Mechanical Systems and Signal Processing, 2016, 66-67: 679-698.

[9] Gao Z W, Cecati C, Ding S X. A survey of fault diagnosis and fault-tolerant techniques—Part I: Fault diagnosis with model-based and signal-based approaches. IEEE Transactions on Industrial Electronics, 2015, 62(6): 3757-3767.

[10] Gao Z W, Cecati C, Ding S X. A survey of fault diagnosis and fault-tolerant techniques—Part II: Fault diagnosis with knowledge-based and hybrid/active approaches. IEEE Transactions on Industrial Electronics, 2015, 62(6): 3768-3774.

[11] Zhang H, Chen X F, Du Z H, et al. Kurtosis based weighted sparse model with convex optimization technique for bearing fault diagnosis. Mechanical Systems and Signal Processing, 2016, 80: 349-376.

[12] Chen B Q, Zhang Z S, Zi Y Y, et al. Detecting of transient vibration signatures using an improved fast spatial-spectral ensemble kurtosis Kurtogram and its applications to mechanical signature analysis of short duration data from rotating machinery. Mechanical Systems and Signal Processing, 2013, 40(1): 1-37.

[13] Chen B Q, Zhang Z S, Sun C, et al. Fault feature extraction of gearbox by using overcomplete rational dilation discrete wavelet transform on signals measured from vibration sensors. Mechanical Systems and Signal Processing, 2012, 33(1): 275-298.

[14] Tse P W, Wang D. The design of a new sparsogram for fast bearing fault diagnosis. Mechanical Systems and Signal Processing, 2013, 40(2): 499-519.

[15] Zhao M, Lin J, Miao Y H, et. al. Detection and recovery of fault impulses via improved harmonic product spectrum and its application in defect size estimation of train bearings. Measurement, 2016, 91: 421-439.

[16] Aharon M, Elad M, Bruckstein A. K-SVD: An algorithm for designing overcomplete dictionaries for sparse representation. IEEE Transactions on Signal Processing, 2006, 54(11): 4311-4322.

[17] Xu Y Y, Yin W T. A fast patch-dictionary method for whole image recovery. Inverse Problems and Imaging, 2016, 10(2): 563-583.

[18] Zhang Q, Li B X. Discriminative K-SVD for dictionary learning in face recognition. IEEE Computer Society Conference on Computer Vision and Pattern Recognition, San Francisco, 2010: 2691-2698.

[19] Jost P, Vandergheynst P, Lesage S, et al. MoTIF: An efficient algorithm for learning translation invariant dictionaries. IEEE International Conference on Acoustics, Speech and Signal Processing, Toulouse, 2006.

[20] Liu H N, Liu C L, Huang Y X. Adaptive feature extraction using sparse coding for machinery fault diagnosis. Mechanical Systems and Signal Processing, 2011, 25(2): 558-574.

[21] Yang B Y, Liu R N, Chen X F. Fault diagnosis for a wind turbine generator bearing via sparse representation and shift-invariant K-SVD. IEEE Transactions on Industrial Informatics, 2017, 13(3): 1321-1331.

[22] Tosic I, Frossard P. Dictionary learning. IEEE Signal Processing Magazine, 2011, 28(2): 27-38.

[23] Chen S S, Donoho D L, Saunders M A. Atomic decomposition by basis pursuit. SIAM Review, 2001, 43(1): 129-159.

[24] Bertsekas D P. Convex Optimization Theory. 北京: 清华大学出版社, 2011.

[25] Bauschke H H, Combettes P L. Convex Analysis and Monotone Operator Theory in Hilbert Sspace. New York: Springer, 2011.

[26] Combettes P L, Wajs V R. Signal recovery by proximal forward-backward splitting. Multiscale Modeling & Simulation, 2006, 4(4): 1168-1200.

[27] Peng Z M, Wu T U, Xu Y Y, et al. Coordinate friendly structures, algorithms and applications. Annals of Mathematical Sciences and Applications, 2016, 1(1): 57-119.

[28] Starck J L, Murtagh F, Fadili J M. Sparse Image and Signal Processing Wavelets, Curvelets,

Morphological Diversity. Cambridge: Cambridge University Press, 2010.

[29] Nesterov Y E. A method for solving the convex programming problem with convergence rate $O(1/k^2)$. Dokl.akad.nauk Sssr, 1983, 27(2): 543-547.

[30] Su W J, Boyd S, Candes E J. A differential equation for modeling nesterov's accelerated gradient method: Theory and insights. Advances in Neural Information Processing Systems, 2015, 3(1): 2510-2518.

[31] Donoho D L, Johnstone I M. Adapting to unknown smoothness via wavelet shrinkage. Journal of the American Statistical Association, 1995, 90(432): 1200-1224.

[32] Duarte M F, Eldar Y C. Structured compressed sensing: From theory to applications. IEEE Transactions on Signal Processing, 2011, 59(9): 4053-4085.

[33] Elad M. Sparse and Redundant Representations: From Theory to Applications in Signal and Image Processing. New York: Springer, 2010.

[34] Rubinstein R, Zibulevsky M, Elad M. Double sparsity: Learning sparse dictionaries for sparse signal approximation. IEEE Transactions on Signal Processing, 2010, 58(3): 1553-1564.

[35] Rubinstein R, Zibulevsky M, Elad M. Efficient implementation of the K-SVD algorithm using batch orthogonal matching pursuit. Computer Science Department, Technion, 2008, 40(8): 1-15.

[36] Antoniadis A, Bigot J, Sapatinas T. Wavelet estimators in nonparametric regression: A comparative simulation study. Journal of Statistical Software, 2001, 6(6): 1-83.

第 4 章　加权稀疏分解

早期微弱故障特征的检测和故障溯源对降低设备维护成本、保障运行安全具有重要意义[1,2]。然而，大型机械装备(如航空发动机、风力发电机等)结构复杂，振动测点的位置和个数往往受到安装条件的限制，例如某现役发动机振动测点只有一个且安装在距离轴承等结构部件较远的承力机匣上，采集到的动态信号是各部件振动的综合反映，故障特征微弱且受到多源噪声和谐波的干扰[3,4]。因此，如何从强噪声强谐波耦合干扰中提取轴承微弱的特征信息是机械装备健康监测与故障诊断的关键问题之一。

小波消噪、小波滤波和谱峭度算法在传统旋转机械的轴承诊断方面表现出独特的优势，其中小波消噪的核心本质是利用相似性匹配原理，增强特征在小波变换域内小波系数的能量聚集性，进而利用一定的阈值准则消除噪声干扰[5,6]；小波滤波和谱峭度算法则利用特征敏感性指标筛选轴承的故障特征频带进而实现特征的解调分析[7,8]。上述方法具有如下三方面的局限性：①滤波器对频带划分不当会导致特征能量的多尺度泄漏问题，即特征信息被划分到相邻的多个尺度内，每个尺度内的信息含量较低，能量较弱；②经典的峭度或者谱峭度指标对离散冲击和单个冲击较为敏感，容易被错误识别为关键故障特征；③消噪阈值的取值是建立在高斯白噪声假设的基础之上，无法滤除强谐波信号的干扰。因此，当信号中谐波干扰能量较强时，经典的小波分析和滤波方法性能下降，甚至无能为力。

稀疏分解算法是一种先进的信号分析方法，由于具有灵活的基函数和严格的数学模型，为多源耦合干扰下微弱的航空轴承故障特征提取带来了崭新的途径[2]。然而，经典的稀疏分解模型从图像降噪领域发展而来，其基本假设是干扰信息需满足独立同分布的高斯统计规律，其稀疏系数的收缩是全局的、一致性的，仅能衰减高斯白噪声的干扰，无法有效滤出有色噪声的干扰。而这与旋转机械故障响应的强谐波干扰相矛盾，因此经典的稀疏分解算法无法直接应用于强谐波干扰下轴承的故障特征识别。

针对经典稀疏分解算法稀疏系数一致性收缩问题，本章提出加权稀疏分解算法，如图 4.1 所示。首先，依据轴承故障时域波形的结构化先验，构建故障特征敏感性统计指标与稀疏表示系数衰减率的关系，建立特征的权系数正则吸引子，并引入特征的调 Q 小波稀疏表征字典，进而建立信号的加权稀疏分解模型，实现信号的结构化正则。然后，在凸优化理论的指导下建立加权稀疏分解模型的求解框架，并分析算法的收敛性和复杂性。最后，通过数值仿真试验，验证加权稀疏分解算法提取轴承微弱特征的能力，并成功应用于航空轴承故障模拟试验台轴承内圈故障的诊断。本章提出的算法突破经典稀疏分解算法仅能滤除高斯白噪声假设的局限性，可以有针对性地收缩稀疏表示系数，使得有用特征信息被更好地保留，而无关干扰得到有效衰减，进而实现强谐波强噪声干扰下微弱冲击特征的辨识。

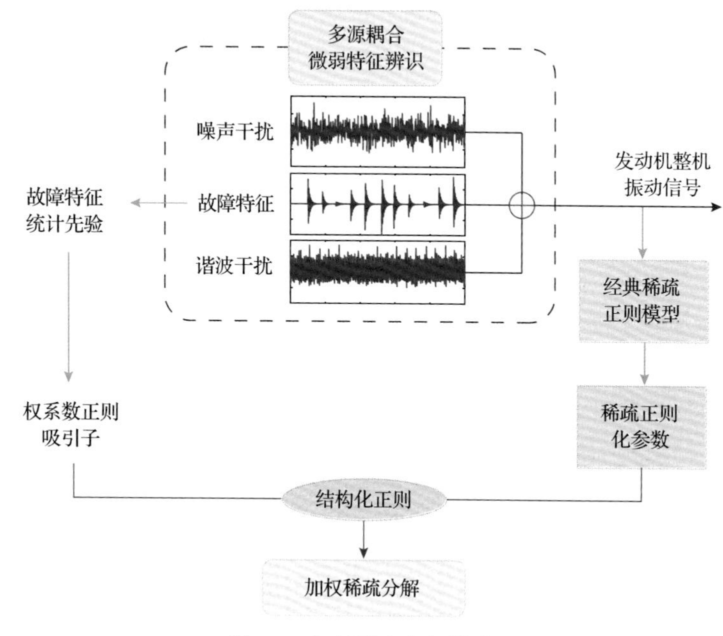

图 4.1　加权稀疏分解算法

4.1　加权稀疏分解建模原理

4.1.1　经典稀疏分解原理

大型复杂装备中轴承、齿轮等故障动态响应往往受到强谐波、强噪声的干扰，因此可对采集信号建立如下数学模型：

$$\boldsymbol{y}=\boldsymbol{x}+\boldsymbol{e}=\boldsymbol{x}+\boldsymbol{h}+\boldsymbol{z} \tag{4.1}$$

式中，$\boldsymbol{y}\in\mathbb{R}^{m\times1}$ 为观测信号；$\boldsymbol{x}\in\mathbb{R}^{m\times1}$ 为反映轴承故障的动态响应信号；$\boldsymbol{e}\in\mathbb{R}^{m\times1}$ 为干扰源信号，由谐波干扰 $\boldsymbol{h}\in\mathbb{R}^{m\times1}$ 和噪声干扰 $\boldsymbol{z}\in\mathbb{R}^{m\times1}$ 组成。从 $\boldsymbol{y}$ 中提取特征信号 $\boldsymbol{x}$ 是一个高度欠定问题。

稀疏分解理论通过构造稀疏正则化项来求解病态的欠定问题，该理论的基本假设是特征信息 $\boldsymbol{x}$ 在合适的稀疏表示字典 $\boldsymbol{D}\in\mathbb{R}^{m\times n}$ 下具有稀疏的结构，即其表示

系数 $\boldsymbol{\alpha} \in \mathbb{R}^{n\times 1}$ 是稀疏的，$\boldsymbol{\alpha}$ 的稀疏性可以用 $\boldsymbol{\alpha}$ 中非零元素的个数来度量，数学表征为其 L_0 范数，即 $\|\boldsymbol{\alpha}\|_0$，得到如下模型：

$$\begin{cases} \underset{\boldsymbol{\alpha}}{\operatorname{argmin}} \ \|\boldsymbol{\alpha}\|_0 \\ \text{s.t.} \ \|\boldsymbol{y}-\boldsymbol{D}\boldsymbol{\alpha}\|_2 \leqslant \varepsilon \end{cases} \tag{4.2}$$

式中，$\|\boldsymbol{\alpha}\|_0$ 为稀疏正则化项；$\|\boldsymbol{y}-\boldsymbol{D}\boldsymbol{\alpha}\|_2 \leqslant \varepsilon$ 为信号保真项；ε 为正则化参数，与噪声和谐波干扰的能量相关，设置为 $\varepsilon = \tilde{h}\sqrt{cm\sigma^2}$，其中 $\tilde{h}$ 和谐波干扰的能量呈正比关系，σ 为噪声方差，c 为常数。

通过优化求解模型(4.2)，可获得稀疏系数 $\boldsymbol{\alpha}$ 的估计 $\hat{\boldsymbol{\alpha}}$，进而可获得特征信号 $\boldsymbol{x}$ 的估计 $\hat{\boldsymbol{x}}$：

$$\hat{\boldsymbol{x}} = \boldsymbol{D}\hat{\boldsymbol{\alpha}} \tag{4.3}$$

由于 L_0 范数固有的不连续性和非光滑性，模型(4.2)是一个非凸优化问题，非凸优化问题获得最优解需要利用穷搜法来遍历所有可能的解空间，计算复杂度非常高[9,10]。基于贪婪算法的稀疏优化逼近受噪声和参数初始化的影响较大，容易陷入局部极小点或者鞍点。因此，基于凸松弛理论，利用 L_1 范数代替 L_0 范数，近似衡量信号表示系数的稀疏性[11,12]，进而得到凸松弛稀疏分解模型，即

$$\begin{cases} \underset{\boldsymbol{\alpha}}{\operatorname{argmin}} \ \|\boldsymbol{\alpha}\|_1 \\ \text{s.t.} \ \|\boldsymbol{y}-\boldsymbol{D}\boldsymbol{\alpha}\|_2 \leqslant \varepsilon \end{cases} \tag{4.4}$$

式中，$\|\boldsymbol{\alpha}\|_1 = \sum_i |\boldsymbol{\alpha}_i|$。

模型(4.4)在周期冲击特征辨识中存在如下两方面问题：

(1)稀疏表示字典构造问题。如何构造与特征信息相匹配的稀疏表示字典 $\boldsymbol{D}$。

(2)稀疏系数一致性收缩问题。模型(4.4)对于稀疏系数 $\boldsymbol{\alpha}$ 的优化求解本质上是一个迭代软阈值过程[2]，其阈值收缩策略基于干扰信号的高斯白噪声统计假设，其对稀疏系数的收缩是全局的、一致性的，仅能滤除满足高斯统计特征的白噪声干扰。然而，航空发动机整机振动信号常混叠有大量的调幅调频谐波，干扰信号不满足高斯统计特性，特征信息较为微弱，使得经典的阈值准则易出现有用信息被过度扼杀、无关信息衰减不够的问题。因此，如何根据特征信息的物理属性构建“智能化”的阈值策略，使得特征信息被有针对性地保留，而多源谐波干扰被尽可能衰减，是稀疏诊断模型设计的关键问题。

4.1.2　加权稀疏分解原理

结构化稀疏诊断理论用于特征检测的关键在于充分探索特征信息的先验知

识，并将其建模为正则化吸引子，进而缩小解的可行区间，解决经典稀疏分解模型稀疏系数一致性收缩问题。本节采用加权稀疏正则策略，将故障敏感性物理统计先验建模为权系数因子，代入经典的稀疏分解模型，提出用于强干扰耦合下微弱特征辨识的加权稀疏分解模型：

$$\begin{cases}\underset{\boldsymbol{\alpha}}{\operatorname{argmin}} \ \sum_{i=1}^{N} \boldsymbol{w}_i \left|\boldsymbol{\alpha}_i\right| \\ \text{s.t. } \left\|\boldsymbol{y}-\boldsymbol{D}\boldsymbol{\alpha}\right\|_2 \leqslant \varepsilon\end{cases} \tag{4.5}$$

为便于推导，上述问题可做如下等价转化：

$$\begin{cases}\underset{\boldsymbol{\alpha}}{\operatorname{argmin}} \ \left\|\boldsymbol{W}\boldsymbol{\alpha}\right\|_0 \\ \text{s.t. } \left\|\boldsymbol{y}-\boldsymbol{D}\boldsymbol{\alpha}\right\|_2 \leqslant \varepsilon\end{cases} \tag{4.6}$$

式中，$\boldsymbol{W}$ 为权系数因子，是一个对角矩阵。

上述加权稀疏分解模型是权系数矩阵 $\boldsymbol{W}$ 与正则化参数 ε 共同作用于稀疏系数，使得特征的挖掘收敛于正则化吸引子，进而实现多源耦合干扰下微弱特征的辨识。该模型的关键在于稀疏表示字典 $\boldsymbol{D}$ 、权系数矩阵的构造以及目标函数的优化求解。其中，稀疏表示字典的构造要使特征信息在 $\boldsymbol{D}$ 下的表示系数尽可能稀疏，考虑到调 Q 小波变换具有品质因子可调性，可以匹配不同振荡属性的信号特征，本章采用调 Q 小波变换来构建信号的稀疏表示字典 $\boldsymbol{D}$ 。权系数矩阵 $\boldsymbol{W}$ 本质上是基于小波字典的多尺度分析特性来改变各个尺度间稀疏系数的能量分布。由于特征信息在各个尺度的信息含量具有很大的差异性，如轴承故障特征信息集中于以共振频率为中心频率、故障特征频率为边频的轴承故障特征频带内，因此，本章通过构造权系数矩阵 $\boldsymbol{W}$ ，尽可能保留特征信息的能量，而无关干扰的能量被尽可能衰减，以弥补传统稀疏分解模型对于稀疏系数一致性衰减的缺陷，最后基于ADMM 优化框架[13,14]，推导加权稀疏分解模型的求解算法，最终实现特征信号 $\boldsymbol{x}$ 的辨识。

图 4.2 为加权稀疏分解算法流程图，该算法主要包括以下四个步骤：

(1) 利用特征的稀疏先验构造稀疏表示字典。通过分析测试信号的各个组成成分，根据轴承动态响应振荡属性和干扰信号振荡属性的差异性，构建与轴承故障相匹配的调 Q 小波字典。

(2) 建立与故障特征相关联的权系数矩阵。依据轴承故障的准周期振荡衰减的冲击响应模式，设计特征的敏感性统计指标，建立统计指标和权系数之间的映射关系，构建结构化加权正则因子。

(3) 建立信号的加权稀疏分解的目标函数。

(4) 基于 ADMM 凸优化框架，实现目标函数的优化求解，进而获得特征信息。

下面分别详细介绍加权稀疏分解算法中稀疏字典的构造、权系数矩阵吸引子的设计以及模型的优化求解。

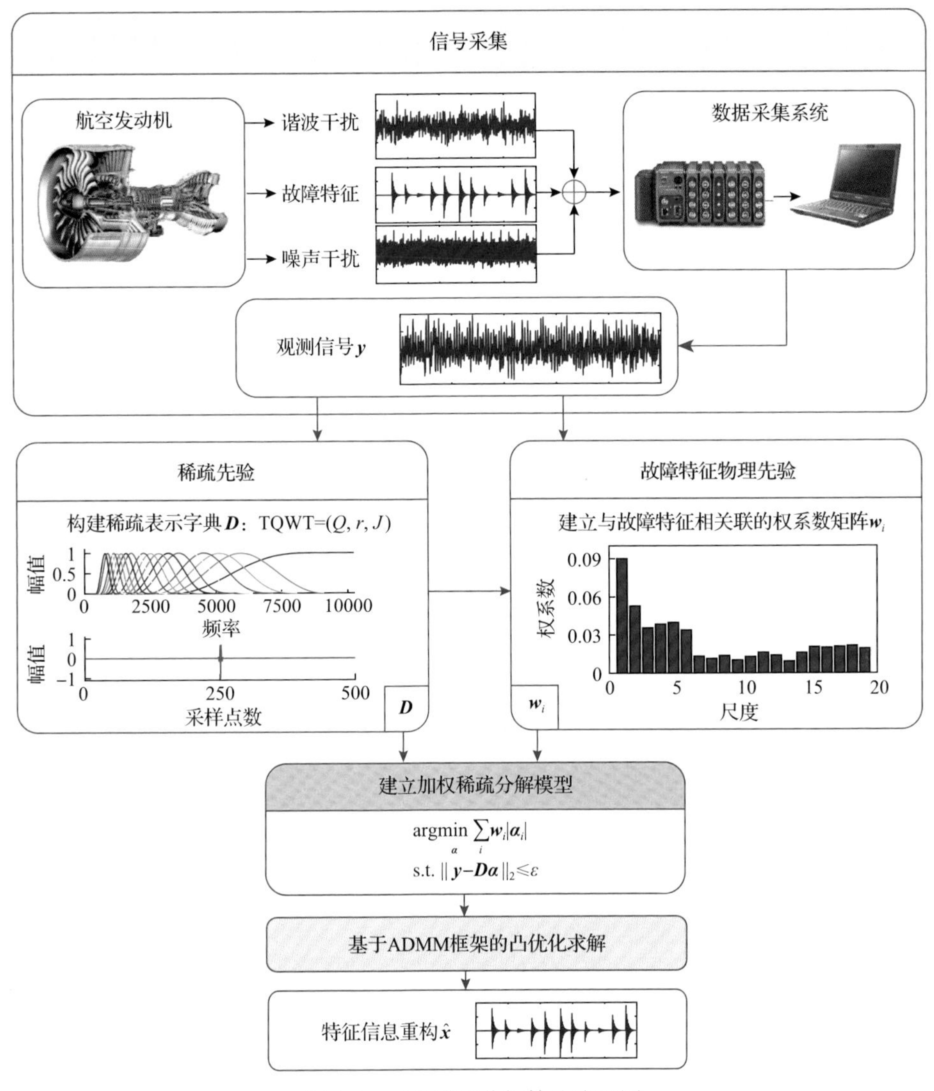

图 4.2　加权稀疏分解算法流程图

4.2　稀疏表示字典

本节首先对航空发动机整机振动信号进行仿真分析，研究冲击特征在不同小波域下表示系数的稀疏性，以及整机振动中特征信号与干扰信号在小波字典下稀疏度的差异性，进而建立轴承故障特征在调 Q 小波字典下的稀疏结构先验。

4.2.1　构造仿真信号

按照模型(4.1)构建如下仿真信号，仿真信号 $\boldsymbol{y}(t)=\boldsymbol{x}(t)+\boldsymbol{h}(t)+\boldsymbol{z}(t)$ 由轴承内圈的故障特征信号 $\boldsymbol{x}(t)$ 、谐波干扰信号 $\boldsymbol{h}(t)$ 和噪声干扰信号 $\boldsymbol{z}(t)$ 三种成分叠加而成。

轴承内圈的故障特征信号 $\boldsymbol{x}(t)$ 可表示为

$$\boldsymbol{x}(t)=\sum_{k=1}^{N}\boldsymbol{a}_k \mathrm{Imp}(t-kT-\tau_k) \tag{4.7}$$

$$\mathrm{Imp}(t)=\mathrm{e}^{-900t}\sin(2\pi\times 2050t) \tag{4.8}$$

式中，$\mathrm{Imp}(t)$ 为单个冲击响应波形；2050Hz 为轴承故障产生的阻尼振荡频率；T 为轴承故障相邻两个瞬态成分的时间间隔，即故障特征频率为 $\frac{1}{T}=120\mathrm{Hz}$，记为 BPFI；$\tau_k$ 为冲击信号的随机滑动因子；$\boldsymbol{a}_k$ 为调幅频率为 20Hz 的调幅信号，即模拟了与轴承内圈相连接的转轴的转频为 20Hz，记为 RF。

谐波干扰信号 $\boldsymbol{h}(t)$ 可表示为

$$\begin{aligned}\boldsymbol{h}(t)&=1.5+0.5\cos(2\pi\times 180t)\cos(2\pi\times 1000t)+0.5\cos(2\pi\times 35t)+\cdots\\&=1+0.5\cos(2\pi\times 360t)\cos(2\pi\times 2000t)+0.5\cos(2\pi\times 70t)+\cdots\\&=0.5+0.5\cos(2\pi\times 540)\cos(2\pi\times 3000t)+0.5\cos(2\pi\times 105t)\end{aligned} \tag{4.9}$$

$\boldsymbol{h}(t)$ 模拟了 3 阶调幅调频信号，其载波频率为 1000Hz 及其倍频，记为 H；幅值调制频率为 180Hz 及其倍频，记为 MF；频率调制频率为 35Hz 及其倍频，记为 FM。值得注意的是，仿真的轴承系统共振频率 2050Hz 与载波频率的 2 倍频 2000Hz 相差仅 50Hz，即轴承故障特征频带被强谐波所污染，因此大大增加了轴承故障辨识的难度。

噪声干扰信号 $\boldsymbol{z}(t)$ 可表示为

$$\boldsymbol{z}(t)=\sigma\times\mathrm{random}(t) \tag{4.10}$$

式中，$\boldsymbol{z}(t)$ 为满足均匀分布的高斯白噪声；σ 为噪声方差，在本试验中设置为 1.1；random 表示生成随机数运算函数。

仿真信号采样频率为 8192Hz，数据长度为 16384 个点。图 4.3 为仿真信号的局部细化时域波形图。

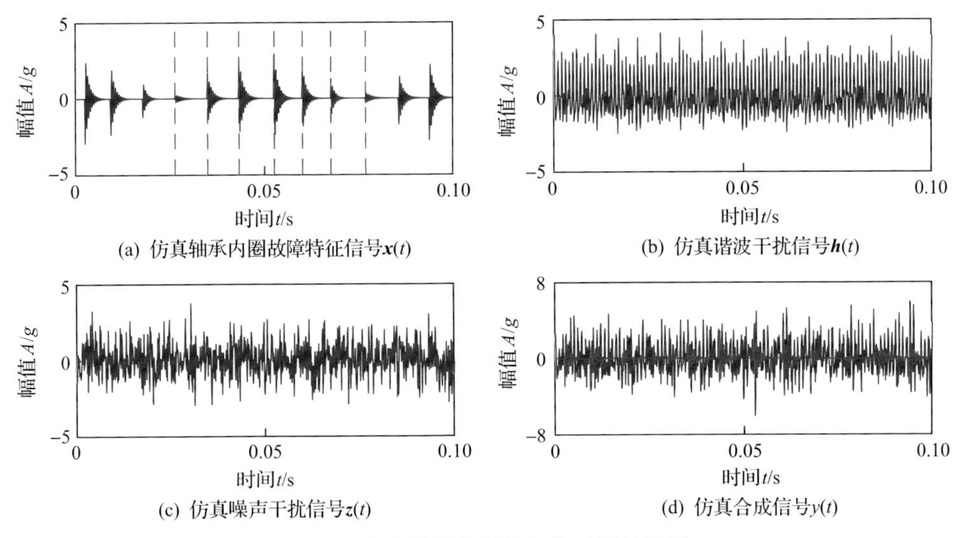

(a) 仿真轴承内圈故障特征信号$\boldsymbol{x}(t)$　(b) 仿真谐波干扰信号$\boldsymbol{h}(t)$

(c) 仿真噪声干扰信号$\boldsymbol{z}(t)$　(d) 仿真合成信号$\boldsymbol{y}(t)$

图 4.3　仿真信号的局部细化时域波形图

4.2.2　故障特征稀疏先验

轴承局部故障诊断的关键是识别信号中准周期振荡衰减的瞬态冲击成分。小波变换由于具有丰富的基函数和良好的时频局部化能力，在轴承局部故障检测方面表现出独特的优势。

为量化评估小波字典对冲击特征的稀疏化能力，定义在字典 $\boldsymbol{D}$ 下，特征信号 $\boldsymbol{x}$ 的最优 K 项近似误差为

$$\begin{cases}\boldsymbol{\sigma}_{\boldsymbol{D}}(\boldsymbol{x},K):=\inf\limits_{x_K}\|\boldsymbol{x}-\boldsymbol{D}\boldsymbol{\alpha}_K\|_2\\ \text{s.t. }\ \boldsymbol{\alpha}_K\in\Sigma_K\end{cases}\tag{4.11}$$

式中，Σ_K 为稀疏度为 K 的全体信号集。

由上述定义可知，对于特征信号 $\boldsymbol{x}$ 和给定字典 $\boldsymbol{D}$，若最优 K 项近似误差 $\boldsymbol{\sigma}_{\boldsymbol{D}}(\boldsymbol{x},K)$ 随着稀疏度 K 的增加快速衰减，则表征特征信号中的主要信息集中在少数幅值较大的表示系数上，即字典 $\boldsymbol{D}$ 对特征信号 $\boldsymbol{x}$ 的稀疏化能力越强。

图 4.4 为轴承故障特征信号在不同小波变换下的最优 K 项近似误差统计分布，其中 2 种经典的正交离散小波变换分别为 Db8 小波和 Sym8 小波，6 种冗余调 Q 小波变换的 Q 值分别为 1～6。从图中可以看出，相比 2 种经典的正交离散小波变换，6 种调 Q 小波变换下，特征信息的最优 K 项近似误差呈现快速衰减特性，表明冗余调 Q 小波变换对冲击特征具有较为显著的稀疏化能力。

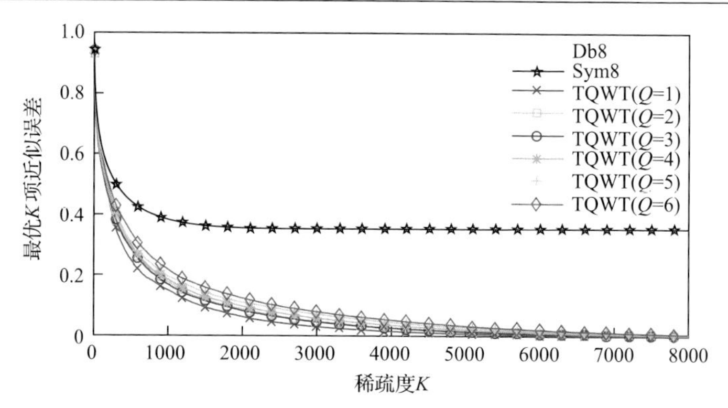

图 4.4　轴承故障特征信号在不同小波变换下的最优 K 项近似误差统计分布

由于发动机测试信号中有众多干扰源，为提升特征信息在稀疏变换域内的显著程度，稀疏表示字典的构造不仅要求对特征信号具有较好的稀疏化能力，还要求对干扰信号的稀疏化能力较差。基于构造的仿真信号，利用最优 K 项近似误差指标分别评估调 Q 小波变换对特征信号、谐波干扰信号以及噪声干扰信号的稀疏化能力，如图 4.5 所示。可以看出，相比谐波干扰信号和噪声干扰信号，特征信号的最优 K 项近似误差随着稀疏度 K 的增大具有较快的衰减速度。

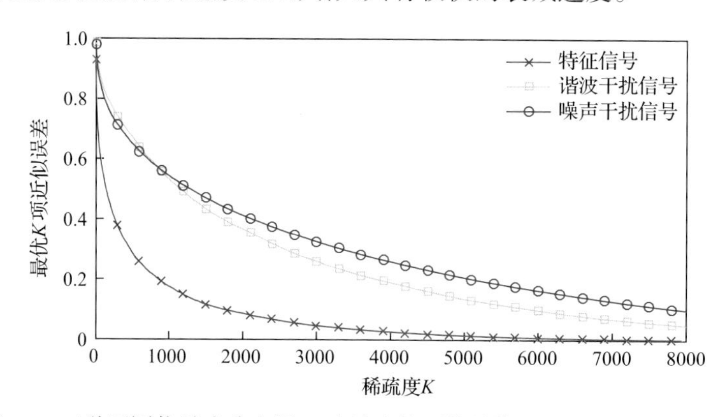

图 4.5　三种不同信号成分在调 Q 小波变换下的最优 K 项近似误差统计分布

相比经典的正交离散小波变换，调 Q 小波变换对冲击特征的稀疏化能力较强，其对噪声干扰信号和谐波干扰信号的稀疏化能力较弱。因此，本章选用调 Q 小波变换来构造冲击特征的稀疏表示字典。

4.2.3　调 Q 小波字典构造

因为基于调 Q 小波变换构造稀疏表示字典，所以要了解调 Q 小波变换的基本原理和滤波器的设计。

调 Q 小波变换是一种在频域构造小波基和划分多尺度空间网格的方法，采用迭代的双通道滤波器结构实现信号的分析和综合。图 4.6 为单级调 Q 小波变换分解和重构示意图，其中 $H_0(\omega)$ 和 $H_1(\omega)$ 分别为调 Q 小波变换的低通滤波器和高通滤波器，LPS 和 HPS 分别代表低通尺度伸缩变换和高通尺度伸缩变换，α 和 β 分别为其尺度伸缩参数，w_0 为信号 $x(n)$ 执行低通滤波 $H_0(\omega)$ 和尺度伸缩后的小波系数，$w_1(n)$ 为信号 $x(n)$ 执行高通滤波 $H_1(\omega)$ 和尺度伸缩后的小波系数，$\hat{x}(n)$ 为小波重构信号。

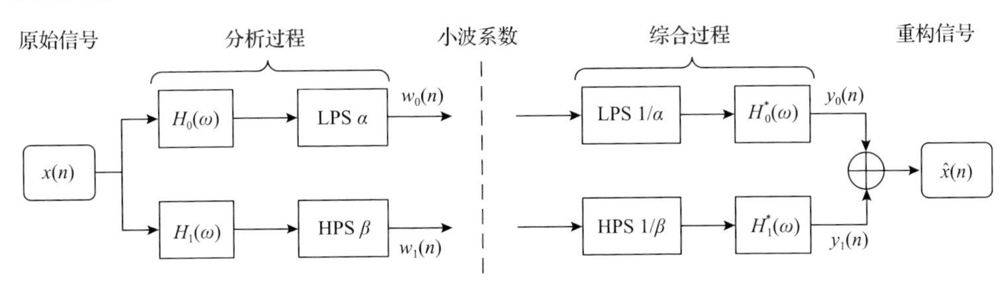

图 4.6　单级调 Q 小波变换分解和重构示意图

为满足完美重构条件，即图 4.6 中输出信号和输入信号相等，$\hat{x}(n)=x(n)$，则低通滤波器 $H_0(\omega)$ 和高通滤波器 $H_1(\omega)$ 应满足

$$H_0(\omega)=\begin{cases}1, & |\omega|\leqslant(1-\beta)\pi \\ \theta\left(\dfrac{\omega+(\beta-1)\pi}{\alpha+\beta-1}\right), & (1-\beta)\pi<|\omega|<\alpha\pi \\ 0, & \alpha\pi\leqslant|\omega|\leqslant\pi\end{cases} \tag{4.12}$$

$$H_1(\omega)=\begin{cases}0, & |\omega|\leqslant(1-\beta)\pi \\ \theta\left(\dfrac{\alpha\pi-\omega}{\alpha+\beta-1}\right), & (1-\beta)\pi<|\omega|<\alpha\pi \\ 1, & \alpha\pi\leqslant|\omega|\leqslant\pi\end{cases} \tag{4.13}$$

式中，

$$0<\alpha<1,\quad 0<\beta\leqslant1,\quad \alpha+\beta>1 \tag{4.14}$$

$$\theta(\omega)=\frac{1}{1}(1+\cos\omega)\sqrt{2-\cos\omega},\quad |\omega|\leqslant\pi \tag{4.15}$$

函数 $\theta(\omega)$ 源于具有 2 阶消失矩的 Daubechies 规范正交基，用于构造 $H_0(\omega)$ 和 $H_1(\omega)$ 的过渡带频率响应。滤波器的尺度伸缩参数 α 和 β 决定了滤波器通带、阻带和过渡带的范围及特性。为保证调 Q 小波变换不是过冗余的，α 和 β 需满足 $0<\alpha<1$、$0<\beta\leqslant1$。此外，为保证调 Q 小波变换具有良好的时域局部化能力，

即有限长度滤波器响应特性，需满足$(1-\beta)\pi<\alpha\pi$，即$\alpha+\beta>1$。

调 Q 小波是一种参数化的过完备冗余紧框架小波，决定其性能的控制参数有三个：品质因子Q、冗余度R和分解层数J。品质因子Q反映了小波的时域振荡特性，定义为滤波器中心频率与带宽的比值。冗余度R为调 Q 小波变换小波系数的长度与待分析信号长度的比值。品质因子Q、冗余度R与尺度伸缩参数α和β具有如下关系：

$$Q=\frac{2-\beta}{\beta},\quad R=\frac{\beta}{1-\alpha} \tag{4.16}$$

品质因子Q和冗余度R共同决定了小波的振荡特性和时频分布。对于给定的Q和R，其容许分解层数J应满足

$$J\leqslant\left\lfloor\frac{\lg\frac{m}{4(Q+1)}}{\lg\frac{Q+1}{Q+1-2/R}}\right\rfloor \tag{4.17}$$

式中，m为原始信号的长度；$\lfloor\cdot\rfloor$表示向下取整运算符号。

对信号执行多层调 Q 小波变换相当于迭代执行双通道滤波和尺度伸缩变换，图 4.7 为基于等效滤波器的调 Q 小波分解重构示意图。

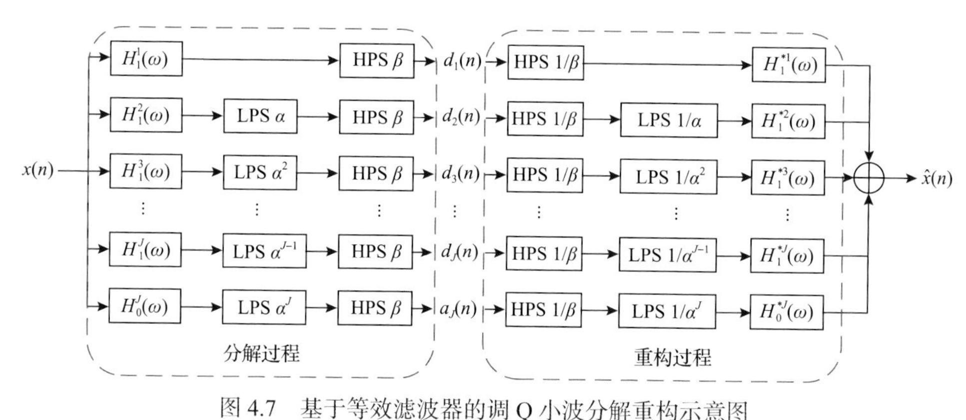

图 4.7　基于等效滤波器的调 Q 小波分解重构示意图

4.3　权系数矩阵吸引子设计

微弱特征辨识的关键是尽可能衰减无关干扰信息的能量，而保留故障特征的能量。经典稀疏分解模型建立在高斯白噪声干扰假设的基础之上，它对稀疏系数的收缩是一致性的，仅能滤除噪声干扰，而无法滤除强谐波干扰。本节介绍所提

出的加权稀疏分解模型的原理，其核心是通过构造权系数矩阵吸引子来控制稀疏系数的能量分布，实现以特征为导向的稀疏系数阈值收缩。首先针对传统时域峭度和包络信号峭度指标的局限性，建立故障特征的包络谱峭度量化统计指标；然后建立该量化统计指标和稀疏正则因子之间的映射关系，进而构造结构化正则权系数矩阵。

4.3.1　故障特征统计指标先验

在轴承的故障诊断中，通过对故障动力学响应建立合适的敏感性统计指标，可以有效地从全频带信号中筛选出故障特征子频带，从而滤除频带外的噪声和谐波干扰。因此，有效的敏感性统计指标是检测冲击故障信号的关键。

峭度指标作为一种无量纲指标，对信号中的冲击成分较为敏感，因此常用来作为冲击成分检测的量化统计指标之一。信号 $x(t)$ 峭度指标定义为其四阶矩与二阶矩平方的比值：

$$K = \frac{\sum_{t=1}^{m}\left(x(t)-\mu_x\right)^4}{(m-1)\sigma_x^4} - 3 \tag{4.18}$$

式中，μ_x 和 σ_x 分别为输入信号 x 的平均值和方差；常数项“–3”是为将信号更好地与高斯白噪声序列进行对比。

谱峭度的概念最早由 Dyer 等[15]提出，随后成为分析非平稳信号的有力工具。Antoni[7]对谱峭度方法进行改进，提出快速峭度图方法，该方法通过多采样滤波器组对信号进行多层分解，并利用谱峭度指标来优选故障特征频带，进而通过包络解调来辨识故障特征。信号的谱峭度是通过非平稳过程的 Wold-Gramer 分解来定义的，定义一个非平稳过程 $Z(t)$ 为

$$Z(t) = \int_{-\infty}^{+\infty} \mathrm{e}^{\mathrm{j}2\pi ft} M(t,f)\mathrm{d}X(f) \tag{4.19}$$

式中，$M(t,f)$ 为信号 $Z(t)$ 在频率 f 处的复包络；$X(f)$ 为严格白噪声的谱。

谱峭度计算的就是复包络信号 $M(t,f)$ 的峭度：

$$K(f) = \frac{\left\langle M(t,f)^4 \right\rangle}{\left\langle M(t,f)^2 \right\rangle^2} - 2 \tag{4.20}$$

式中，$\langle\ \rangle$ 为时间平均算子；常数项“–2”是为保证当 $M(t,f)$ 为复高斯信号时，$K(f)=0$（当信号为实信号时，该常数项应为“–3”）[16,17]。

以时域峭度或者谱峭度为指标的算法在实际工程应用中取得了较好的效果，

但是在分析信号中含有背景噪声和冲击特性较强的干扰性振动成分时，这两种指标往往无法从分析信号中准确地识别出由机械故障引发的规律性冲击成分。其原因在于这两种指标更多地关注信号在时域或包络域上离散冲击的能量分布，而忽视了轴承故障产生的冲击序列的准周期特性。针对上述问题，本节提出用信号的包络谱峭度指标来量化评估分析信号中的准周期冲击序列：

$$K_h(f)=\frac{\left\langle H(f)^4\right\rangle}{\left\langle H(f)^2\right\rangle^2}-2 \tag{4.21}$$

式中，$H(f)$ 为信号的包络谱幅值序列。

图 4.8 为三种不同冲击信号的时域峭度、包络信号峭度和包络谱峭度对比。可以看出，对于单个冲击信号或不规则冲击信号，其时域峭度和包络信号峭度指标值较大，峭度指标值随着信号中冲击分量数量的增加而减小。另外，单个冲击信号的包络谱无物理意义，而离散冲击序列的包络谱是全频带分布的，其奇异性

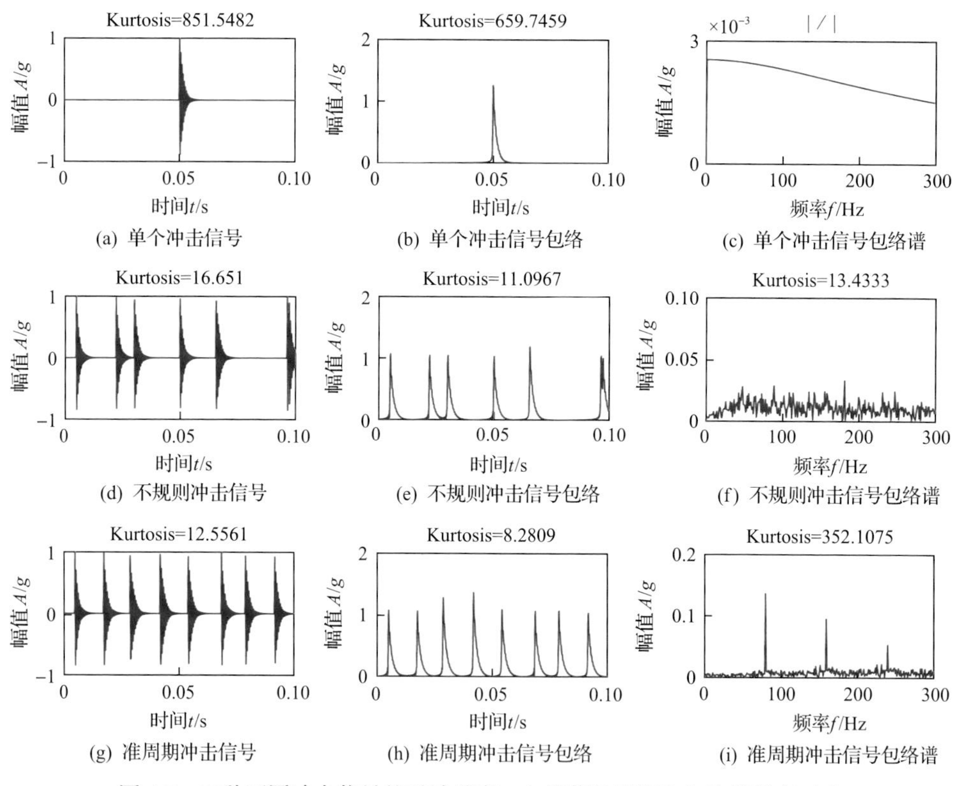

图 4.8 三种不同冲击信号的时域峭度、包络信号峭度和包络谱峭度对比

（Kurtosis 表示峭度，|/|表示统计值无法计算）

较弱，峭度指标较小。对于轴承故障引发的准周期脉冲序列信号，其包络谱表征为故障特征频率及其各阶倍频成分，相比时域信号和包络信号，其包络谱中离散的谱线具有较强的奇异性，因此峭度指标较大。因此，包络谱峭度指标可以定量评估准周期冲击序列，克服了离散单个冲击以及不规则冲击信号的干扰。

4.3.2　权系数矩阵吸引子

权系数矩阵的构建要使得稀疏系数的阈值收缩以故障特征为导向，4.3.1 节建立了故障特征的敏感性统计指标——包络谱峭度，本节的关键是如何建立权系数矩阵与故障特征量化指标之间的映射关系。

图 4.9 为故障物理先验与优化模型权系数的映射关系。目标是希望建立物理空间中故障物理特征与模型空间中稀疏系数能量之间的正比关系，即使得故障信息的稀疏系数能量尽可能保留，而无关干扰信息的能量被尽可能衰减。为实现这一目标，首先修正稀疏正则化项，通过引入权系数矩阵$\boldsymbol{W}$，将稀疏正则化项$\|\boldsymbol{\alpha}\|_1$修正为加权稀疏正则化项$\|\boldsymbol{W}\boldsymbol{\alpha}\|_1$，该权系数矩阵$\boldsymbol{W}$本质上控制了稀疏系数的能量分布，即权系数$w_i$越大，则$\alpha_i$能量衰减越小；利用信号的包络谱峭度建立故障物理特征的量化统计指标，该指标越大，表明信号中故障特征越显著。因此，通过建立权系数矩阵$\boldsymbol{W}$和故障物理特征的敏感性量化指标的反比关系，即可实现故障物理特征显著性和稀疏系数能量之间的正比关系，实现以特征为导向的稀疏系数的阈值收缩，突破经典稀疏分解模型稀疏系数一致性收缩的缺陷。

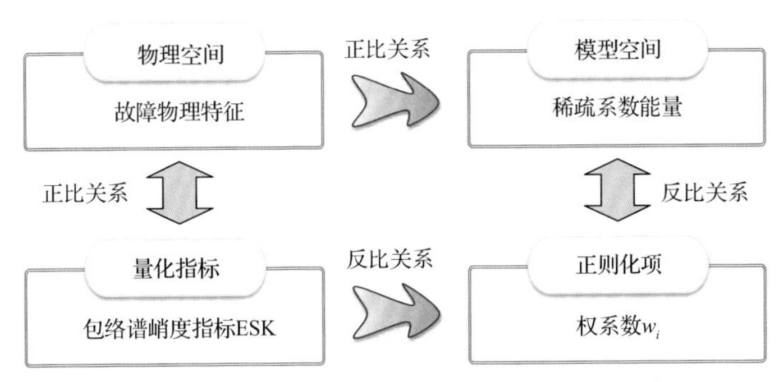

图 4.9　故障物理先验与优化模型权系数的映射关系

小波变换本质上是利用一系列带通滤波器将信号分解到各个频带内，轴承的包络解调关键在于选择合适的故障特征频带。基于上述加权稀疏正则，将小波分解后每一个频带的权系数设置为该频带内单支重构信号的包络谱峭度的倒数，即可有效保留故障特征频带内的信息，衰减其他频带内的干扰信息。按照调 Q 小波字典的构造方法，给定其控制参数(Q,R,J)，即可构造出模型(4.5)中的稀疏表示字典$\boldsymbol{D}$。将信号$\boldsymbol{y}$在调 Q 小波字典$\boldsymbol{D}(Q,R,J)$下分解：

$$\boldsymbol{\alpha} = [d_1 \quad d_2 \quad \cdots \quad d_J \quad a_J] \tag{4.22}$$

式中，$[d_1 \quad d_2 \quad \cdots \quad d_J]$ 为小波分解细节层的系数；a_J 为小波分解第 J 层的逼近系数。

每一层小波系数对应的权重为该层小波系数单支重构信号包络谱峭度的倒数：

$$w^s = \frac{1}{K_s}, \quad s \in \{1, 2 \cdots, J+1\} \tag{4.23}$$

式中，w^s 为第 s 层小波系数的权重；K_s 为第 s 层单支重构信号的包络谱峭度，其计算流程包括如下四个步骤：

(1) 计算单支重构信号 $\boldsymbol{R}_s = \boldsymbol{D}\boldsymbol{\alpha}_s$，其中 $\boldsymbol{\alpha}_s = [0 \cdots d_s \cdots 0]$，即只保留向量 $\boldsymbol{\alpha}$ 第 s 层小波系数，而其余系数全部置零。

(2) 计算单支重构信号的平方包络：

$$\mathrm{SE}_{R_s} = \left| R_s + j \cdot \mathrm{Hilbert}(R_s) \right|^2 \tag{4.24}$$

(3) 通过对平方包络信号做傅里叶变换得到平方包络谱：

$$\mathrm{ES}_{R_s} = \mathrm{DFT}(\mathrm{SE}_{R_s}) \tag{4.25}$$

(4) 计算各分解层对应的平方包络谱信号的峭度：

$$K_s = \frac{\left\langle \left| \mathrm{ES}_{R_s} - \langle \mathrm{ES}_{R_s} \rangle \right|^4 \right\rangle}{\left\langle \left| \mathrm{ES}_{R_s} - \langle \mathrm{ES}_{R_s} \rangle \right|^2 \right\rangle^2} \tag{4.26}$$

图 4.10 为各个分解层权系数的构造方法。

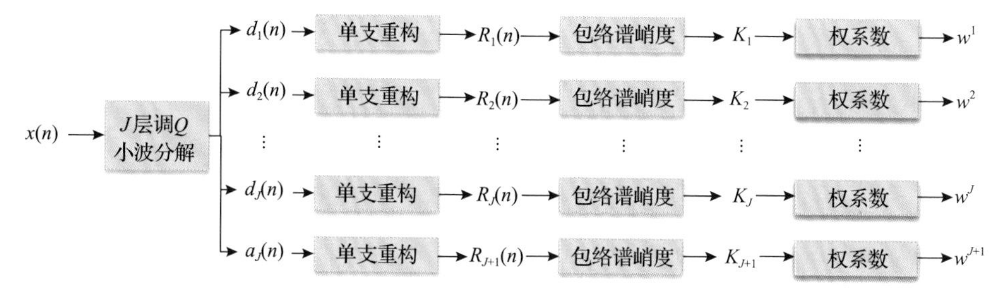

图 4.10　各个分解层权系数的构造方法

对每一层小波系数执行上述步骤，得到权系数矩阵 $\boldsymbol{W} = \{w_i\}_{i=1}^{n}$，即

$$\boldsymbol{W} = \mathrm{diag}\{[w^1 \mathbf{1}_{L_1\times 1} \quad w^2 \mathbf{1}_{L_2\times 1} \quad \cdots \quad w^{J+1} \mathbf{1}_{L_{J+1}\times 1}]\} \tag{4.27}$$

式中，$\mathbf{1}_{L_i\times 1} \in \mathbb{R}^{L_i\times 1}$ 是维数为 $L_i \times 1$ 向量，其元素值均为 1；$\mathrm{diag}\{\cdot\}$ 表示把向量对角化为矩阵的运算操作。

4.4　模型优化求解

4.4.1　加权 ADMM 算法

加权稀疏分解模型的目标函数(4.5)是一个非光滑的凸问题，权系数的引入使得经典的梯度下降法和牛顿二次下降法等算法难以直接利用求解。加之在迭代过程中，需要求解高维矩阵 $\boldsymbol{D}$ 和 $\boldsymbol{D}^{\mathrm{T}}$ 的逆矩阵，更加限制了精确求解的可行性。

因此，下面利用交替方向乘子法来求解此模型，在 ADMM 优化框架的指导下，推导加权稀疏分解模型的优化求解算法——加权 ADMM 算法。首先，定义约束项的椭球面可行区间：

$$S(\varepsilon, \boldsymbol{D}, \boldsymbol{y}) = \left\{\boldsymbol{\omega} \in \mathbb{R}^{m\times 1} : \| \boldsymbol{y} - \boldsymbol{D}\boldsymbol{\omega} \|_2 \leqslant \varepsilon\right\} \tag{4.28}$$

进而，模型(4.5)可以转化为如下非约束优化问题：

$$\underset{\boldsymbol{\alpha}}{\operatorname{argmin}} \| \boldsymbol{W}\boldsymbol{\alpha} \|_1 + \Upsilon_{S(\varepsilon,\boldsymbol{I},\boldsymbol{y})}(\boldsymbol{D}\boldsymbol{\alpha}) \tag{4.29}$$

式中，$\Upsilon : \mathbb{R}^{m\times 1} \mapsto \overline{\mathbb{R}}$ 表示椭球面可行区间 S 的指标函数：

$$\Upsilon_S(s) = \begin{cases} 0, & s \in S \\ +\infty, & s \notin S \end{cases} \tag{4.30}$$

$S(\varepsilon, \boldsymbol{I}, \boldsymbol{y})$ 为以 y 为中心、ε 为半径的欧几里得球。

为消除目标函数中的耦合项，引入辅助变量 $\boldsymbol{v} \in \mathbb{R}^{m\times 1}$ 和 $\boldsymbol{u} \in \mathbb{R}^{n\times 1}$，得到

$$\begin{cases} \underset{\boldsymbol{\alpha},\boldsymbol{u},\boldsymbol{v}}{\operatorname{argmin}} \ \|\boldsymbol{W}\boldsymbol{u}\|_1 + \Upsilon_{S(\varepsilon,\boldsymbol{I},\boldsymbol{y})}(\boldsymbol{v}) \\ \text{s.t.} \begin{cases} \boldsymbol{u} = \boldsymbol{\alpha} \\ \boldsymbol{v} = \boldsymbol{D}\boldsymbol{\alpha} \end{cases} \end{cases} \tag{4.31}$$

为消除约束项，获得变量解耦的优化问题，构建拉格朗日鞍点问题：

$$\begin{aligned}\Gamma_\beta &= \underset{\boldsymbol{\alpha},\boldsymbol{u},\boldsymbol{v}}{\operatorname{argmin}}\underset{\boldsymbol{\lambda}_1,\boldsymbol{\lambda}_2}{\max} \|\boldsymbol{W}\boldsymbol{u}\|_1 + \Upsilon_{S(\varepsilon,\boldsymbol{I},y)}(\boldsymbol{v}) - \boldsymbol{\lambda}_1^{\mathrm{T}}(\boldsymbol{u}-\boldsymbol{\alpha}) + \frac{\beta}{2}\|\boldsymbol{u}-\boldsymbol{\alpha}\|_2^2 - \boldsymbol{\lambda}_2^{\mathrm{T}}(\boldsymbol{v}-\boldsymbol{D}\boldsymbol{\alpha}) + \frac{\beta}{2}\|\boldsymbol{v}-\boldsymbol{D}\boldsymbol{\alpha}\|_2^2 \\ &= \underset{\boldsymbol{\alpha},\boldsymbol{u},\boldsymbol{v}}{\operatorname{argmin}}\underset{\boldsymbol{\lambda}_1,\boldsymbol{\lambda}_2}{\max} \|\boldsymbol{W}\boldsymbol{u}\|_1 + \Upsilon_{S(\varepsilon,\boldsymbol{I},y)}(\boldsymbol{v}) + \frac{\beta}{2}\left\|\boldsymbol{u}-\boldsymbol{\alpha}-\frac{\boldsymbol{\lambda}_1}{\beta}\right\|_2^2 - \frac{\|\boldsymbol{\lambda}_1\|_2^2}{2\beta} + \frac{\beta}{2}\left\|\boldsymbol{v}-\boldsymbol{D}\boldsymbol{\alpha}-\frac{\boldsymbol{\lambda}_2}{\beta}\right\|_2^2 - \frac{\|\boldsymbol{\lambda}_2\|_2^2}{2\beta}\end{aligned} \tag{4.32}$$

式中，$\boldsymbol{\lambda}_1 \in \mathbb{R}^{n\times 1}$ 和 $\boldsymbol{\lambda}_2 \in \mathbb{R}^{m\times 1}$ 是原问题的对偶变量；$\beta > 0$ 是邻近罚项的参数，用于修正算法的收敛速度。

模型(4.32)所示鞍点问题中的各个变量不再具有耦合效应，因此利用高斯-赛德尔交替更新技术[18]对变量进行解耦得到三个子问题，并分别求解。下面介绍三个子问题的优化模型和求解算法。

1) $\boldsymbol{\alpha}$ 子问题

$\boldsymbol{\alpha}$ 子问题可表示为

$$\boldsymbol{\alpha}^{k+1} = \underset{\boldsymbol{\alpha}}{\operatorname{argmin}}\ \frac{\beta}{2}\left\|\boldsymbol{u}-\boldsymbol{\alpha}-\frac{\boldsymbol{\lambda}_1}{\beta}\right\|_2^2 + \frac{\beta}{2}\left\|\boldsymbol{v}-\boldsymbol{D}\boldsymbol{\alpha}-\frac{\boldsymbol{\lambda}_2}{\beta}\right\|_2^2 \tag{4.33}$$

该优化问题本质上是一个平滑的最小二乘问题，因此可获得以下闭式解：

$$\boldsymbol{\alpha}^{k+1} = \left(\boldsymbol{I}+\boldsymbol{D}^{\mathrm{T}}\boldsymbol{D}\right)^{-1}\left[\boldsymbol{u}+\boldsymbol{D}^{\mathrm{T}}\boldsymbol{v}-\frac{1}{\beta}(\boldsymbol{\lambda}_1+\boldsymbol{D}^{\mathrm{T}}\boldsymbol{\lambda}_2)\right] \tag{4.34}$$

矩阵求逆过程计算复杂度较高，导致算法的实时性较差而无法满足工程需求。然而，由于小波字典是紧框架，满足 $\boldsymbol{D}\boldsymbol{D}^{\mathrm{T}} = \boldsymbol{I}$，则式(4.34)可简化为简单的矩阵向量的乘积。利用矩阵逆定理可得到以下等价逆矩阵计算公式：

$$\left(\boldsymbol{I}+\boldsymbol{D}^{\mathrm{T}}\boldsymbol{D}\right)^{-1} = \boldsymbol{I}-\boldsymbol{D}^{\mathrm{T}}\left(\boldsymbol{I}+\boldsymbol{D}\boldsymbol{D}^{\mathrm{T}}\right)^{-1}\boldsymbol{D} = \boldsymbol{I}-\frac{1}{2}\boldsymbol{D}^{\mathrm{T}}\boldsymbol{D} \tag{4.35}$$

因此，$\boldsymbol{\alpha}$ 子问题具有以下闭式解：

$$\boldsymbol{\alpha}^{k+1} = \left(\boldsymbol{I}-\frac{1}{2}\boldsymbol{D}^{\mathrm{T}}\boldsymbol{D}\right)\left[\boldsymbol{u}+\boldsymbol{D}^{\mathrm{T}}\boldsymbol{v}-\frac{1}{\beta}(\boldsymbol{\lambda}_1+\boldsymbol{D}^{\mathrm{T}}\boldsymbol{\lambda}_2)\right] \tag{4.36}$$

2) $\boldsymbol{u}$ 子问题

$\boldsymbol{u}$ 子问题可表示为

$$\boldsymbol{u}^{k+1} = \underset{\boldsymbol{u}}{\operatorname{argmin}}\ \|\boldsymbol{W}\boldsymbol{u}\|_1 + \frac{\beta}{2}\left\|\boldsymbol{u}-\boldsymbol{\alpha}-\frac{\boldsymbol{\lambda}_1}{\beta}\right\|_2^2 \tag{4.37}$$

该子问题本质上是加权 L_1 范数的邻近点算子，因此依据凸优化理论[11]，可获得以下闭式解：

$$\boldsymbol{u}^{k+1}=\text{shrink}\left(\boldsymbol{\alpha}+\frac{\boldsymbol{\lambda}_1}{\beta},\frac{W}{\beta}\right) \tag{4.38}$$

式中，shrink(·) 为软阈值算子，对于任何向量 t 和阈值参数，具有以下形式：

$$\text{shrink}(t,\tau)_i=\text{sign}(t_i)\cdot\max\left(\left|t_i\right|-\tau,0\right),\quad \forall i \tag{4.39}$$

3) $\boldsymbol{v}$ 子问题

$\boldsymbol{v}$ 子问题可表示为

$$\boldsymbol{v}^{k+1}=\underset{\boldsymbol{v}}{\text{argmin}}\ \varUpsilon_{S(\varepsilon,\boldsymbol{I},\boldsymbol{y})}(\boldsymbol{v})+\frac{\beta}{2}\left\|\boldsymbol{v}-\boldsymbol{D\alpha}-\frac{\boldsymbol{\lambda}_2}{\beta}\right\|_2^2 \tag{4.40}$$

$\boldsymbol{v}$ 子问题可视为 Moreau 邻近点算子，而指示函数的邻近点算子是投影算子[11]：

$$\varPi_{S(\varepsilon,\boldsymbol{I},\boldsymbol{y})/\beta}(s)=\boldsymbol{y}+\begin{cases}\varepsilon\dfrac{\boldsymbol{s}-\boldsymbol{y}}{\left\|\boldsymbol{s}-\boldsymbol{y}\right\|_2}, & \left\|\boldsymbol{s}-\boldsymbol{y}\right\|_2>\varepsilon\\ \boldsymbol{s}-\boldsymbol{y}, & \left\|\boldsymbol{s}-\boldsymbol{y}\right\|_2\leqslant\varepsilon\end{cases} \tag{4.41}$$

因此，变量 $\boldsymbol{v}$ 的更新具有如下闭式解：

$$\boldsymbol{v}^{k+1}=\boldsymbol{y}+\begin{cases}\varepsilon\dfrac{\boldsymbol{D\alpha}+\dfrac{\boldsymbol{\lambda}_2}{\beta}-\boldsymbol{y}}{\left\|\boldsymbol{D\alpha}+\dfrac{\boldsymbol{\lambda}_2}{\beta}-\boldsymbol{y}\right\|_2}, & \left\|\boldsymbol{D\alpha}+\dfrac{\boldsymbol{\lambda}_2}{\beta}-\boldsymbol{y}\right\|_2>\varepsilon\\ \boldsymbol{D\alpha}+\dfrac{\boldsymbol{\lambda}_2}{\beta}-\boldsymbol{y}, & \left\|\boldsymbol{D\alpha}+\dfrac{\boldsymbol{\lambda}_2}{\beta}-\boldsymbol{y}\right\|_2\leqslant\varepsilon\end{cases} \tag{4.42}$$

最后，利用梯度下降法更新对偶变量 $\boldsymbol{\lambda}_1$ 和 $\boldsymbol{\lambda}_2$，可得

$$\boldsymbol{\lambda}_1^{k+1}=\boldsymbol{\lambda}_1^k-\beta(\boldsymbol{u}-\boldsymbol{\alpha}) \tag{4.43}$$

$$\boldsymbol{\lambda}_2^{k+1}=\boldsymbol{\lambda}_2^k-\beta(\boldsymbol{v}-\boldsymbol{D\alpha}) \tag{4.44}$$

对以上子问题进行迭代优化，直到最后的解达到预设的精度，得到最优解 $\boldsymbol{\alpha}^*$，通过调 Q 小波变换 $\boldsymbol{D}$，得到轴承故障特征信号 $\boldsymbol{x}=\boldsymbol{D\alpha}^*$。

4.4.2 算法复杂度分析

算法的复杂度是衡量其工程实用性的关键指标。加权稀疏分解算法中的关键

步骤是实现信号在调 Q 小波变换 $\boldsymbol{D}$ 下的正向变换与逆向变换。本节构造的调 Q 小波字典可以利用快速傅里叶变换来实现，因此计算复杂度较低。

加权稀疏分解(weighted sparse decomposition, WSD)算法的主要运算成本如下：

(1)权系数计算复杂度 $O[(R+1)N\lg N]$。

(2)矩阵向量乘积运算复杂度 $O(RN\lg N)$。

(3)向量加法运算复杂度 $O(N)$。

(4)软阈值运算复杂度 $O(N)$。

(5)Moreau 邻近点映射复杂度 $O(N)$。

因此，假定算法迭代次数为 K，则其全局计算复杂度为

$$\begin{aligned}CC &= O[(R+1)N\lg N + K(4RN\lg N + N + R\lg N + N + N + RN\lg N)] \\ &= O[(6K+R+1)N\lg N + 3KN] \\ &\approx O[(6K+R+1)N\lg N]\end{aligned} \tag{4.45}$$

为进一步说明本章所提出的 WSD 算法的计算效率，表 4.1 对比了典型轴承诊断方法的计算复杂度，其中 FSA 为频谱分析算法，ESA 为包络谱分析算法，DWT 为离散小波分析算法，SK 为谱峭度分析算法。从表中可以看出，WSD 算法和频谱分析算法、包络谱分析算法、谱峭度分析算法具有相同量级的计算复杂度。

表 4.1　典型轴承诊断方法的计算复杂度对比

方法类型	FSA	ESA	DWT	SK	WSD
计算复杂度	$O(N\lg N)$	$O(N\lg N)$	$O(N)$	$O(N\lg N)$	$O[(6K+R+1)N\lg N]$

4.5　加权稀疏分解仿真分析

本节利用 4.2.1 节构造的仿真信号验证算法的有效性。从局部细化的仿真合成信号图 4.3(d)可以看出，冲击波形的幅值微弱，且完全被淹没在强噪声和强谐波干扰中。为量化评估仿真特征信号的微弱性，定义信号的信噪比、信谐比和信干比，即

$$\mathrm{SNR} = 20\lg\frac{\|\boldsymbol{x}\|_2}{\|\boldsymbol{n}\|_2} \tag{4.46}$$

$$\mathrm{SHR} = 20\lg\frac{\|\boldsymbol{x}\|_2}{\|\boldsymbol{h}\|_2} \tag{4.47}$$

$$\mathrm{SIR} = 20\lg\frac{\|\boldsymbol{x}\|_2}{\|\boldsymbol{y}-\boldsymbol{x}\|_2} \tag{4.48}$$

仿真信号 $y(t)$ 的 SNR、SHR 和 SIR 分别为 −7.55 dB、−9.60 dB、−11.71 dB。首先，对仿真信号做基本的谱分析。图 4.11 (a) 为仿真信号 $y(t)$ 的频谱，可以看出，调幅调频干扰信号 $h(t)$ 的各阶载波频率占主导成分，无法辨识以共振频率 2050 Hz 为中心、故障特征频率 BPFI 为边频的故障特征频带。图 4.11 (b) 为图 4.11 (a) 的低频细化频谱，由于轴承故障特征微弱，低频带特征完全被干扰信号所淹没。图 4.11 (c) 为仿真信号的平方包络谱，其主导频率为谐波干扰信号 $h(t)$ 的载波频率 H=1000Hz。在细化包络谱图 4.11 (d) 中，幅值调制频率 MF 为 180Hz，其倍频能量较大，而故障特征频率 BPFI 及其倍频较为微弱，无法进行故障辨识。

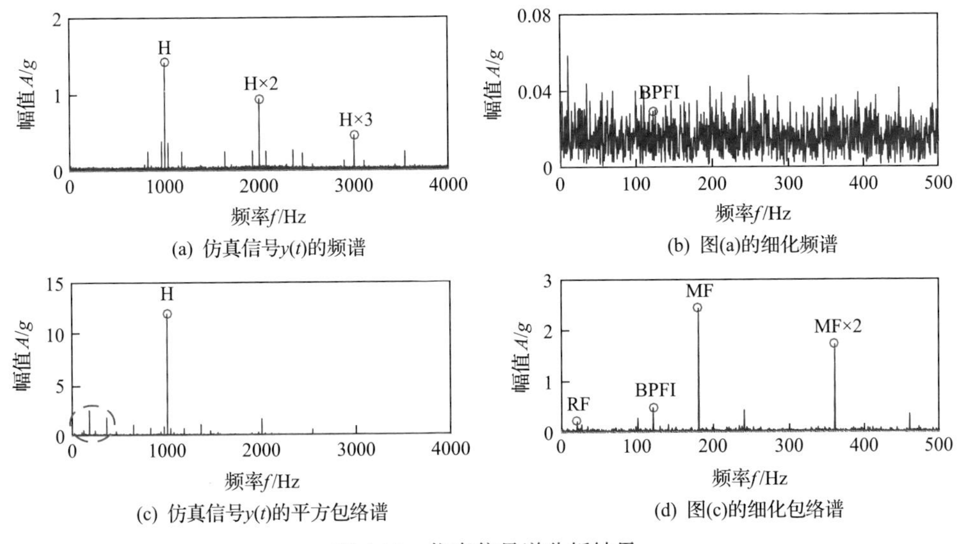

(a) 仿真信号y(t)的频谱　(b) 图(a)的细化频谱
(c) 仿真信号y(t)的平方包络谱　(d) 图(c)的细化包络谱

图 4.11　仿真信号谱分析结果

用本章提出的 WSD 算法对仿真的合成信号 $y(t)$ 进行分解。算法的步骤如图 4.2 所示，第一步是利用调 Q 小波构造稀疏表示字典 $\boldsymbol{D}(Q,R,J)$。为提升信号在字典 $\boldsymbol{D}$ 下的稀疏表示能力，保证字典 $\boldsymbol{D}$ 的频域响应对轴承特征频带的划分尽可能精细，设定调 Q 小波的控制参数分别为：$Q=4$，$R=10$，$J=20$。图 4.12 为构造的调 Q 小波字典的某一个原子的时域波形示意图及频响。

第二步是计算权系数序列，按照权系数的计算流程可获得小波分解每一个子带所对应的权系数序列 $\{w_j\}_{j=1}^{J+1}$，如图 4.13 所示。为便于后续算法的推导和求解，将上述权系数序列 $\{w_j\}_{j=1}^{J+1}$ 按照式 (4.27) 的方式构造权系数矩阵 $\boldsymbol{W}$。

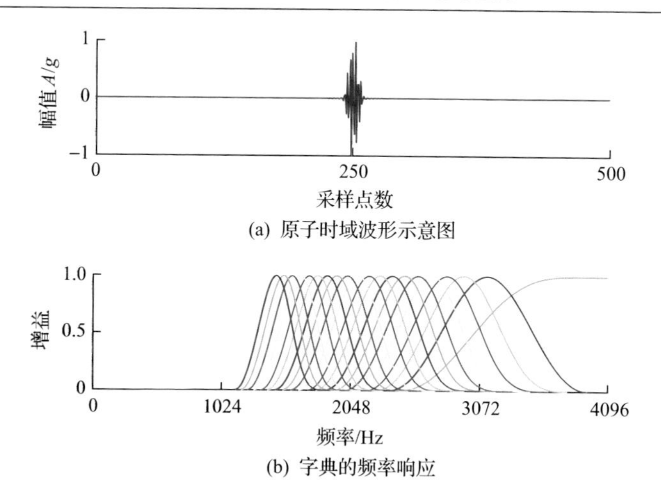

(a) 原子时域波形示意图

(b) 字典的频率响应

图 4.12　调 Q 小波字典 **D**(4,10,20) 的时域波形及频响

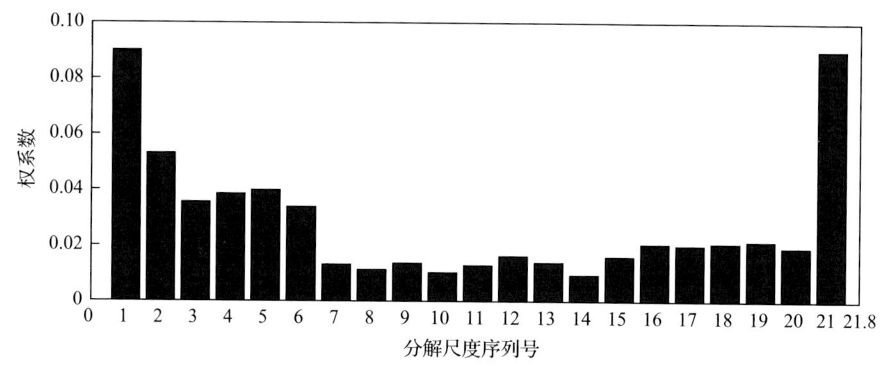

图 4.13　调 Q 小波字典 **D** 各频带的权系数分布

第三步是对目标函数进行优化求解，优化算法的自由度参数包括约束项参数 ε、迭代停止参数 η 以及邻近点参数 β。其中约束项参数 $\varepsilon=\tilde{h}\sqrt{m\sigma^2}$，$\tilde{h}$ 为干扰因子，经验设置为 1.6，m 为观测噪声信号的长度，噪声方差 σ 可以通过中值定理估计[20]：

$$\hat{\sigma}=1.4826\text{Median}\{|c_1-\text{Median}(c_1)|\}\tag{4.49}$$

式中，c_1 为小波分解最高频尺度层的小波系数。迭代停止参数 η 用来控制终止迭代时相邻两次迭代特征信号 $\boldsymbol{x}$ 的相对误差，可设置为 0.01σ。邻近点参数 $\beta=0.686$，用来控制算法的收敛速度。初始化并执行主迭代过程，即可获得特征信号 $\hat{\boldsymbol{x}}$。图 4.14 为目标函数值随迭代次数的衰减规律。可以看出，WSD 算法仅需要 40 次迭次就可迅速收敛，验证了算法具有快速收敛性能。

图 4.15 为仿真信号加权稀疏分解结果。图 4.15(a) 为特征信号 $\hat{x}$ 的时域波形，对比原始信号的时域波形图 4.3(d)，加权稀疏分解信号的时域波形具有明显的稀

疏性和冲击性。图 4.15(b)为特征信号的频谱，其主要频率成分集中于轴承故障信息频带 1800～2300Hz，原始仿真信号中能量较强的调幅调频干扰成分被有效滤除。图 4.15(c)和(d)分别为特征信号 $\hat{\boldsymbol{x}}$ 的平方包络谱和细化平方包络谱，可以看出，本章提出算法获得的特征信号包络谱中仅保留了轴承的转频信息 RF 及故障特征频率 BPFI 的前三阶倍频，强噪声和强谐波干扰几乎完全被滤除。

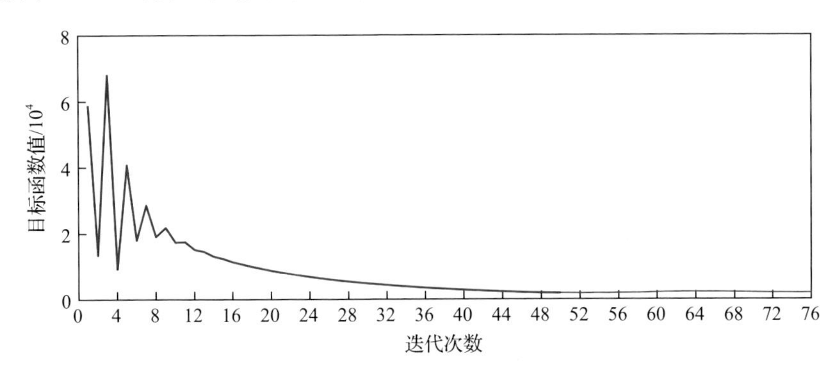

图 4.14　目标函数值随迭代次数的衰减规律

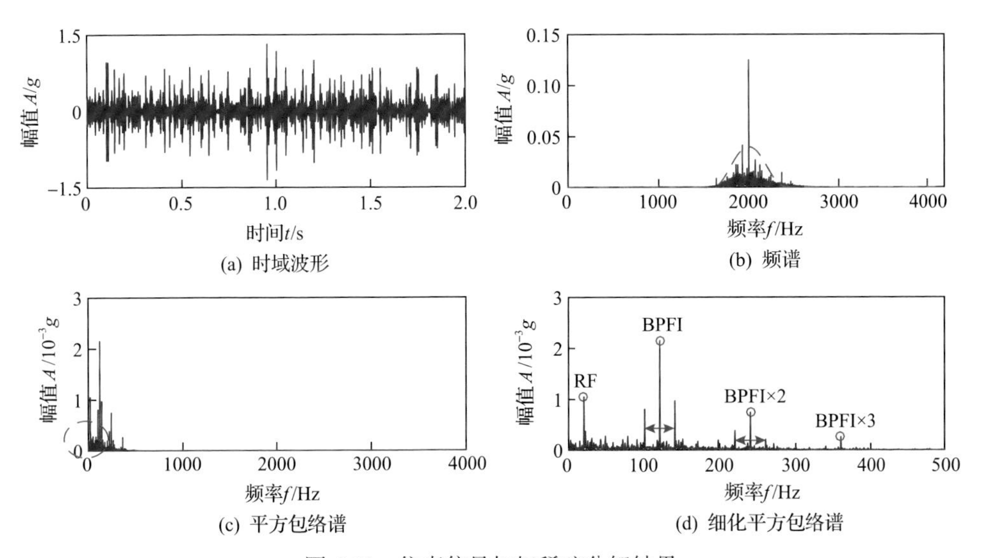

图 4.15　仿真信号加权稀疏分解结果

为验证提出算法的有效性和优越性，对仿真信号分别采用经典稀疏分解算法[9]、小波滤波算法[6,21,22]以及谱峭度算法[16]进行对比分析。经典的稀疏分解算法的优化目标函数为

$$\underset{\boldsymbol{\alpha}}{\operatorname{argmin}}\ \frac{1}{2}\|\boldsymbol{y}-\boldsymbol{D}\boldsymbol{\alpha}\|_2^2+\lambda\|\boldsymbol{\alpha}\|_1 \tag{4.50}$$

特征信号 $\hat{\boldsymbol{x}} = \boldsymbol{D}\hat{\boldsymbol{\alpha}}$ 。为保证对比的无偏性，该算法的稀疏表示字典 $\boldsymbol{D}$ 同样设定为调 Q 小波字典且 $Q=4$ ， $R=10$ ， $J=20$ ，目标函数的优化求解采用分裂增广拉格朗日算法[23]，正则化参数 λ 利用遍历法获得，以 $\mathrm{RMSE}=\frac{1}{m}\sum_{i=1}^{m}(\hat{\boldsymbol{x}}-\boldsymbol{x})^2$ 最小为目标，遍历区间 $\boldsymbol{\lambda}=[0:0.01:4]$ 。图 4.16 给出了 RMSE 随正则化参数 λ 的变化趋势。以最优参数 $\lambda^*=0.8$ 对仿真信号进行分解，如图 4.17 所示，其频谱图中的频率成分仍然以调幅调频信号的载波频率为主，其平方包络谱中混叠有明显的调制频率 MF=180Hz，而轴承故障特征频率难以辨识。

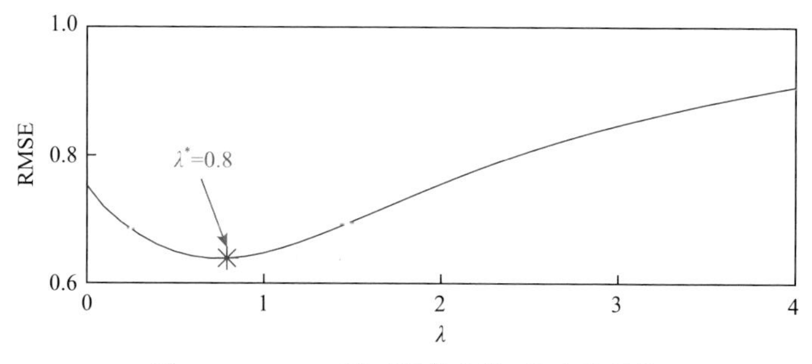

图 4.16　RMSE 随正则化参数λ的变化趋势

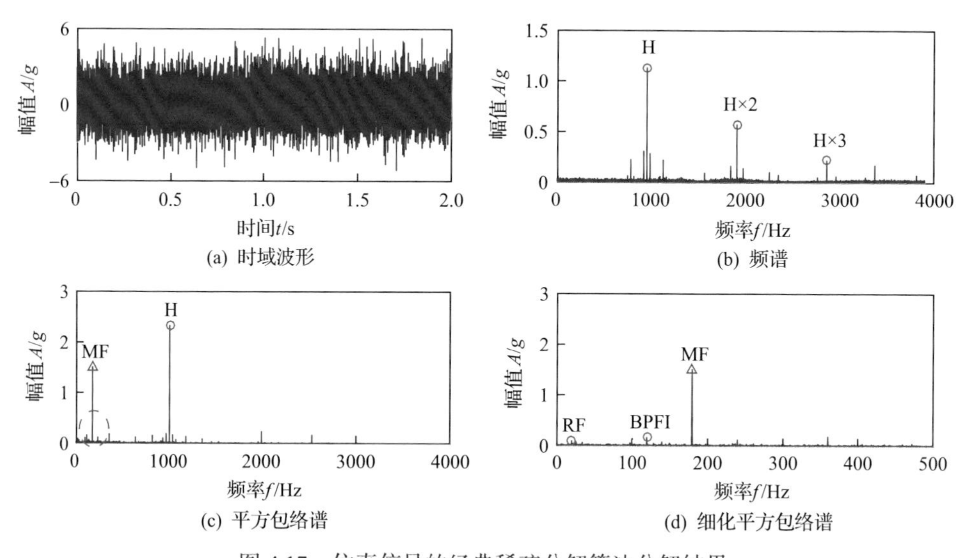

图 4.17　仿真信号的经典稀疏分解算法分解结果

小波由于具有良好的奇异性检测能力和多分辨分析能力，在轴承的局部故障诊断中应用较为广泛，尤其是小波滤波方法，通过合适的敏感性指标可以优选出故障特征频带，可以有效地滤除该频带外的谐波和噪声干扰，增强特征信息的显著性[21]。利用小波滤波方法对仿真信号进行分析，该方法选用调 Q 小波对仿真信号进行分解，以包络谱峭度为敏感性指标选取最优的小波分析尺度。图 4.18 为仿真信号小波滤波分解结果。可以看出，小波滤波信号的频谱中仅保留了单个尺度层的信息，其包络谱中大部分谐波和噪声干扰被滤除，轴承故障特征频率的一倍频成分的显著性被有效增强，然而，由于特征信息的多频带泄漏现象，包络谱中故障特征频率 BPFI 的高阶倍频无法辨识，存在干扰频率 IF 分量，影响故障确诊。

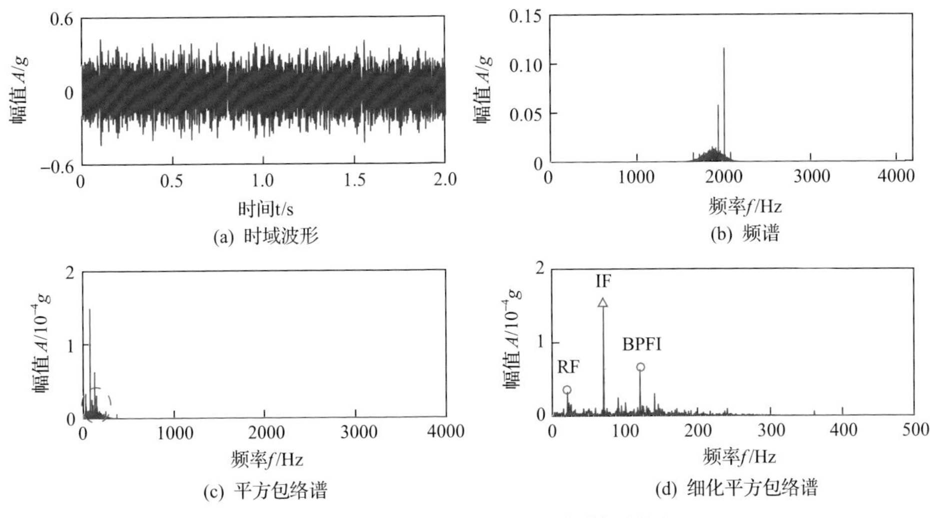

图 4.18　仿真信号的小波滤波分解结果

谱峭度算法是近年来发展起来的一种自适应滤波技术，可以快速定位轴承的故障特征频带。图 4.19 为仿真信号谱峭度分解结果。图中，$K_{\max}$=0.2@level 4 表

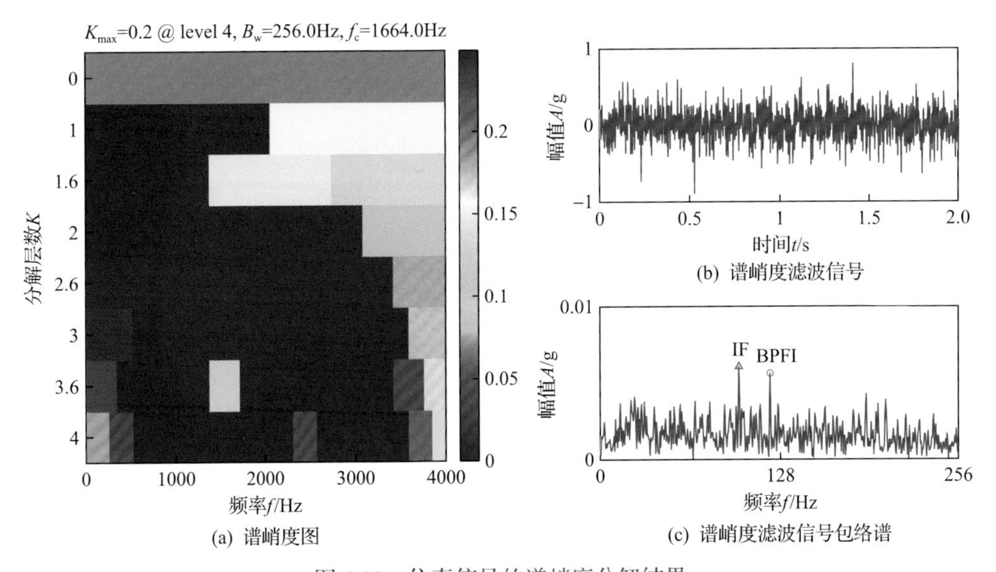

图 4.19　仿真信号的谱峭度分解结果

示最大峭度值 K_{max}=0.2 所在的分解层为第 4 层，定位的冲击信息频带的中心频率 f_c 为 1664Hz，带宽 B_w 为 256Hz。可以看出，该方法定位的故障特征频带中心频率为 1664Hz，而仿真的共振频率为 2050Hz，两者差距较大，且滤波后的信号包络谱图中噪声污染较为严重，存在未知干扰频率 IF 分量。

4.6　航空轴承振动信号实例分析

本节通过航空发动机轴承故障试验数据验证算法的有效性。图 4.20 为航空轴承疲劳寿命试验机，该试验机由计算机控制并模拟航空轴承载荷谱、转速谱、温度等工况。试验机主要包括试验机主体、冷却与润滑系统、电气控制系统、工控机与数据采集仪四部分。图 4.21 为航空轴承试验机主体部分外观图。试验机主体通过高速电主轴驱动，电主轴通过柔性联轴器与试验机主轴和支撑轴系连接，测试轴承装在试验机主轴末端。该试验机可通过液压加载系统对测试轴承进行轴向加载和径向加载，液压加载系统采用比例液压阀，利用闭环自动控制实现载荷精确加载。

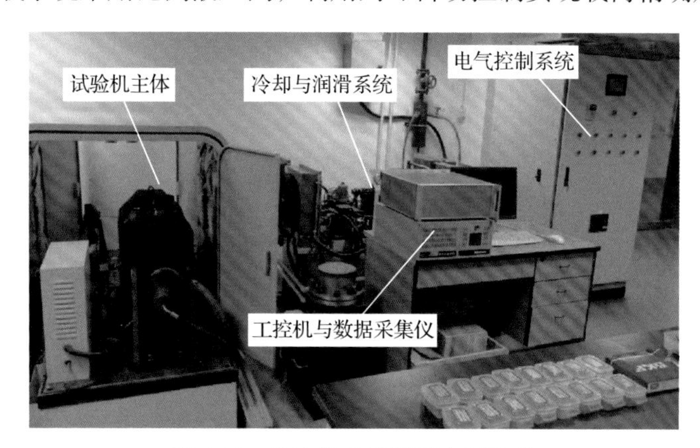

图 4.20　航空轴承疲劳寿命试验机

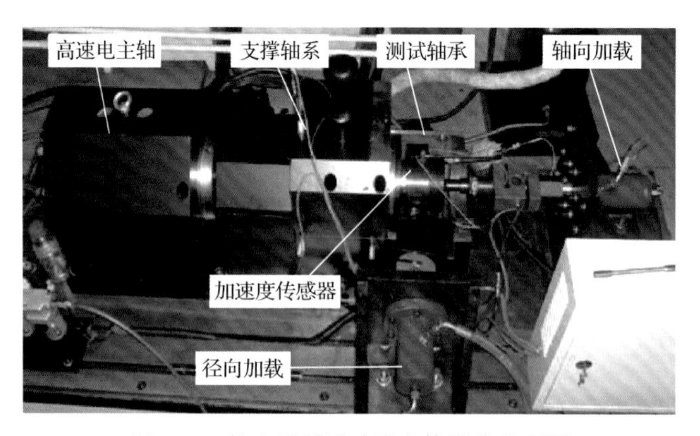

图 4.21　航空轴承试验机主体部分外观图

为评估加权稀疏分解算法对早期微弱故障信号的辨识能力，对某次测试的试验机振动信号进行分析。测试轴承为 H7015C 超精密角接触球轴承，该轴承的尺寸和性能参数如表 4.2 所示。测试条件为：试验机转速 2000r/min，径向加载 1kN，轴向加载 2kN，振动有效值 12.0292m/s^2，采样频率 f_s=20000Hz。试验机振动信号如图 4.22 所示。从该振动信号的时域波形和频谱中并未发现有效的异常信息，平方包络谱中仅发现了轴承外圈故障特征频率 BPFO 的一倍频成分，而 BPFO 的高阶成分无法辨识，因此无法确诊轴承故障。

表 4.2　测试轴承尺寸和性能参数

轴承型号	内径/mm	外径/mm	厚度/mm	接触角/(°)	滚动体直径/mm	滚子个数
H7015C	75	115	20	15	12.65	18

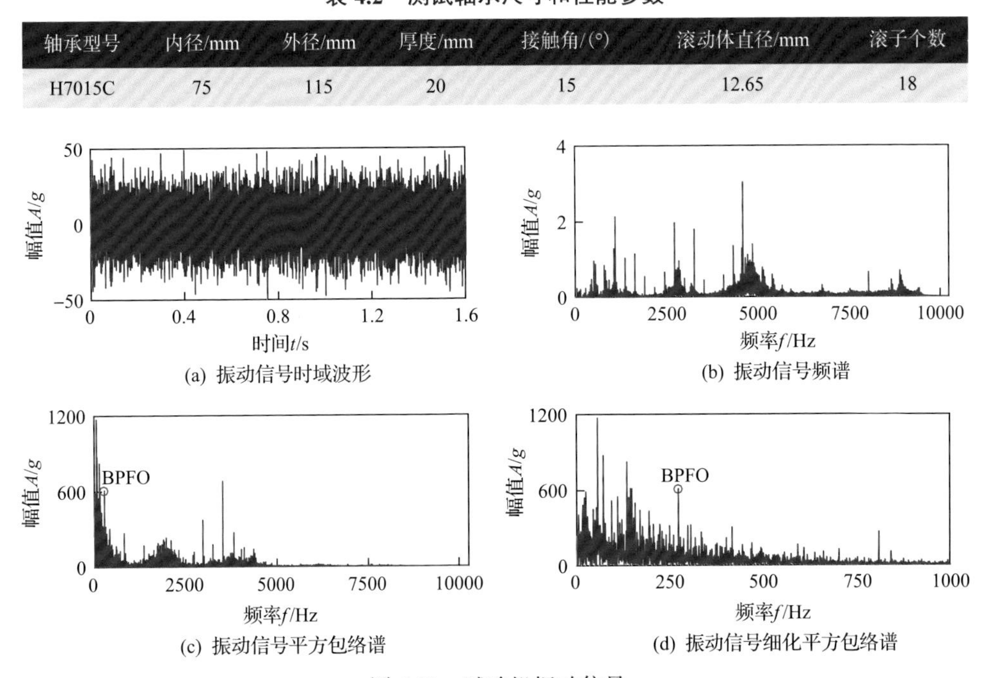

(a) 振动信号时域波形　(b) 振动信号频谱

(c) 振动信号平方包络谱　(d) 振动信号细化平方包络谱

图 4.22　试验机振动信号

采用加权稀疏分解算法分析该振动信号，提取轴承外圈早期微弱损伤特征。在本案例中，选用的调 Q 小波字典控制参数分别为 $Q=2$ 、$R=6$ 、$J=19$ ，加权稀疏分解算法分解结果如图 4.23 所示。可以看出，加权稀疏分解信号的时域波形冲击性增强，其频谱中高频干扰被完全滤除，平方包络谱中仅保留了轴承的转频及外圈故障特征频率的前两阶倍频，表明该时刻轴承外圈已经存在微弱的初期损伤。相比原始振动信号的包络谱图 4.22(d)，图 4.23(d)中轴承外圈故障特征频率 BPFO 的显著性被有效增强，谐波和噪声干扰被完全滤除，从而验证了加权稀疏分解算法对于轴承早期微弱损伤的检测能力。最后，对试验轴承进行拆解，发现其外圈存在剥落故障，证实了算法的有效性和可靠性。

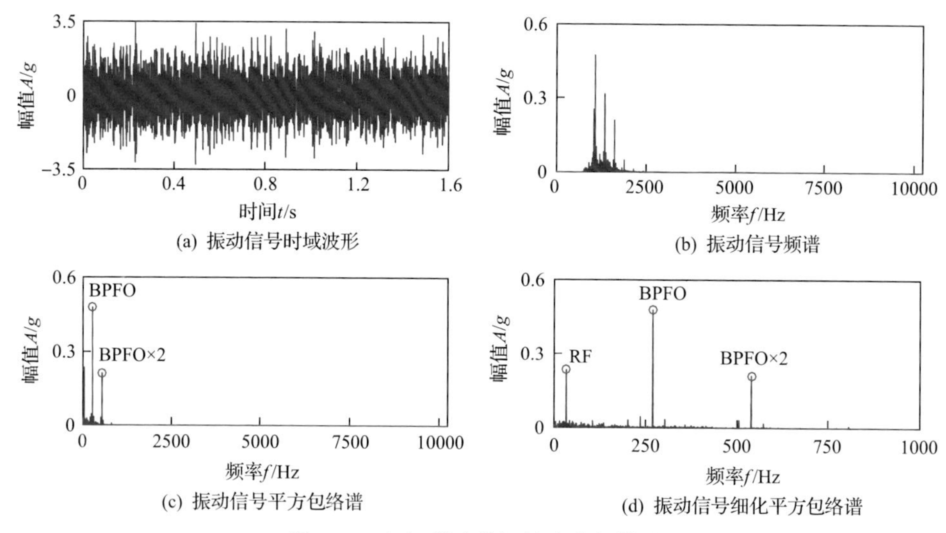

(a) 振动信号时域波形　(b) 振动信号频谱

(c) 振动信号平方包络谱　(d) 振动信号细化平方包络谱

图 4.23　加权稀疏分解算法分解结果

为对比说明加权稀疏分解算法的有效性，应用经典稀疏分解算法、小波滤波算法和谱峭度算法进行对比分析。经典稀疏分解算法的分解结果如图 4.24 所示，其中，图 4.24(a)为振动信号的时域波形，可以看出，该信号的稀疏性被明显增强。然而，其平方包络谱图 4.24(c)和(d)中，轴承外圈故障特征频率依然被噪声和谐波干扰所淹没，说明经典稀疏分解算法未考虑特征信号的物理先验，而是对信号的稀疏系数进行整体收缩，不适用于强谐波强噪声干扰下的特征提取。

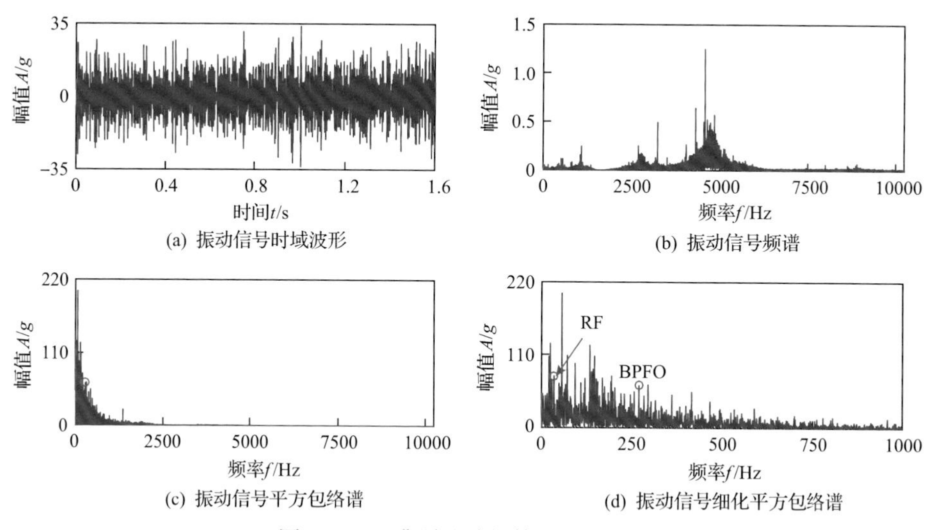

(a) 振动信号时域波形　(b) 振动信号频谱

(c) 振动信号平方包络谱　(d) 振动信号细化平方包络谱

图 4.24　经典稀疏分解算法分解结果

小波滤波算法分解结果如图 4.25 所示。该算法以 $\boldsymbol{D}(\theta=2, R=6, J=19)$ 为小波字典对振动信号进行多尺度变换，以包络谱峭度最大为指标选取最优分析尺度。

图 4.25(b)为最优分析尺度(s=15)信号的频谱图，图 4.25(c)和(d)为振动信号的平方包络谱图及细化平方包络谱图，从图中仅能辨识轴承外圈故障特征频率 BPFO 的一倍频。对比加权稀疏分解算法分解结果的频谱图 4.23(b)可以看出，小波滤波出的尺度层频带较窄，特征信息存在多尺度泄漏问题。因此，本章提出的算法可以自适应地融合冲击信息频带内所有小波尺度信号，有效克服传统滤波方法特征信息多尺度泄漏问题。

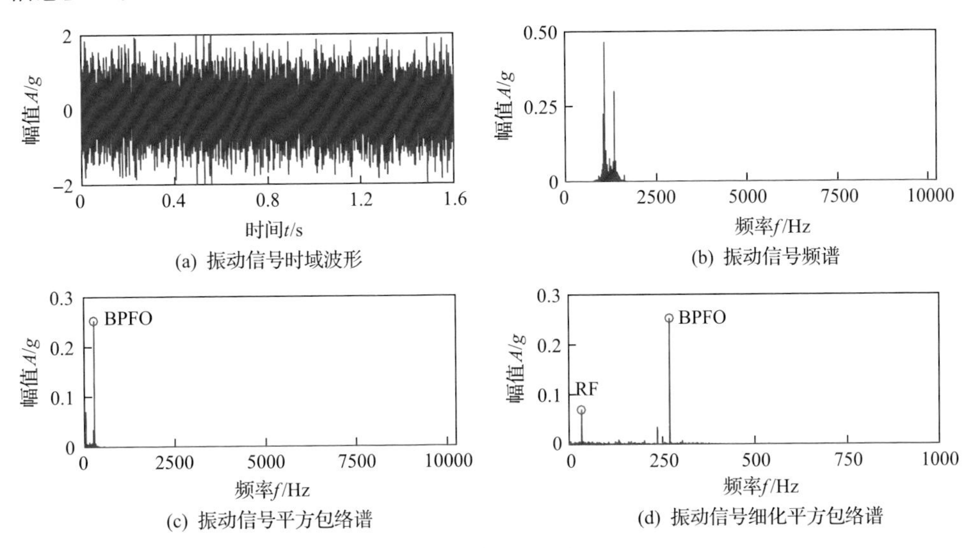

图 4.25　小波滤波算法分解结果

谱峭度分解结果如图 4.26 所示。从图 4.26(a)可以看出，最优分析尺度的中

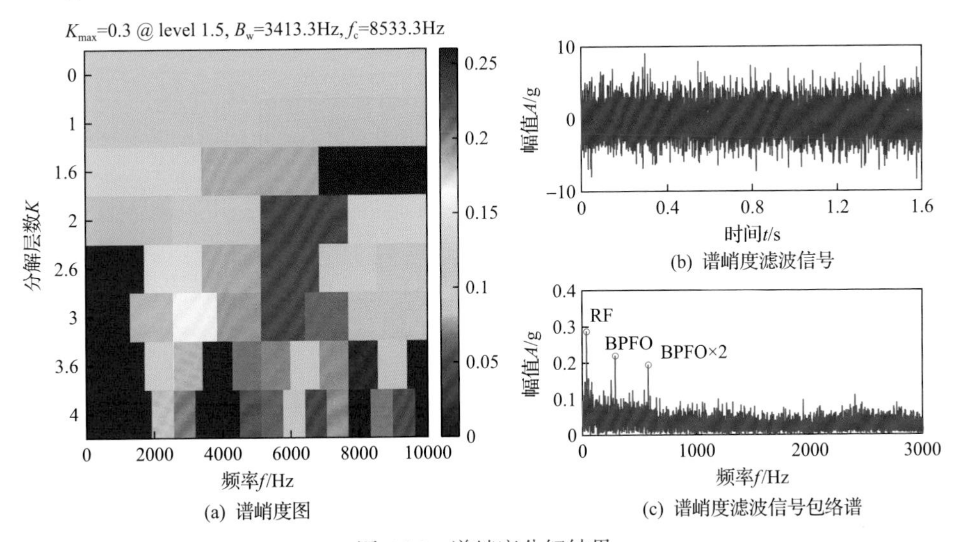

图 4.26　谱峭度分解结果

心频率为 8533.3Hz，带宽为 3413.3Hz。该尺度滤波后的信号及其平方包络谱如图 4.26(b)和(c)所示，可以看出，相比原始振动信号，其轴承故障特征频率在包络谱中的显著性被增强，然而，相比加权稀疏分解算法，谱峭度分解结果中的噪声干扰依然较强，从而验证了加权稀疏分解算法不仅可以有效定位轴承的故障特征频带，还可以滤除该频带内的干扰信息。

参考文献

[1] 王国彪, 何正嘉, 陈雪峰, 等. 机械故障诊断基础研究“何去何从”. 机械工程学报, 2013, 49(1): 63-72.

[2] Volponi A J. Gas turbine engine health management: past, present, and future trends. Journal of Engineering for Gas Turbines and Power, 2014, 136(5): 051201.

[3] 刘大响, 陈光. 航空发动机——飞机的心脏. 北京: 航空工业出版社, 2003.

[4] Antoni J, Griffaton J, André H, et al. Feedback on the Surveillance 8 challenge: Vibration-based diagnosis of a Safran aircraft engine. Mechanical Systems and Signal Processing, 2017, 97: 112-144.

[5] Yan R Q, Gao R X, Chen X F. Wavelets for fault diagnosis of rotary machines: A review with applications. Signal Processing, 2014, 96: 1-15.

[6] Chen J L, Li Z P, Pan J, et al. Wavelet transform based on inner product in fault diagnosis of rotating machinery: A review. Mechanical Systems and Signal Processing, 2016, 70-71: 1-35.

[7] Antoni J. Fast computation of the kurtogram for the detection of transient faults. Mechanical Systems and Signal Processing, 2007, 21(1): 108-124.

[8] Wang Y X, Xiang J W, Markert R, et al. Spectral kurtosis for fault detection, diagnosis and prognostics of rotating machines: A review with applications. Mechanical Systems and Signal Processing, 2016, 66-67: 679-698.

[9] Chen S, Donoho D L, Saunders M A. Atomic decomposition by basis pursuit. SIAM Journal on Scientific Computing, 2001, 20(1): 33-61.

[10] Bruckstein A M, Donoho D L, Elad M. From sparse solutions of systems of equations to sparse modeling of signals and images. SIAM Review, 2009, 51(1): 34-81.

[11] Combettes P L, Pesquet J C. Proximal Splitting Methods in Signal Processing. New York: Springer, 2011.

[12] Cevher V, Becker S, Schmidt M. Convex optimization for big data. IEEE Signal Processing Magazine, 2014, 31(5): 32-43.

[13] Deng W, Yin W T. On the global and linear convergence of the generalized alternating direction method of multipliers. Journal of Scientific Computing, 2016, 66(3): 889-916.

[14] Chen C H, He B S, Ye Y Y, et al. The direct extension of ADMM for multi-block convex

minimization problems is not necessarily convergent. Mathematical Programming, 2016, 155(1-2): 57-79.

[15] Dyer D, Stewart R M. Detection of rolling element bearing damage by statistical vibration analysis. Journal of Mechanical Design, 1978, 100(2): 229-235.

[16] Wang Y X, Liang M. An adaptive SK technique and its application for fault detection of rolling element bearings. Mechanical Systems and Signal Processing, 2011, 25(5): 1750-1764.

[17] Randall R B, Antoni J. Rolling element bearing diagnostics—A tutorial. Mechanical Systems and Signal Processing, 2011, 25(2): 485-520.

[18] Boyd S, Parikh N, Chu E, et al. Distributed optimization and statistical learning via the alternating direction method of multipliers. Foundations and Trends in Machine Learning, 2010, 3(1): 1-122.

[19] Eckstein J, Bertsekas D P. On the douglas-rachford splitting method and the proximal point algorithm for maximal monotone-operators. Mathematical Programming, 1992, 55(1-3): 293-318.

[20] Donoho D L. De-noising by soft-thresholding. IEEE Transactions on Information Theory, 1995, 41(3): 613-627.

[21] Chen B Q, Zhang Z S, Sun C, et al. Fault feature extraction of gearbox by using overcomplete rational dilation discrete wavelet transform on signals measured from vibration sensors. Mechanical Systems and Signal Processing, 2012, 33: 275-298.

[22] Qiu H, Lee J, Lin J, et al. Wavelet filter-based weak signature detection method and its application on rolling element bearing prognostics. Journal of Sound and Vibration, 2006, 289(4-5): 1066-1090.

[23] Selesnick I W. Resonance-based signal decomposition: A new sparsity-enabled signal analysis method. Signal Processing, 2011, 91(12): 2793-2809.

第 5 章　非负有界卷积稀疏结构

机电装备的复杂结构往往限制了测试系统直接感知关键零部件的运行状态信息，因此故障源信息不可避免地受到传递路径、传感器等的调制，导致观测信号产生显著的扭曲变异，阻碍了机电装备的高精度特征辨识[1]。机电系统在运行中会产生大量的高频信号，而系统零部件的退化信息一般频率相对较低，这自然地形成了包络调制现象，加剧了特征信息的辨识难度。因此，研究特征信息源的包络信号检测技术对机电装备特征辨识具有重要的意义[2]。由于包络信号和调制过程均是未知变量，因此特征信息的包络识别问题是典型的盲解调问题。

为简化故障源包络信号检测问题的复杂性，本章假设故障源的包络信号具有冲击特性，系统的传递路径和传感器调制可近似建模为线性时不变过程，从而可以利用广泛使用的卷积技术进行分析。假设机电装备的故障源信号为 $\boldsymbol{x}(t)$，传递路径和高频成分的调制效应为 $\boldsymbol{f}(t)$，则观测信号 $\boldsymbol{y}(t)$ 可表示为

$$\boldsymbol{y}(t)=\boldsymbol{f}(t)*\boldsymbol{x}(t)+\boldsymbol{e}(t) \tag{5.1}$$

式中，$*$ 表示卷积运算；$\boldsymbol{e}(t)$ 为独立同分布的白噪声成分。

从观测信号 $\boldsymbol{y}(t)$ 中恢复 $\boldsymbol{x}(t)$ 和 $\boldsymbol{f}(t)$ 是一个高度欠定的病态问题，在逆问题求解领域又称为盲解卷积问题[3]。此问题广泛存在于航空航天、遥感成像、医学图像处理等领域，学者对此问题进行了广泛研究，并取得了较为丰富的研究成果，然而，在机械特征辨识中的研究工作并不充分。盲解调技术主要是对源信号 $\boldsymbol{x}(t)$ 进行统计分析，然后建立敏感性指标，进而设计或学习出可靠的逆滤波器 $\boldsymbol{f}^{-1}(t)$ 来抵消 $\boldsymbol{f}(t)$ 的调制效应，从而获得故障源波形。基于最大峭度统计指标的冲击源盲解调技术[4]是目前发展最为成功的且已被诊断专家广泛认可的技术，它已经被改进并应用于更具挑战性的特征辨识问题中[1, 5-8]。例如，Miao 等[9]提出最大谐波与噪声比率的解调技术，来解决强谐波干扰和噪声的影响；Jia 等[10]利用峭度指标和卷积神经网络来解决逆滤波器的自适应设计问题。

然而，上述盲解调技术在特征信息源的包络信号检测中存在以下问题：

(1) 大部分技术的目标在于如何设计更优秀的且正交于 $\boldsymbol{f}(t)$ 的逆滤波器 $\boldsymbol{f}^{-1}(t)$，从而间接地消除传递路径调制的影响，如图 5.1 所示。尽管机电系统的 $\boldsymbol{f}(t)$ 是唯一的，但是盲解卷积得到的 $\boldsymbol{f}^{-1}(t)$ 无法有效地逼近 $\boldsymbol{f}(t)$，进而难以描述传递路径的真实响应，使得 $\boldsymbol{f}^{-1}(t)$ 缺少必要的物理可解释性。因而，亟须对 $\boldsymbol{f}(t)$

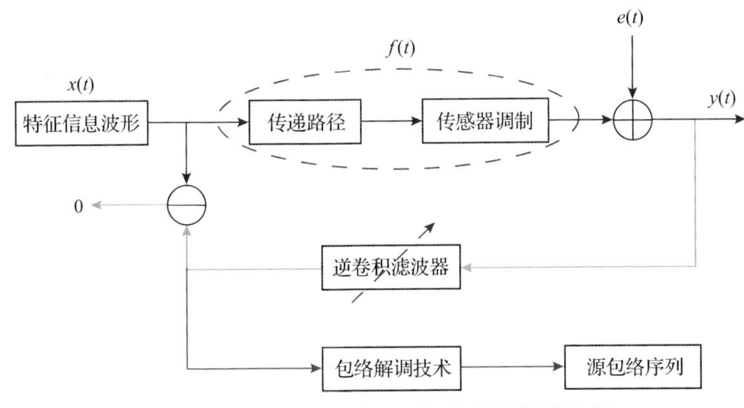

图 5.1　主流解卷技术的源包络特征检测流程

进行直接建模来增强盲解调技术的性能表现。

(2) 如图 5.1 所示，为得到故障源的包络信号，首先通过盲解调技术得到源信号波形，然后利用包络解调技术得到其包络信号。在实际过程中，先恢复源信号波形是相对次优的方案，不但增加模型的自由度，而且也增加整个算法的复杂度。

(3) 机械特征盲解卷积技术主要是以峭度统计指标为目标函数进行优化求解，从而得到 $\boldsymbol{f}^{-1}(t)$ 和 $\boldsymbol{x}(t)$，但是峭度指标对单个大幅值冲击或不规则的离散冲击极为敏感，难以恢复高精度的故障源周期包络信号。因此，探索更多故障源包络信号的物理结构先验来设计新的优化目标函数是盲解卷积问题中的又一核心任务。

为解决以上问题，本章提出稀疏包络特征盲解调问题和结构化稀疏学习诊断策略，如图 5.2 所示。首先通过探索故障源包络信号的物理结构先验，设计了非负有界稀疏吸引子。非负有界结构不但在一定程度上解决了解卷技术的幅值失真问题，而且更重要的是可以直接获得故障源的包络信号，显著地减少了算法参数空间的复杂度。稀疏结构更加精确地描述了故障源特征的物理结构，有效地规避了峭度统计指标的缺陷。通过在目标函数中引入卷积调制关系来自动地从数据中学习传递路径的调制效应 $\boldsymbol{f}(t)$，移除目标函数对逆卷积滤波器 $\boldsymbol{f}^{-1}(t)$ 的需求，使得解卷得到的 $\boldsymbol{f}(t)$ 逼近传递路径的调制效应。该模型最大的优势在于以故障源的包络信号为检测目标，直接获得特征辨识问题中的关键信息，不但减少了模型参数空间的维度，而且提升了算法的效率。此外，基于广义块坐标优化求解框架，开发以交替方向下降为核心的求解器，有效地解决了目标函数的多块非凸非平滑优化问题。通过设计大量的数值试验，评估提出的模型和算法在故障源冲击包络信号辨识问题中的可行性和优越性。最后，将以上非负有界卷积稀疏学习技术应用于轴承故障特征辨识问题中，显著地增强了故障信号的冲击包络信息，有效地提升了特征辨识精度，证实了其工程适用性。

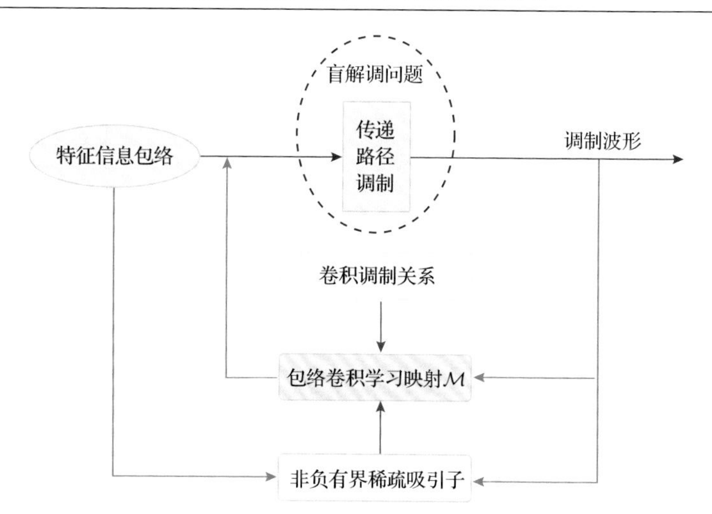

图 5.2　稀疏包络特征盲解调问题和结构化稀疏学习诊断策略

5.1　非负有界卷积稀疏结构建模和优化求解

5.1.1　非负有界稀疏结构先验

为分析源信号包络冲击特征的物理结构先验信息，需要首先建立特征信号的传递路径调制关系。当机械装备处于退化状态时，一般会在零部件的相对运动过程中产生离散的冲击序列，进而激发系统的响应[11]。因此，源信号 $\boldsymbol{x}(t)$ 可近似建模为

$$\boldsymbol{x}(t)=\sum_{i=1}^{N}\boldsymbol{a}_i\delta\left(t-\frac{i}{f_{\mathrm{c}}}\right) \tag{5.2}$$

式中，$\boldsymbol{a}_i$ 为第 i 个冲击的幅值；δ 为单位冲击函数；f_{c} 为机电系统的运动周期。

典型的故障源信号 $\boldsymbol{x}(t)$ 和相应的包络信号分别如图 5.3(a)和(b)所示。可以看出，相比冲击包络信号，由于机电装备在运动过程中的相位变化，源冲击特征序列中周期模式的显著度相对较差。基于 δ 函数的性质，从故障源图中可以看出典型的稀疏结构，依据稀疏先验知识，得到如下结构化正则项：

$$\left\|\boldsymbol{x}(t)\right\|_1=\sum_{i=1}^{N}\left|\boldsymbol{x}_i(t)\right| \tag{5.3}$$

然后，基于传递路径分析理论[12]和故障动力学[13]，在故障源信号和测试信号之间的路径影响可简化建模为二阶弹簧阻尼系统，具有如图 5.3(c)所示的单位冲击响应函数，即

$$f(t) = a\exp\left(-2\pi\frac{\zeta}{\sqrt{1-\zeta^2}}f_{\mathrm{d}}t\right)\sin\left(2\pi f_{\mathrm{d}}t + \phi_0\right) \tag{5.4}$$

式中，a 为激振力的幅值；ζ 为系统的阻尼比；f_{d} 为系统的阻尼振动频率；ϕ_0 为振动响应的初始相位。

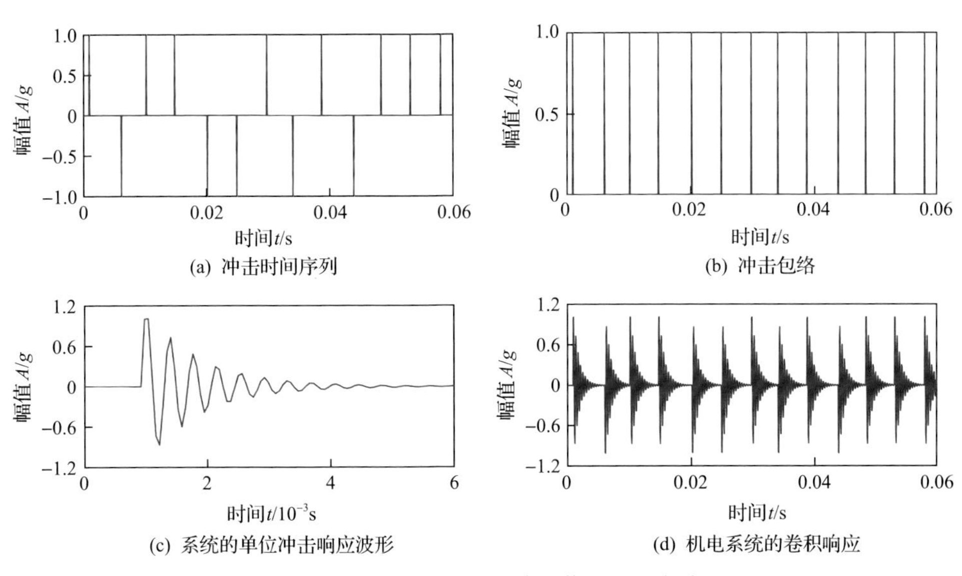

图 5.3　机电系统的冲击故障源信号和响应波形

在连续的冲击源序列(5.2)的激励下，产生如下卷积响应信号：

$$\boldsymbol{r}(t) = \boldsymbol{f}(t) * \boldsymbol{x}(t) = \sum_{i=1}^{N} A_i f\left(t - \frac{i}{f_{\mathrm{c}}} + \phi_i\right) \tag{5.5}$$

式中，A_i 为对应 $\boldsymbol{a}_i$ 的响应幅值；ϕ_i 为第 i 个冲击的相位信息。

典型系统的卷积响应如图 5.3(d)所示，图中的不同冲击幅值是轴承运行过程中的承载区间波动导致的。此外，由于背景噪声在实际测试过程中是不可避免的，最终的观测信号 $\boldsymbol{y}(t)$ 可表示为

$$\boldsymbol{y}(t) = \boldsymbol{r}(t) + \boldsymbol{e}(t) = \boldsymbol{f}(t) * \boldsymbol{x}(t) + \boldsymbol{e}(t) \tag{5.6}$$

从 $\boldsymbol{y}(t)$ 中恢复 $\boldsymbol{x}(t)$ 和 $\boldsymbol{f}(t)$ 是一个高度欠定的问题，因此机电系统特征盲解卷积技术主要是通过设计逆卷积滤波器 $\boldsymbol{f}^{-1}(t)$ 使得其输出 $\hat{\boldsymbol{x}} = \boldsymbol{f}^{-1}(t) * \boldsymbol{y}(t)$ 尽可能地逼近真实的 $\boldsymbol{x}(t)$，如 $\boldsymbol{x}(t)$ 的时移信号 $\hat{\boldsymbol{x}}(t) = \boldsymbol{x}(t - t_0)$ 被认为是一个可行的逼近解。然而，盲解卷积中另一个重要的问题是故障源估计信号 $\hat{\boldsymbol{x}}(t)$ 幅值的严重失真，

会导致机电装备维护人员无法可靠地推断退化状态的严重程度。以图 5.3(d)的卷积信号为输入，利用基于峭度目标函数的经典最小熵解卷积(minimum entropy deconvolution, MED)算法[14]对数据进行分析。通过改变 MED 盲解卷积算法中逆滤波器的支撑长度 L 来考查解卷算法对源特征幅值的影响机制，结果如图 5.4 所示。可以看出，相对于幅值为 1 的离散冲击源 $\boldsymbol{x}(t)$，随着噪声的增加或信噪比的降低，恢复的 $\hat{\boldsymbol{x}}(t)$ 幅值呈现出更加严重的变异；随着逆滤波器长度 L 的增加，$\hat{\boldsymbol{x}}(t)$ 的幅值放大倍数显著增加。因此，盲解卷积过程中的幅值严重扭曲放大现象是一类基本问题，并不能通过调节算法的参数而消除，必须考虑新的结构化正则项。在冲击故障源的辨识过程中，考虑以下三方面的事实：

(1)基于本章观测信号的卷积生成模型可知，若对滤波器进行归一化后，源冲击特征的响应波形最大幅值不小于特征信号的最大峰值，如图 5.3 所示。

(2)观测信号不可避免地包含噪声和干扰成分，因此当三者的峰值叠加增强后，必然会导致观测信号的峰值大于真实特征波形的最大幅值，这也印证了大部分特征辨识算法在对观测信号处理后检测的特征信息幅值具有显著的衰减现象。

(3)在特征辨识中，维护专家主要关注包络信号中携带的周期信息，因此特征的局部波形与机电系统真实故障源信号的幅值误差是可以接受的，如 MED 盲解卷积算法解卷过程中导致的严重幅值失真现象。

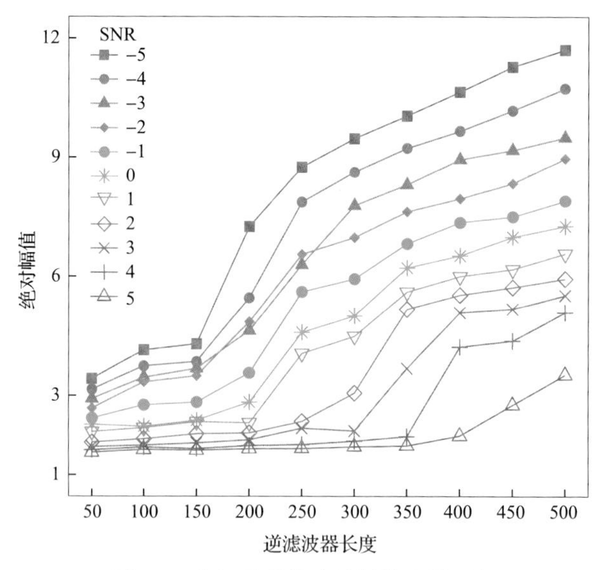

图 5.4　盲解卷积算法的幅值变异现象

因此，可通过构造冲击源的最大幅值不大于观测信号最大振幅 B 的正则约束来减少特征的幅值变异，降低学习系统的参数空间维度。因此，可以建立故障源幅值有界的结构化约束，具体描述为

$$\left|\boldsymbol{x}_i(t)\right| \leqslant B, \quad \forall i \tag{5.7}$$

最后，为更加有效地辨识隐藏在故障源包络信号中的机电装备健康状态模式，不再首先通过盲解卷积得到故障源信号，然后利用包络分析技术获得其包络信号，而是直接把故障源的绝对包络信号建模为优化变量，因此该变量应该具有绝对包络信号的非负物理结构先验，即

$$\boldsymbol{x}_i(t) \geqslant 0, \quad \forall i \tag{5.8}$$

结构化先验描述构成了目标变量的非负有界稀疏吸引子。该吸引子深刻地刻画了机电故障源信息的绝对包络信息，可显著降低盲解卷积模型的参数空间自由度，增强盲解卷积算法的特征辨识精度。

5.1.2　非负有界卷积稀疏学习模型

为消除盲解卷积模型中逆滤波器无合理的物理可解释性问题，基于传递路径的卷积调制关系，可直接建立如下盲解卷积模型：

$$\begin{cases} \underset{\{\boldsymbol{x}(t),\boldsymbol{f}(t)\}}{\operatorname{argmin}} \ \dfrac{1}{2}\left\|\boldsymbol{y}(t)-\boldsymbol{f}(t) * \boldsymbol{x}(t)\right\|_2^2 \\ \text{s.t.} \ \left\|\boldsymbol{f}(t)\right\|_2 = 1 \end{cases} \tag{5.9}$$

式中，卷积滤波器的单位能量约束是为了消除盲解调问题中的尺度模糊现象。然而，存在两个自由变量 $\boldsymbol{x}(t)$ 和 $\boldsymbol{f}(t)$，使得参数空间的自由度过大，导致最后的解有很高的概率不具有任何的物理意义。因此，基于结构化稀疏学习诊断理论，引入非负有界稀疏吸引子，得到非负有界卷积稀疏学习模型(nonnegative bounded convolutional sparse learning model, NBConvSLM)，即

$$\begin{cases} \underset{\{\boldsymbol{x}(t),\boldsymbol{f}(t)\}}{\operatorname{argmin}} \ \dfrac{1}{2}\left\|\boldsymbol{y}(t)-\boldsymbol{f}(t) * \boldsymbol{x}(t)\right\|_2^2 + \lambda\left\|\boldsymbol{x}(t)\right\|_1 \\ \text{s.t.} \ 0 \leqslant \boldsymbol{x}(t) \leqslant B \\ \qquad \left\|\boldsymbol{f}(t)\right\|_2 = 1 \end{cases} \tag{5.10}$$

式中，λ 为稀疏正则化参数。

此模型具有以下三方面的优越性：

(1) NBConvSLM 算法直接建模传递路径的调制过程 $\boldsymbol{f}(t)$，消除了大多数盲解卷积算法对逆卷积滤波器 $\boldsymbol{f}^{-1}(t)$ 的依赖，使得最后得到的故障源信号 $\boldsymbol{x}(t)$ 更加逼近真实的机电装备信息，也赋予了 $\boldsymbol{f}(t)$ 一定的物理意义。

(2) NBConvSLM 算法摒弃了把故障源信号 $\boldsymbol{x}(t)$ 的峭度作为优化目标函数,而是基于冲击包络信号的固有稀疏模式，设计了新的稀疏正则化优化目标，更加精准地描述了故障源信息的物理先验知识。

(3) NBConvSLM 算法直接以故障源的包络信号为优化变量，降低了优化目标函数的自由度，简化了算法的流程，提高了盲解调技术的效率，为包络信号的检测提供可靠的模型。

最后，定量地分析 NBConvSLM 算法的参数复杂度。假设故障源包络信号 $x(t)$ 的期望稀疏度为 s，调制滤波器 $\boldsymbol{f}(t)$ 的长度为 L，则参数空间自由度为

$$\aleph_p(\mathcal{M}_{\text{NBConvSLM}}) \sim s + L \tag{5.11}$$

标准稀疏学习模型的参数空间自由度为

$$\aleph_p(\mathcal{M}^{\text{SDLM}}) \sim mn + sq \tag{5.12}$$

由此可以看出，提出的 NBConvSLM 算法具有较低的自由度，从而降低模型配置的难度，提升工程适用性。

5.1.3 NBConvSLM 求解算法

提出的 NBConvSLM 模型中的变量 $\boldsymbol{x}(t)$ 和 $\boldsymbol{f}(t)$ 具有高度的耦合现象，加之约束项的存在，极大地增加了优化算法的求解难度。基于广义块坐标优化求解框架，首先引入两类指示函数 $\delta_{\mathcal{X}}$ 和 $\delta_{\mathcal{C}}$，把原始优化问题 (5.10) 转化为下述无约束优化问题：

$$\underset{\{\boldsymbol{x}(t),\boldsymbol{f}(t)\}}{\operatorname{argmin}} \ \frac{1}{2}\|\boldsymbol{y}(t)-\boldsymbol{f}(t)*\boldsymbol{x}(t)\|_2^2+\lambda\|\boldsymbol{x}(t)\|_1+\delta_{\mathcal{X}}(\boldsymbol{x}(t))+\delta_{\mathcal{C}}(\boldsymbol{f}(t)) \tag{5.13}$$

式中，$\mathcal{X}=\{\boldsymbol{x}(t)\,|\,0\leqslant \boldsymbol{x}(t)\leqslant \boldsymbol{B}\},\mathcal{C}=\left\{\boldsymbol{f}(t)\,\middle\|\,\|\boldsymbol{f}(t)\|_2=1\right\}$。

指示函数 $\delta_{\mathcal{X}}:\mathbb{R}^{m\times 1}\mapsto\overline{\mathbb{R}}$ 具有如下表达式：

$$\delta_{\mathcal{X}}=\begin{cases}0, & x(t)\in\mathcal{X}\\ +\infty, & x(t)\notin\mathcal{X}\end{cases} \tag{5.14}$$

类似地，可定义指示函数 $\delta_{\mathcal{C}}:\mathbb{R}^{L\times 1}\mapsto\overline{\mathbb{R}}$，这里不再赘述。

引入辅助变量 $\{\boldsymbol{z}(t),\boldsymbol{u}(t),\boldsymbol{h}(t)\}$，消除优化问题 (5.13) 的变量耦合现象，得到如下问题：

$$
\begin{cases}
\underset{\substack{\{x(t),f(t)\}\\ \{z(t),u(t),h(t)\}}}{\operatorname{argmin}} \ \frac{1}{2}\left\|\boldsymbol{y}(t)-\boldsymbol{f}(t)*\boldsymbol{x}(t)\right\|_2^2+\lambda\left\|\boldsymbol{z}(t)\right\|_1+\delta_{\mathcal{X}}(\boldsymbol{u}(t))+\delta_{\mathcal{C}}(\boldsymbol{h}(t)) \\
\text{s.t.}\ \ \boldsymbol{x}(t)=\boldsymbol{z}(t) \\
\qquad \boldsymbol{x}(t)=\boldsymbol{u}(t) \\
\qquad \boldsymbol{f}(t)=\boldsymbol{h}(t)
\end{cases} \tag{5.15}
$$

上述问题的拉格朗日函数为

$$
\begin{aligned}
\mathcal{L}_\beta=&\frac{1}{2}\left\|\boldsymbol{y}(t)-\boldsymbol{f}(t)*\boldsymbol{x}(t)\right\|_2^2+\lambda\left\|\boldsymbol{z}(t)\right\|_1+\delta_{\mathcal{X}}(\boldsymbol{u}(t))+\delta_{\mathcal{C}}(\boldsymbol{h}(t))\\
&+\frac{\beta}{2}\left\|\boldsymbol{x}(t)-\boldsymbol{z}(t)-\frac{\boldsymbol{\mu}(t)}{\beta}\right\|_2^2+\frac{\beta}{2}\left\|\boldsymbol{x}(t)-\boldsymbol{u}(t)-\frac{\boldsymbol{\gamma}(t)}{\beta}\right\|_2^2\\
&+\frac{\beta}{2}\left\|\boldsymbol{f}(t)-\boldsymbol{h}(t)-\frac{\boldsymbol{v}(t)}{\beta}\right\|_2^2
\end{aligned} \tag{5.16}
$$

式中，$\boldsymbol{\mu}(t)$、$\boldsymbol{\gamma}(t)$ 和 $\boldsymbol{v}(t)$ 为对偶优化的变量；β 为邻近项罚参数。

上述问题中有 8 个优化变量，因此需要求解 8 个优化子问题。此外，基于邻近点算子理论，所有的子问题均具有闭式表达式，下面详细论述各个子问题的求解过程。

对于故障源包络信号 $\boldsymbol{x}(t)$，其子优化问题具有如下形式：

$$
\underset{\boldsymbol{x}(t)}{\operatorname{argmin}}\ \frac{1}{2}\left\|\boldsymbol{y}(t)-\boldsymbol{f}(t)*\boldsymbol{x}(t)\right\|_2^2+\frac{\beta}{2}\left\|\boldsymbol{x}(t)-\boldsymbol{z}(t)-\frac{\boldsymbol{\mu}(t)}{\beta}\right\|_2^2+\frac{\beta}{2}\left\|\boldsymbol{x}(t)-\boldsymbol{u}(t)-\frac{\boldsymbol{\gamma}(t)}{\beta}\right\|_2^2 \tag{5.17}
$$

上述问题由于卷积运算的存在，一阶最优条件无显式表达式，因此利用卷积定理，引入快速傅里叶变换算子 $\mathcal{F}$，可得到 $\boldsymbol{x}(t)$ 的频域等价优化问题为

$$
\underset{\boldsymbol{x}(\omega)}{\operatorname{argmin}}\ \frac{1}{2}\left\|\boldsymbol{y}(\omega)-\boldsymbol{F}\boldsymbol{x}(\omega)\right\|_2^2+\frac{\beta}{2}\left\|\boldsymbol{x}(\omega)-\boldsymbol{z}(\omega)-\frac{\boldsymbol{\mu}(\omega)}{\beta}\right\|_2^2+\frac{\beta}{2}\left\|\boldsymbol{x}(\omega)-\boldsymbol{u}(\omega)-\frac{\boldsymbol{\gamma}(\omega)}{\beta}\right\|_2^2 \tag{5.18}
$$

式中，$\boldsymbol{F}$ 为调制滤波器 $\boldsymbol{f}(t)$ 的频率托普利兹矩阵；ω 为频谱变量。

上述问题是二次优化问题，可直接得到最优解的闭式表达式，即

$$
\hat{\boldsymbol{x}}(\omega)=\left(\boldsymbol{F}^{\mathcal{H}}\boldsymbol{F}+2\beta\boldsymbol{I}\right)^{-1}\left(\boldsymbol{F}^{\mathcal{H}}\boldsymbol{y}(\omega)+\beta\boldsymbol{z}(\omega)+\boldsymbol{\mu}(\omega)+\beta\boldsymbol{u}(\omega)+\boldsymbol{\gamma}(\omega)\right) \tag{5.19}
$$

式(5.19)的主要计算成本在于$\left(\boldsymbol{F}^{\mathcal{H}}\boldsymbol{F}+2\beta\boldsymbol{I}\right)^{-1}$，然而，通过 Sherman-Morrison-Woodbury 逆矩阵公式可以快速求解，最后的故障源包络信息更新表达式为

$$\hat{\boldsymbol{x}}(t)=\mathcal{F}^{-1}\left(\hat{\boldsymbol{x}}(\omega)\right) \tag{5.20}$$

对于卷积调制滤波器$\boldsymbol{f}(t)$子优化问题，具有下面的形式：

$$\underset{\boldsymbol{f}(t)}{\operatorname{argmin}}\ \frac{1}{2}\left\|\boldsymbol{y}(t)-\boldsymbol{f}(t)*\boldsymbol{x}(t)\right\|_2^2+\frac{\beta}{2}\left\|\boldsymbol{f}(t)-\boldsymbol{h}(t)-\frac{\boldsymbol{v}(t)}{\beta}\right\|_2^2 \tag{5.21}$$

利用卷积的交换律，式(5.21)等价于

$$\underset{\boldsymbol{f}(t)}{\operatorname{argmin}}\ \frac{1}{2}\left\|\boldsymbol{y}(t)-\boldsymbol{x}(t)*\boldsymbol{f}(t)\right\|_2^2+\frac{\beta}{2}\left\|\boldsymbol{f}(t)-\boldsymbol{h}(t)-\frac{\boldsymbol{v}(t)}{\beta}\right\|_2^2 \tag{5.22}$$

对比此问题与$\boldsymbol{x}(t)$优化问题(5.17)，除变量名称的差异外，两者具有完全相同的形式，因此可类似地推导其闭式解为

$$\begin{aligned}&\hat{\boldsymbol{f}}(\omega)=\left(\boldsymbol{X}^{\mathcal{H}}\boldsymbol{X}+\beta\boldsymbol{I}\right)^{-1}\left(\boldsymbol{X}^{\mathcal{H}}\boldsymbol{y}(\omega)+\beta\boldsymbol{h}(\omega)+\boldsymbol{v}(\omega)\right)\\&\hat{\boldsymbol{f}}(t)=\mathcal{F}^{-1}\left(\hat{\boldsymbol{f}}(\omega)\right)\end{aligned} \tag{5.23}$$

下面求解$\boldsymbol{z}(t)$优化子问题，其目标函数为

$$\underset{\boldsymbol{z}(t)}{\operatorname{argmin}}\ \lambda\left\|\boldsymbol{z}(t)\right\|_1+\frac{\beta}{2}\left\|\boldsymbol{x}(t)-\boldsymbol{z}(t)-\frac{\boldsymbol{\mu}(t)}{\beta}\right\|_2^2 \tag{5.24}$$

利用邻近点算子理论，可以得到上述$\boldsymbol{z}(t)$优化子问题的闭式解为

$$\hat{\boldsymbol{z}}(t)=\operatorname{Prox}_{\lambda/\beta}\left(\boldsymbol{x}(t)-\frac{\boldsymbol{\mu}(t)}{\beta}\right) \tag{5.25}$$

式中，Prox$(\cdot)$定义为

$$\operatorname{Prox}_{\lambda/\beta}(s)=\operatorname{sign}(s)\odot\max\left(0,|s|-\lambda/\beta\right) \tag{5.26}$$

式中，sign$(\cdot)$为符号函数，是输入变量的符号；max$(\cdot)$为比较函数，取较大值；符号$\odot$表示向量或者矩阵的逐点运算操作。

$\boldsymbol{u}(t)$子问题具有下面的形式：

$$\underset{u(t)}{\operatorname{argmin}}\ \delta_{\mathcal{X}}\left(\boldsymbol{u}(t)\right)+\frac{\beta}{2}\left\|\boldsymbol{x}(t)-\boldsymbol{u}(t)-\frac{\boldsymbol{\gamma}(t)}{\beta}\right\|_2^2 \tag{5.27}$$

利用邻近点算子理论，可以得到$\boldsymbol{u}(t)$闭式表达式为

$$\hat{\boldsymbol{u}}(t)=\operatorname{Proj}_{\mathcal{X}}\left(\boldsymbol{x}(t)-\frac{\boldsymbol{\gamma}(t)}{\beta}\right) \tag{5.28}$$

对于$\boldsymbol{h}(t)$子问题，其优化目标函数为

$$\underset{h(t)}{\operatorname{argmin}}\ \delta_{\mathcal{C}}\left(\boldsymbol{h}(t)\right)+\frac{\beta}{2}\left\|\boldsymbol{f}(t)-\boldsymbol{h}(t)-\frac{\boldsymbol{v}(t)}{\beta}\right\|_2^2 \tag{5.29}$$

由于$\boldsymbol{h}(t)$与$\boldsymbol{f}(t)$之间存在补零运算，两者的长度不相同，限制了优化求解过程，因此引入补零算子$\mathcal{P}$，将上述问题等效转换为

$$\underset{h(t)}{\operatorname{argmin}}\ \delta_{\bar{\mathcal{C}}}\left(\mathcal{P}\left(\boldsymbol{h}(t)\right)\right)+\frac{\beta}{2}\left\|\boldsymbol{f}(t)-\mathcal{P}\left(\boldsymbol{h}(t)\right)-\frac{\boldsymbol{v}(t)}{\beta}\right\|_2^2 \tag{5.30}$$

式中，$\bar{\mathcal{C}}=\left\{\boldsymbol{h}(t)\middle\|\boldsymbol{h}(t)\|_2=1,\left(I-\mathcal{P}^{\mathrm{T}}\mathcal{P}\right)\boldsymbol{h}(t)=0\right\}$。

利用投影算子得到闭式解，即

$$\mathcal{P}\left(\hat{\boldsymbol{h}}(t)\right)=\begin{cases}\mathcal{P}\left(\mathcal{P}^{\mathrm{T}}(S)\right), & \left\|\mathcal{P}\left(\mathcal{P}^{\mathrm{T}}(S)\right)\right\|_2\leqslant 1\\ \dfrac{\mathcal{P}\left(\mathcal{P}^{\mathrm{T}}(S)\right)}{\left\|\mathcal{P}\left(\mathcal{P}^{\mathrm{T}}(S)\right)\right\|_2}, & \left\|\mathcal{P}\left(\mathcal{P}^{\mathrm{T}}(S)\right)\right\|_2>1\end{cases} \tag{5.31}$$

式中，$S=\boldsymbol{f}(t)-\boldsymbol{v}(t)/\beta$。

同时，为了保证调制卷积滤波器的有效支撑长度为L，再次更新$\boldsymbol{h}(t)$

$$\hat{\boldsymbol{h}}(t)=\mathcal{P}^{\mathrm{T}}\left(\mathcal{P}\left(\hat{\boldsymbol{h}}(t)\right)\right) \tag{5.32}$$

最后，变量$\boldsymbol{\mu}(t)$、$\boldsymbol{\gamma}(t)$和$\boldsymbol{v}(t)$相关的问题均是分离的对偶优化问题，直接得到更新表达式为

$$\begin{aligned}\hat{\boldsymbol{\mu}}(t)&=\boldsymbol{\mu}(t)-\beta\left(\hat{\boldsymbol{x}}(t)-\hat{\boldsymbol{z}}(t)\right)\\ \hat{\boldsymbol{\gamma}}(t)&=\boldsymbol{\gamma}(t)-\beta\left(\hat{\boldsymbol{x}}(t)-\hat{\boldsymbol{u}}(t)\right)\\ \hat{\boldsymbol{v}}(t)&=\boldsymbol{v}(t)-\beta\left(\hat{\boldsymbol{f}}(t)-\hat{\boldsymbol{h}}(t)\right)\end{aligned} \tag{5.33}$$

循环执行上述各个子问题的更新表达式，直到满足最大迭代次数，获得故障源包络信号的估计 $\boldsymbol{x}^*$ 和传递路径调制滤波器 $\boldsymbol{f}(t)$，具体的迭代过程详见算法 5.1。

算法 5.1　NBConvSLM 迭代求解算法

输入： 测试信号 $\boldsymbol{y}$、正则化参数 λ、卷积滤波器长度 L、包络上界 B、最大迭代次数 K。

初始化： 设置 $k=0$，随机初始化卷积滤波器 $\boldsymbol{f}\in\mathbb{R}^{L\times 1}$，$\boldsymbol{x}^1=\boldsymbol{y}$，$\boldsymbol{z}^1=\boldsymbol{x}^1$，$\boldsymbol{u}^1=\boldsymbol{x}^1$，$\boldsymbol{h}^1=\boldsymbol{f}$，$\boldsymbol{\mu}^1=\boldsymbol{x}^1$，$\boldsymbol{\gamma}^1=\boldsymbol{x}^1$，$\boldsymbol{\nu}^1=\boldsymbol{f}(t)$，$\boldsymbol{\beta}^1=1/\text{mean}(\text{abs}(\boldsymbol{y}))$。

主循环： 执行以下迭代步骤，直到迭代次数 $k=K$。

(1) 包络特征 $\boldsymbol{x}$ 更新。

$\hat{\boldsymbol{x}}^{k+1}(\omega)\leftarrow\left(\boldsymbol{F}^{\mathcal{H}}\boldsymbol{F}+2\beta\boldsymbol{I}\right)^{-1}\left(\boldsymbol{F}^{\mathcal{H}}\boldsymbol{y}(\omega)+\beta\boldsymbol{z}^k(\omega)+\boldsymbol{\mu}^k(\omega)+\beta\boldsymbol{u}^k(\omega)+\boldsymbol{\gamma}^k(\omega)\right)$

$\boldsymbol{x}^{k+1}\leftarrow\mathcal{F}^{-1}\left(\hat{\boldsymbol{x}}^{k+1}(\omega)\right)$。

(2) 卷积滤波器 $\boldsymbol{f}$ 更新。

$\hat{\boldsymbol{f}}^{k+1}(\omega)\leftarrow(\boldsymbol{X}^{\mathcal{H}}\boldsymbol{X}+\beta\boldsymbol{I})^{-1}\left(\boldsymbol{X}^{\mathcal{H}}\boldsymbol{y}(\omega)+\beta\boldsymbol{h}^k(\omega)+\boldsymbol{\nu}^k(\omega)\right)$

$\boldsymbol{f}^{k+1}\leftarrow\mathcal{F}^{-1}\left(\hat{\boldsymbol{f}}^{k+1}(\omega)\right)$。

(3) 变量 $\boldsymbol{z}$ 更新。

$\boldsymbol{z}^{k+1}\leftarrow\text{Prox}_{\lambda/\beta}\left(\boldsymbol{x}^{k+1}-\dfrac{\boldsymbol{\mu}^k}{\beta}\right)$。

(4) 变量 $\boldsymbol{u}$ 更新。

$\boldsymbol{u}^{k+1}\leftarrow\text{Proj}_{\mathcal{X}}\left(\boldsymbol{x}^{k+1}-\dfrac{\boldsymbol{\gamma}^k}{\beta}\right)$。

(5) 变量 $\boldsymbol{h}$ 更新。

$\boldsymbol{h}^{k+1}\leftarrow\mathcal{P}^{\mathrm{T}}(\mathcal{P}(\hat{\boldsymbol{h}}^{k+1}))$。

(6) 对偶乘子变量更新。

$\boldsymbol{\mu}^{k+1}\leftarrow\boldsymbol{u}^k-\beta\left(\boldsymbol{x}^{k+1}-\boldsymbol{z}^{k+1}\right)$

$\boldsymbol{\gamma}^{k+1}\leftarrow\boldsymbol{\gamma}^k-\beta\left(\boldsymbol{x}^{k+1}-\boldsymbol{u}^{k+1}\right)$

$\boldsymbol{\nu}^{k+1}\leftarrow\boldsymbol{\nu}^k-\beta\left(\boldsymbol{f}^{k+1}-\boldsymbol{h}^{k+1}\right)$。

输出： 包络特征信号 $\boldsymbol{x}^*$，卷积滤波器 $\boldsymbol{f}^*$。

下面讨论提出的算法 5.1 的计算复杂度 $\mathcal{T}_{\text{NBConvSLM}}$。从算法 5.1 的迭代格式可以发现，对于信号长度为 m 的信号 $\boldsymbol{x}$，第一步的计算成本主要为傅里叶变换和与傅里叶矩阵相关的矩阵求逆运算，利用快速傅里叶变换，其计算成本近似为 $\mathcal{O}(m\lg m)$。第二步与第一步具有相似的优化目标函数，并且具有类似的闭式解表达式，因此其计算复杂度与第一步近似相同 $\mathcal{O}(m\lg m)$。算法中的软阈值算子和投影算子均是对向量进行逐点标量运算，因此计算复杂度为 $\mathcal{O}(m)$ 。整个算法中其余步骤的运算主要为向量的加法、减法或者与标量的乘除运算，因此需要的计算成本为 $\mathcal{O}(m)$ 。综上，提出算法的总复杂度为

$$
\begin{aligned}
\mathcal{T}_{\text{NBConvSLM}} &\approx \mathcal{O}\left(K\left(2m\lg m+3m\right)\right) \\
&\approx \mathcal{O}\left(K\left(m\left(2\lg m+3\right)\right)\right) \\
&\approx \mathcal{O}\left(2Km\lg m\right)
\end{aligned}
\tag{5.34}
$$

式中，K 为算法的总迭代次数。

提出算法的主要计算成本与快速傅里叶变换的计算成本相同，表明提出算法具有较高的计算效率。

5.2 非负有界卷积稀疏结构仿真分析

本节通过多类数值仿真信号来评估提出的非负有界卷积稀疏学习模型的有效性，采用三类代表性的解调技术(最小熵解卷积(MED)算法、最大相关峭度解卷积(maximum correlation kurtosis deconvolution, MCKD)算法、多点最优最小熵解卷积(multipoint optimal minimum entropy deconvolution adjusted, MOMEDA)算法)做对比分析，从而全面地考查提出的解卷模型的性能。

1. 白噪声信号

为评估四类算法对白噪声的误检水平，设计了如图 5.5 所示的仿真白噪声信号。可以看出，在时域中无明显的规则性信息，频谱中的分量近似满足均匀一致分布，因此仿真信号可作为真实的白噪声输入。四类算法的白噪声解卷结果如图 5.6 所示。可以看出，除 MED 算法得到一个孤立的大幅值冲击外，其余三类算法的结果均没有获得任何有意义的特征分量，因此本章提出的算法对噪声成分不敏感，不会导致误检。

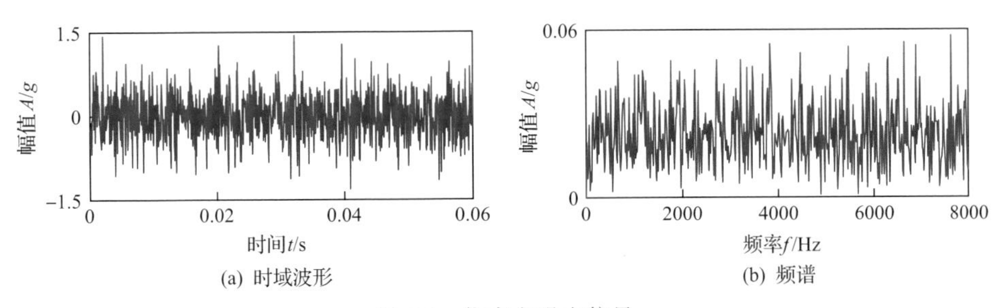

图 5.5 仿真白噪声信号

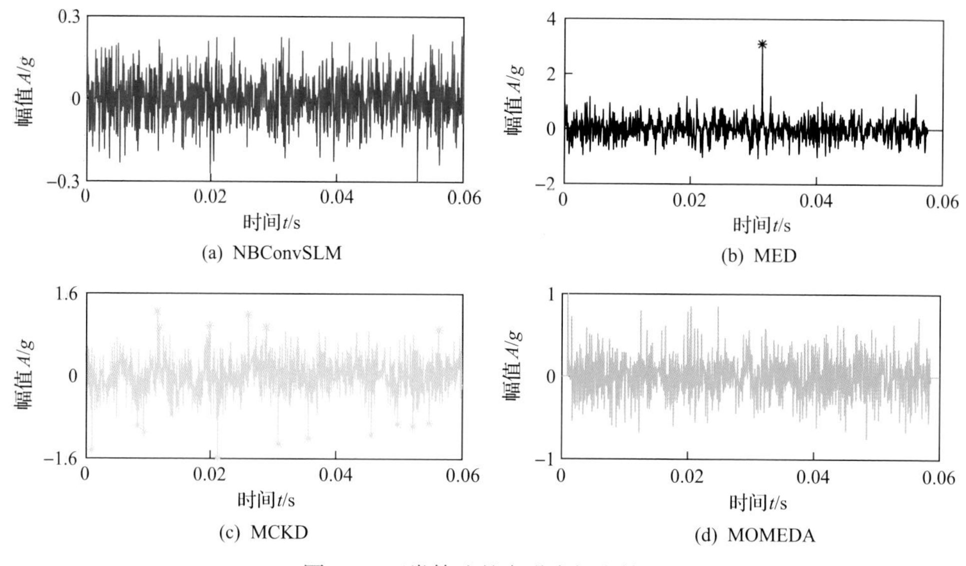

(a) NBConvSLM　(b) MED　(c) MCKD　(d) MOMEDA

图 5.6　四类算法的白噪声解卷结果

2. 冲击故障源信号

为评估直接利用传递路径调制 $\boldsymbol{f}(t)$ 进行建模的优势，把四类解调算法应用于图 5.3(d)所示的卷积响应信号 $\boldsymbol{r}(t)$，冲击故障源信号的解卷结果如图 5.7 所示。可以看出，本章提出的算法完美地恢复了故障源包络信号 $\boldsymbol{x}(t)$，而 MED 算法解卷得到的源信号不仅因相位信息误差产生相反的幅值，而且部分冲击无法有效捕捉。MCKD 算法几乎发现了所有的冲击故障源信号，但是幅值较小，同样存在相位导

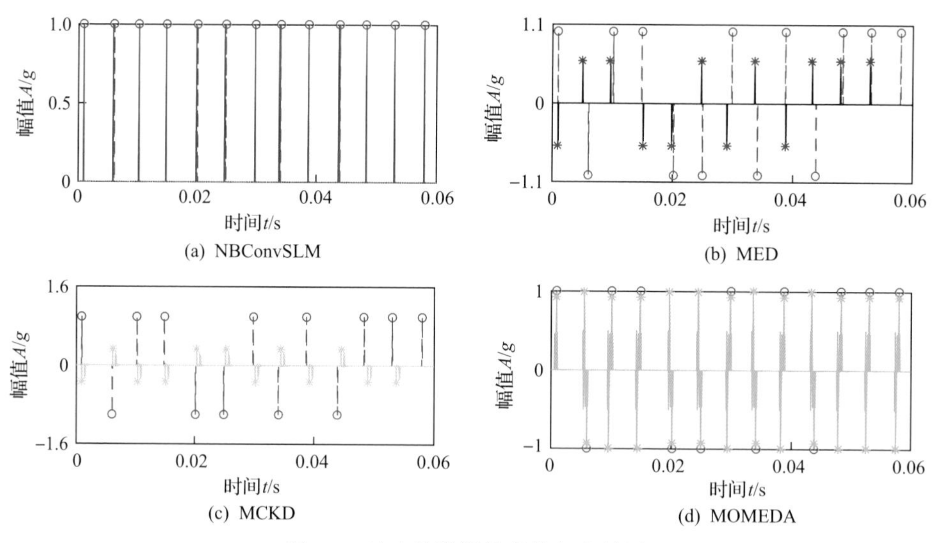

(a) NBConvSLM　(b) MED　(c) MCKD　(d) MOMEDA

图 5.7　冲击故障源信号的解卷结果

致幅值不一致问题。MOMEDA 算法捕捉了所有的冲击和幅值，但是解卷波形与真实的冲击故障源有较大的误差。冲击源解卷过程中的逆滤波器如图 5.8 所示。可以看出，NBConvSLM 算法的传递路径卷积滤波器响应与图 5.3(c) 中的真实响应波形具有高度的一致性，而其余三类解调算法的滤波器响应与真实响应差距较大，无法有效地刻画传递路径的本质结构。因此，采用 NBConvSLM 技术可直接得到冲击故障源的包络信号，有效地降低模型参数空间的自由度，增强算法特征辨识的能力，此外，学习的卷积滤波器准确地描述了传递路径的调制效应。

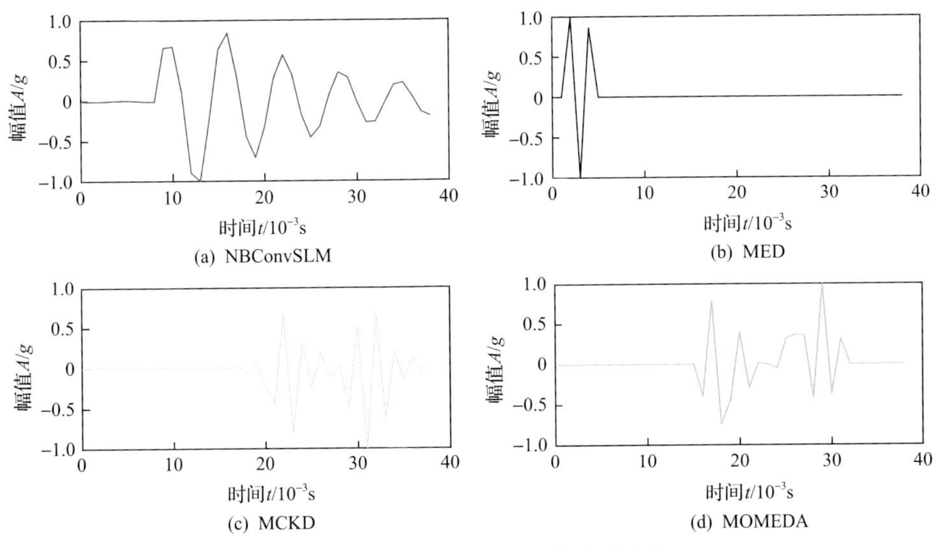

图 5.8 冲击源解卷过程中的逆滤波器

3. 冲击噪声混合信号

冲击噪声混合信号如图 5.9 所示，大部分冲击波形均被噪声所淹没。噪声干扰下四类解卷技术的特征辨识结果如图 5.10 所示。可以看出，采用非负有界卷积稀疏学习技术几乎检测到了所有冲击源包络信息，而采用其余三类解卷技术除保留了大量的噪声成分外，提取的冲击源信号幅值还具有严重的扭曲放大现象，因

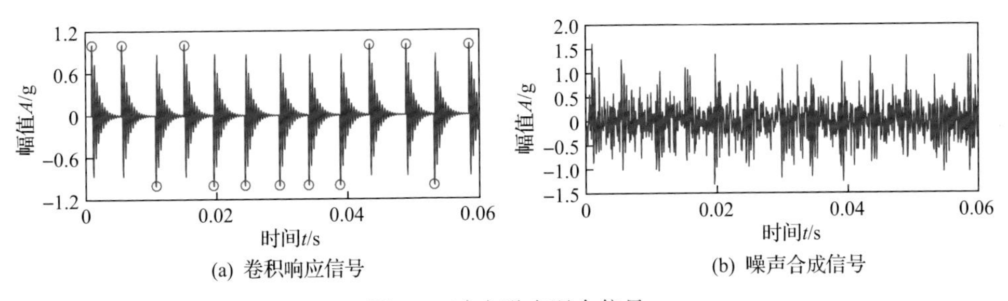

图 5.9 冲击噪声混合信号

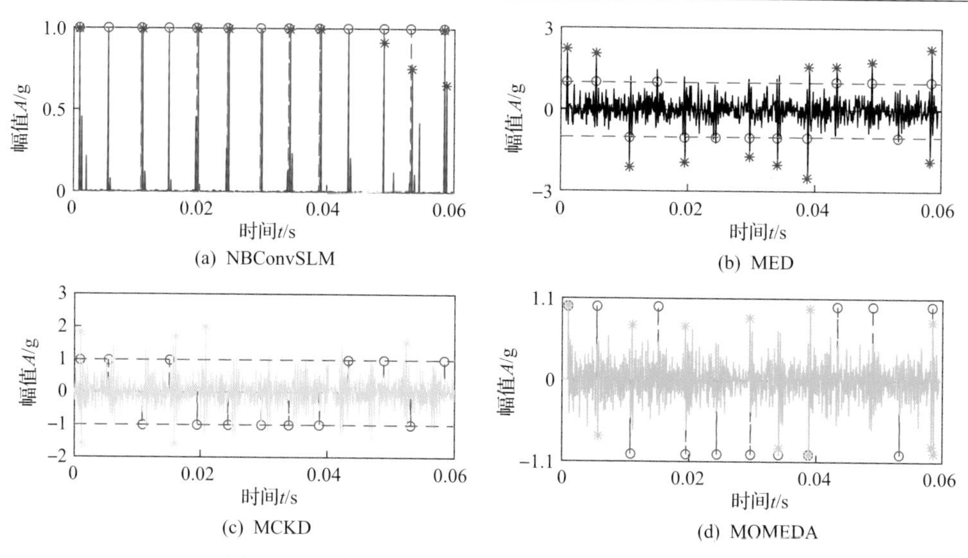

图 5.10　噪声干扰下四类解卷技术的特征辨识结果

此，非负有界卷积稀疏学习技术具有很好的抗噪能力。

4. 冲击谐波噪声混合信号

为评估 NBConvSLM 算法在谐波和噪声干扰下的解卷表现，合成仿真信号如图 5.11(a)所示，冲击波形完全淹没在谐波和噪声的干扰中，从频谱图 5.11(b)中可以看出谐波成分显著的一倍频和二倍频分量。

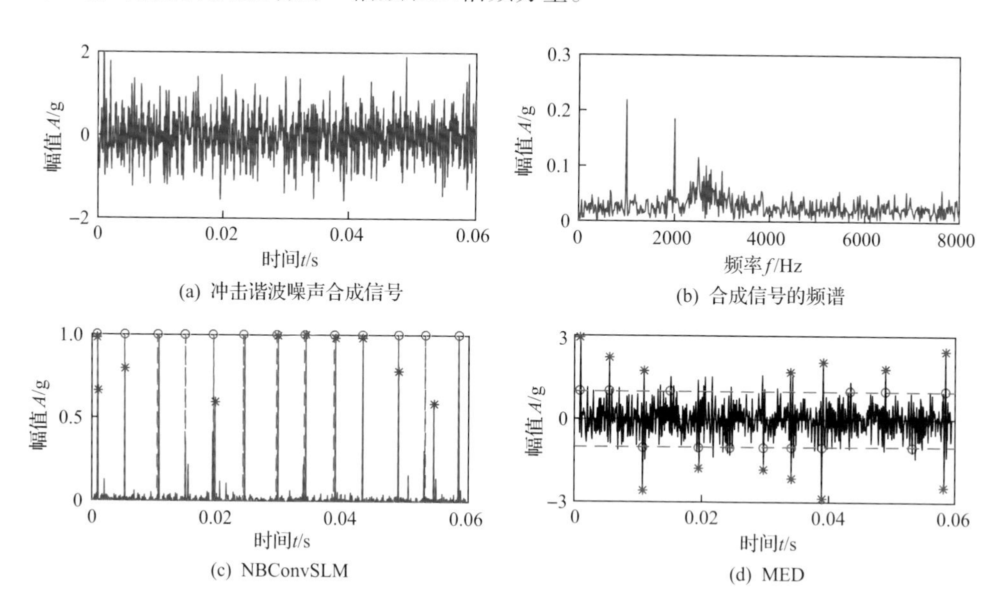

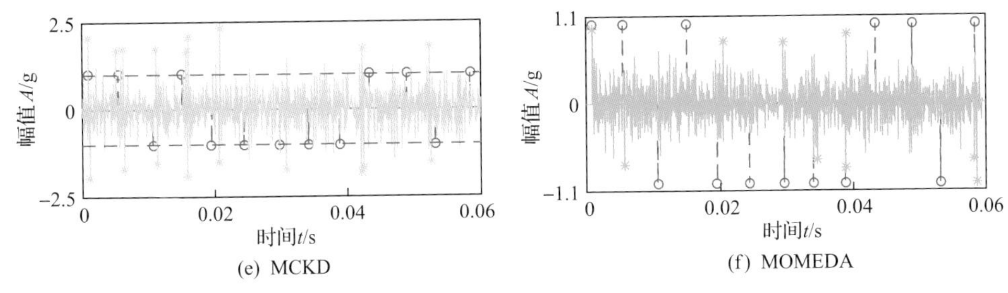

(e) MCKD　(f) MOMEDA

图5.11　谐波和噪声干扰下四类解卷技术的特征辨识结果

谐波和噪声干扰下四类解卷技术的特征辨识结果如图5.11(c)～(f)所示。从图中可以看出，采用NBConvSLM几乎成功地检测到了包络信号中所有冲击包络成分，而采用其余解卷算法的波形中，噪声成分占据了主导地位，冲击序列的周期模式难以准确辨识，冲击信号的幅值存在严重的失真。因此，NBConvSLM在复杂的混合信号中仍然具有满意的故障源包络信息检测能力。

5. 调制冲击谐波噪声混合信号

在实际的工程信号中，故障源的冲击包络信号一般还会受到其余成分的调制，因此构造如图5.12所示的调制冲击谐波噪声混合信号。可以看出，包络信号的调制分量使得部分冲击源序列具有不同的幅值水平，加之谐波和噪声的干扰，恢复冲击信号及其调制模式是非常具有挑战的盲解调任务。四类解卷技术的特征辨识结果如图5.13所示，可以看出，采用NBConvSLM不但完全移除了谐波和噪声成分，而且恢复了冲击故障源的包络特征，更重要的是，几乎完全检测到了包络信

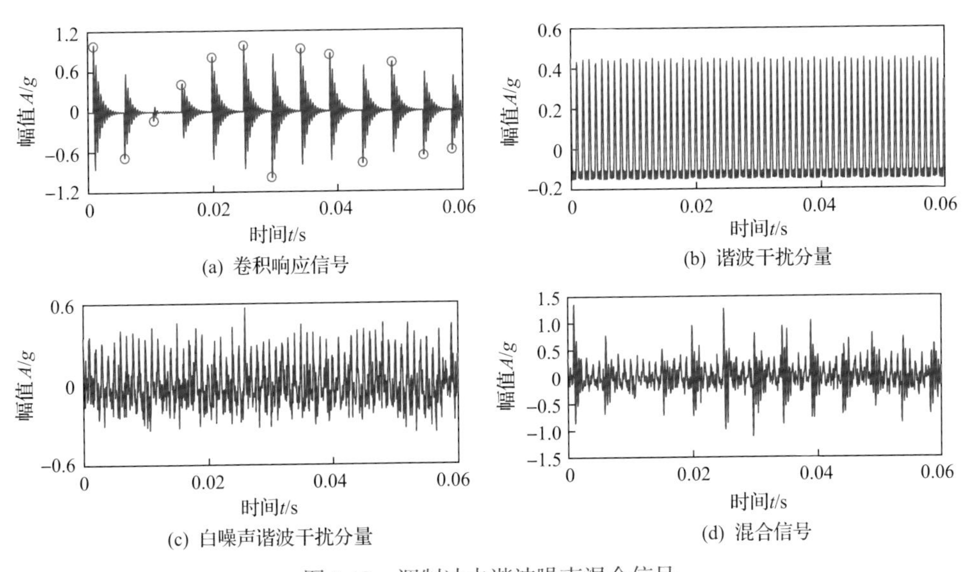

(a) 卷积响应信号　(b) 谐波干扰分量

(c) 白噪声谐波干扰分量　(d) 混合信号

图5.12　调制冲击谐波噪声混合信号

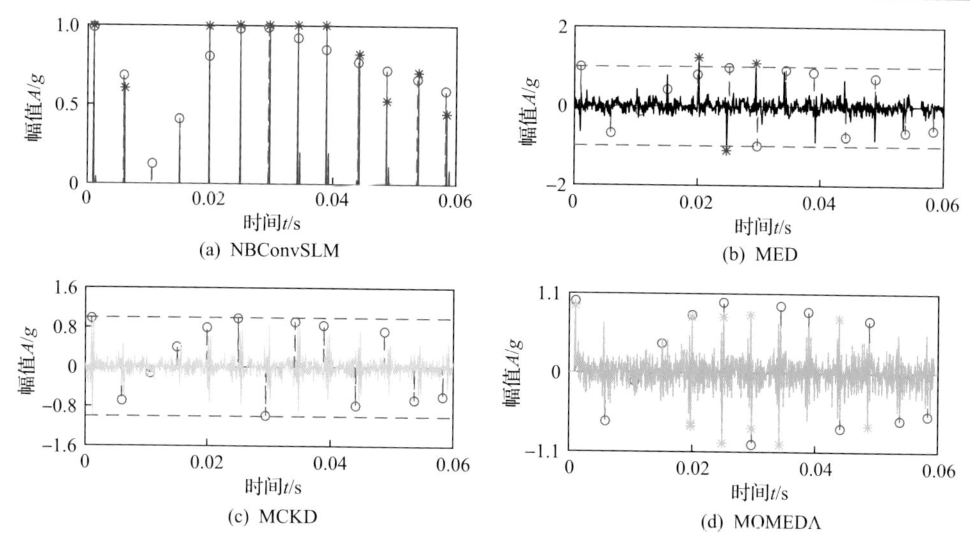

(a) NBConvSLM　(b) MED　(c) MCKD　(d) MOMEDA

图 5.13　四类解卷技术的特征辨识结果

号的调制模式，而采用其余三类解调技术得到的故障源信息不但具有大量的干扰成分，而且许多冲击序列也没有被可靠地检测出来，冲击序列的幅值调制效果也不佳。因此，提出的非负有界卷积稀疏学习技术对于源包络信号的幅值调制模式也具有满意的辨识能力。

5.3　CWRU 轴承振动信号实例分析

为测试非负有界卷积稀疏学习技术在实际测试信号中的解卷表现，把该技术应用于美国凯斯西储大学(Case Western Reserve University，CWRU)轴承数据集的特征辨识任务中[15]。CWRU 轴承数据集已经被广大的研究者视为评估标准算法的测试数据。Smith 等[16]对此数据集中的每类故障利用经典的故障检测算法进行了全面的分析，并把所有的数据归纳为三类：故障明显(Y)、故障微弱(P)、无法诊断(N)。被标记为 P 类或 N 类的故障建议用新提出的算法进行性能分析。本节以编号为 277DE 的内圈轴承故障为辨识对象，其诊断难度被标记为 P，此外，用于测试 277DE 数据的传感器位于电机驱动端，远离故障轴承的风扇端位置，使得测试的信号中耦合有大量的干扰信息，进一步增加了特征辨识的难度。

基于 CWRU 算法的试验记录文档可知，轴承诊断任务 277DE 中的特征频率为 142.9Hz，旋转频率为 28.9Hz，采样频率为 12kHz。选取 10s 的测试数据为分析对象，其时域波形和包络谱如图 5.14 所示，包络谱中的转频 RF 和其倍频分量占优，156.4Hz 的干扰成分(LMCF)和倍频较为明显。虽然故障特征频率 BPFI 和其二倍频可见，但是相对比较微弱，不容易辨识，容易导致漏检。

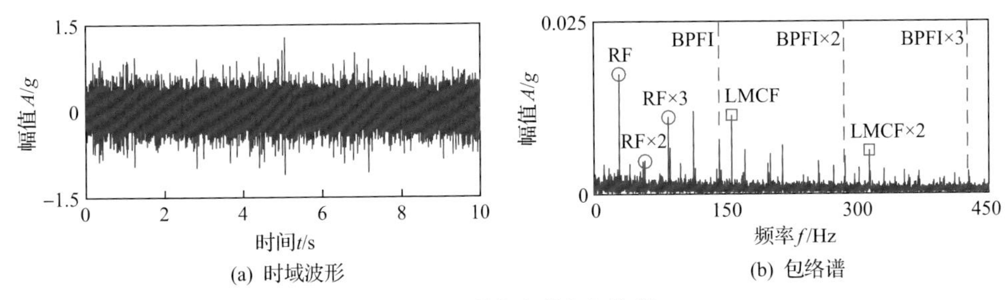

(a) 时域波形　(b) 包络谱

图 5.14　时域波形和包络谱

应用本章提出的非负有界卷积稀疏学习技术对测试信号进行分析，NBConvSLM 解卷算法检测结果如图 5.15 所示。从检测的时域波形可知，提出的技术直接捕捉了轴承故障源的冲击特征包络。包络谱中的故障特征频率 BPFI 和其二、三倍频占据了主要的能量，干扰成分的能量相对较为微弱，表明提出的技术可有效地提升轴承故障信息的显著度，为维护人员辨识特征提供保障。

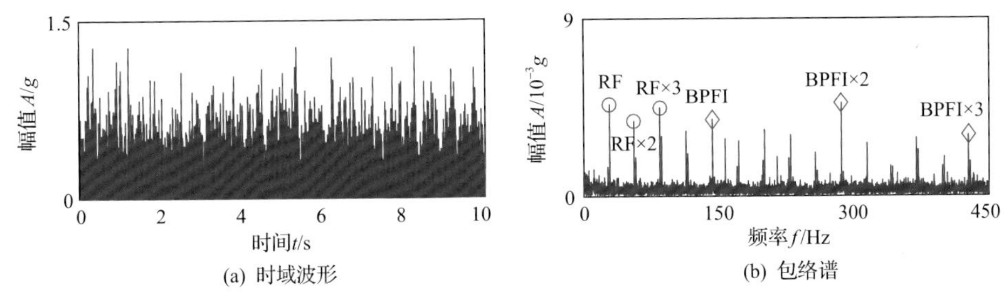

(a) 时域波形　(b) 包络谱

图 5.15　NBConvSLM 解卷算法检测结果

三类对比解卷算法的检测结果如图 5.16 所示，MED 算法增强了时域波形的冲击特征，但是其包络谱中的轴承特征信息被严重移除，反而极大地促进了干扰频率 LMCF 及其倍频，因此 MED 算法没有成功地检测出轴承特征信息。MCKD 算法的波形中存在单个大幅值离散冲击，包络谱中干扰频率 LMCF 占据了主要的地位，使得轴承故障辨识精度较低。MOMEDA 算法尽管成功地检测到了轴承内圈特征频率 BPFI 和其二倍频，但是能量幅值为 10^{-5} 数量级，加之特征信息的时域波形具有显著的直流分量，相比图 5.15 中提出算法的检测结果，其特征辨识表现相对欠优。

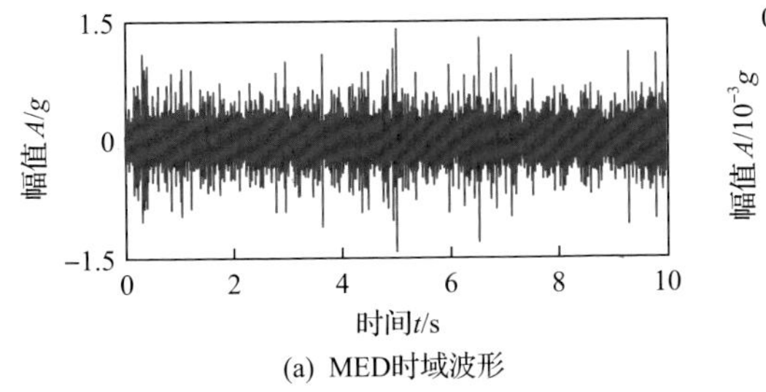

(a) MED时域波形

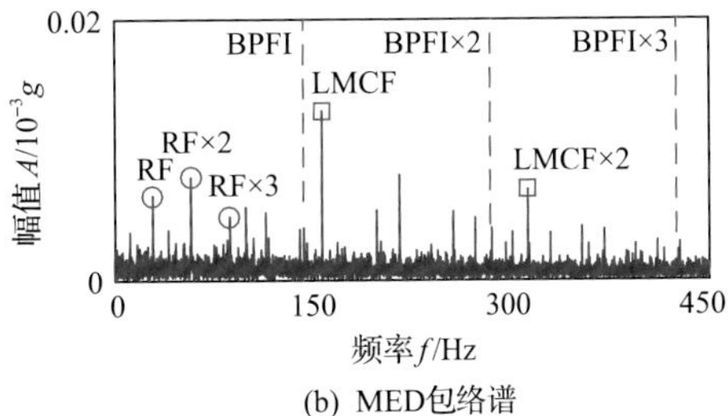

(b) MED包络谱

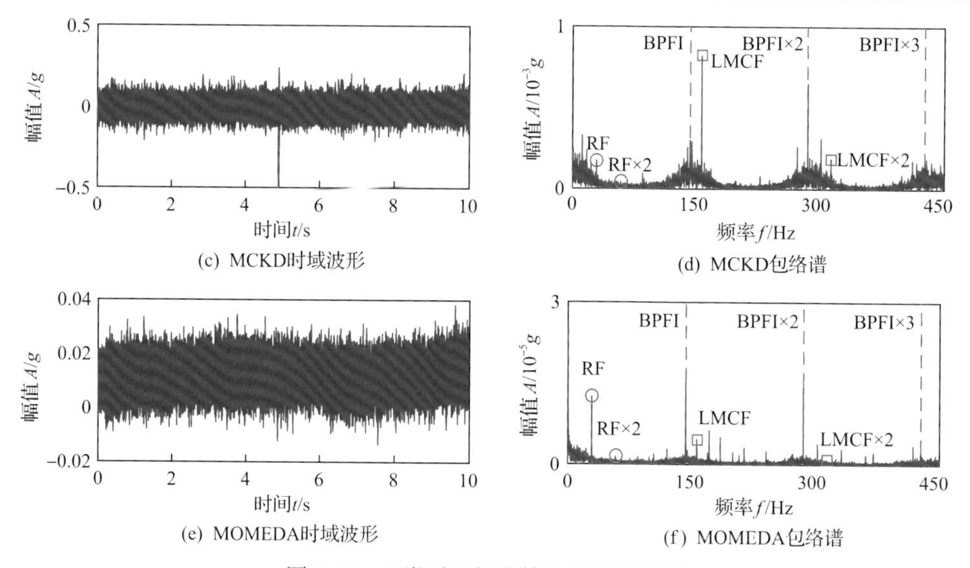

(c) MCKD时域波形 (d) MCKD包络谱

(e) MOMEDA时域波形 (f) MOMEDA包络谱

图 5.16 三类对比解卷算法的检测结果

参 考 文 献

[1] Liu H, Yan L X, Chang Y, et al. Spectral deconvolution and feature extraction with robust adaptive Tikhonov regularization. IEEE Transactions on Instrumentation and Measurement, 2013, 62(2): 315-327.

[2] Du Z H, Chen X F, Zhang H. Convolutional sparse learning for blind deconvolution and application on impulsive feature detection. IEEE Transactions on Instrumentation and Measurement, 2018, 67(2): 338-349.

[3] 蔡艳平, 李艾华, 石林锁, 等. 基于盲解卷积的柴油机振动信号分离研究. 振动与冲击, 2010, 29(9): 38-41, 240.

[4] Lee J Y, Nandi A K. Extraction of impacting signals using blind deconvolution. Journal of Sound and Vibration, 2000, 232(5): 945-962.

[5] Jia F, Lei Y G, Shan H K, et al. Early fault diagnosis of bearings using an improved spectral kurtosis by maximum correlated kurtosis deconvolution. Sensors, 2015, 15(11): 29363-29377.

[6] Jia X D, Zhao M, Buzza M, et al. A geometrical investigation on the generalized l_p/l_q norm for blind deconvolution. Signal Processing, 2017, 134: 63-69.

[7] Li G, Zhao Q. Minimum entropy deconvolution optimized sinusoidal synthesis and its application to vibration based fault detection. Journal of Sound and Vibration, 2017, 390: 218-231.

[8] Chen X L, Feng F Z, Zhang B Z. Weak fault feature extraction of rolling bearings based on an improved kurtogram. Sensors, 2016, 16(9): 1482.

[9] Miao Y H, Zhao M, Lin J, et al. Sparse maximum harmonics-to-noise-ratio deconvolution for

weak fault signature detection in bearings. Measurement Science and Technology, 2016, 27(10): 105004.

[10] Jia X D, Zhao M, Di Y, et al. Investigation on the kurtosis filter and the derivation of convolutional sparse filter for impulsive signature enhancement. Journal of Sound and Vibration, 2017, 386: 433-448.

[11] Liu J, Shao Y M. Dynamic modeling for rigid rotor bearing systems with a localized defect considering additional deformations at the sharp edges. Journal of Sound and Vibration, 2017, 398: 84-102.

[12] Oktav A, Yilmaz C, Anla G. Transfer path analysis: Current practice, trade-offs and consideration of damping. Mechanical Systems and Signal Processing, 2017, 85: 760-772.

[13] Singh S, Howard C Q, Hansen C H. An extensive review of vibration modelling of rolling element bearings with localised and extended defects. Journal of Sound and Vibration, 2015, 357: 300-330.

[14] Wiggins R A. Minimum entropy deconvolution. Geoexploration, 1978, 16(1-2): 21-35.

[15] Loparo K A. Bearing data center. Cleveland: Case Western Reserve University, 2013.

[16] Smith W A, Randall R B. Rolling element bearing diagnostics using the Case Western Reserve University data: A benchmark study. Mechanical Systems and Signal Processing, 2015, 64: 100-131.

第 6 章　非局部相似结构

航空发动机结构损伤是飞行事故的主要诱因之一。主轴轴承工作条件恶劣，常工作于高转速、高温且温度变化大、大负荷且负荷变化大的条件下，故障易发，开展航空发动机轴承的早期故障诊断对于避免灾难事故、降低发动机全生命周期维护成本具有重要的意义。一般用轴承的 *DN*(*D* 为轴承内径，单位为 mm；*N* 为轴承转速，单位为 r/min)值来代表轴承速度特性。当 *DN* 值大于1.0×10^6时，为高速轴承[1]，一般地面机械所用轴承的 *DN* 值绝大部分均低于此值。表 6.1 列举了几台典型航空发动机主轴承的 *DN* 值。

表 6.1　几台典型航空发动机主轴承的 *DN* 值

发动机型号	*DN* 值
WP6	1.0×10^6
WP7	1.56×10^6
WJ5	1.36×10^6
JT3D	1.47×10^6
JT8D	1.6×10^6
JT9D	1.7×10^6
F100	2.2×10^6

大 *DN* 值特性是航空轴承损伤的主要原因之一。高速非平稳工况改变了轴承内外圈的应力分布、滚动体的循环形变和材料的疲劳周期，轴承滚子离心力较大，使得滚子与外圈滚道间的接触应力增大，摩擦热量增大，轴承温度升高，降低了润滑油的黏度，减少了有效油膜层的厚度，增加了轴承元件之间的游隙，加速了轴承元件的磨损[2,3]。因此，对大 *DN* 值轴承早期微弱损伤动态响应特征的提取，是航空发动机健康监测与故障诊断的关键技术之一。

大 *DN* 值轴承的故障动态响应和传统旋转机械轴承的故障动态响应有明显差异，具体表现为其时域波形呈现混叠变异性，频域冲击信息频带弥散特性。上述两方面特性难以满足经典轴承诊断原理的假设。另外，航空发动机的结构复杂，转子振动、附件齿轮传动系统振动和轴承故障相互耦合，加之流体动力干扰和强烈的环境噪声影响，大 *DN* 值轴承故障特征不仅具有混叠变异性，而且呈现微弱性、非平稳性和多源耦合性，使得航空发动机轴承故障诊断极为困难。

本章针对上述问题，提出非局部相似结构稀疏学习算法，如图 6.1 所示。首先，探索故障特征的非局部相似结构先验，并依据该先验知识建立特征的非局部相似结构吸引子和稀疏聚类学习字典；然后，将非局部相似结构吸引子代入稀疏聚类字典学习模型，得到非局部相似结构稀疏学习模型，并推导该模型的优化求解算法，从而实现大 *DN* 值轴承混叠变异特征的辨识和早期故障的诊断；最后，通过仿真分析和大 *DN* 值航空轴承故障模拟试验，验证算法在航空轴承早期微弱故障诊断中的有效性。

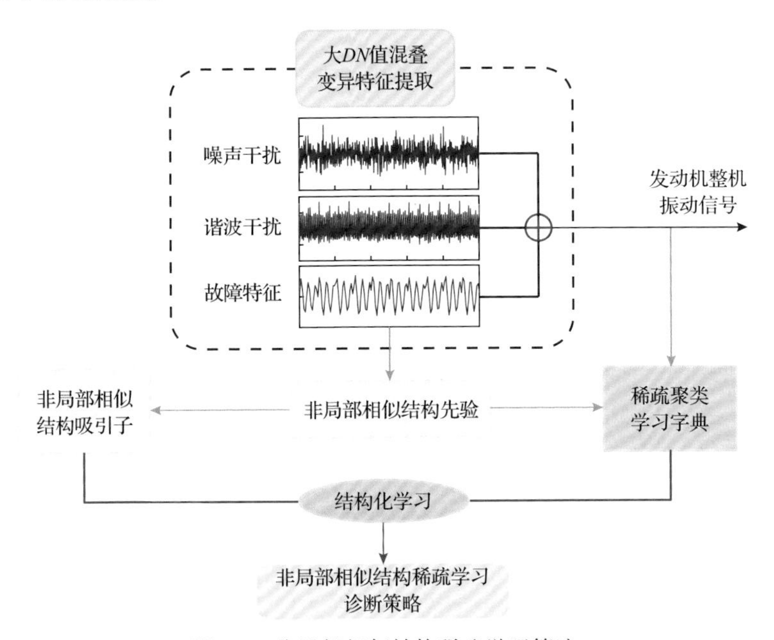

图 6.1 非局部相似结构稀疏学习算法

非局部相似结构稀疏学习算法的优势主要体现在两方面：一方面，该算法通过非局部相似结构吸引子构建非局部相似正则约束，有效增强了特征的显著性，衰减了无关干扰信息；另一方面，利用自适应稀疏聚类字典学习算法来构造特征的稀疏表示字典，不仅克服了解析类字典(如小波变换)描述能力不足的问题，解决了经典稀疏学习算法仅能表征信号中主成分的固有缺陷，而且增加了字典对于多样性细节特征的表示能力。

6.1 大 *DN* 值航空轴承响应分析及诊断研究现状

6.1.1 大 *DN* 值航空轴承动态响应特性分析

本节在经典动力学理论的指导下，聚焦于分析转速变化对轴承动态响应的影响，并揭示其时域混叠效应和频域冲击信息频带弥散机理。

当轴承的滚动元件发生局部损伤时，滚动元件每经过该局部损伤点都会产生一个突变的脉冲激振力，该脉冲激振力在频域内是一个宽频信号，因此必然会激发系统的固有振动[4]。对于一个单自由度的弹簧刚度阻尼系统，在脉冲激振力的作用下，系统的单位冲击响应为初始速度不为零的自由振动，其振动响应为

$$\begin{aligned} r(t) &= a\exp\left(-2\pi\frac{\zeta}{\sqrt{1-\zeta^2}}f_{\mathrm{d}}t\right)\sin(2\pi f_{\mathrm{d}}t+\phi_0) \\ &= a\exp(-D_{\mathrm{p}}t)\sin(2\pi f_{\mathrm{d}}t+\phi_0) \end{aligned} \tag{6.1}$$

式中，a为激振力的幅值；ζ为系统的阻尼比；f_{d}为系统的阻尼振动频率；ϕ_0为振动响应的初始相位；D_{p}为系统的振动衰减系数，由阻尼比和固有频率决定。响应是一种振幅按照指数规律衰减的简谐振动，称为衰减振动。衰减振动的频率即系统的阻尼固有频率，振幅衰减的快慢取决于衰减系数。系统单位冲击响应的时域波形如图 6.2(a)所示，其对应频谱如图 6.2(b)所示。

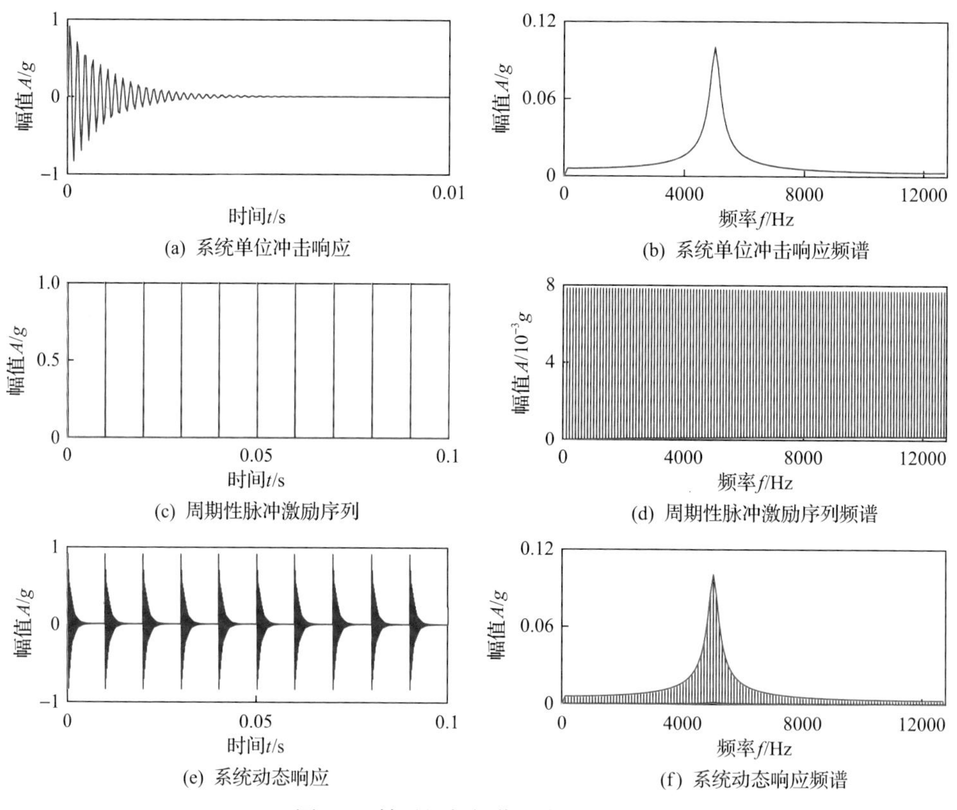

图 6.2　轴承局部损伤动态响应机理

当轴承在稳定工况下恒速运行时，其局部损伤点与其接触面之间产生周期性的脉冲激振力序列，该激振力序列可用周期性单位冲击函数来描述，考虑轴承的接触载荷分布函数 $q(t)$，得到如下激振力序列：

$$F(t)=\sum_{i=1}^{K}q(t)\delta\left(t-\frac{i}{f_{\mathrm{c}}}\right) \tag{6.2}$$

式中，δ 为单位冲击函数；$\delta(t-\tau)$ 除了时刻 τ 有值外，其余时刻均为 0；f_{c} 为冲击力序列的频率，也是局部损伤点所在轴承元件的通过频率。

该激振力的频域响应为

$$F(f)=\sum_{i=1}^{K}b_i\delta(f-if_{\mathrm{c}}) \tag{6.3}$$

式中，b_i 为频域内谱线 if_{c} 的幅值，相邻两根谱线之间的频率间隔即为轴承的故障特征频率。图 6.2(c) 和 (d) 分别为周期性脉冲激励序列的时域波形和频谱。

系统的动态响应本质上为激振力序列 $F(t)$ 和系统冲击响应 $r(t)$ 的卷积和，即

$$x(t)=F(t)*r(t)=\sum_{i=1}^{K}a_i r\left(t-\frac{i}{f_{\mathrm{c}}}-\tau_k+\varphi\right) \tag{6.4}$$

式中，τ_k 为随机滑动因子，反映轴承的打滑现象，打滑越明显，该随机滑动因子越大。系统动态响应波形如图 6.2(e) 所示。由卷积定理可知，系统动态响应的频谱为激振力序列的频谱 $F(f)$ 和系统冲击响应的频谱 $r(f)$ 的乘积，如图 6.2(f) 所示。从图中可以看出，轴承局部损伤的动态响应在时域内表征为一系列间隔为故障周期的振荡衰减冲击信号，在频域内由一系列间隔为故障特征频率的谱线组成，另外，频谱中落入共振区的谱线的幅值被明显放大。

定义冲击响应信号的幅值从最大值衰减到 –3dB 的时间历程为冲击响应信号的持续期 τ：

$$\tau=\frac{\ln 10(-3/20)}{D} \tag{6.5}$$

结合式(6.1)和式(6.5)，可以看出冲击响应信号的持续期仅取决于系统的固有频率和阻尼比，并不随轴承转速工况的变化而变化。由轴承的故障动力学机理可知，轴承的故障特征频率和轴承的转速成正比，即

$$f_{\mathrm{c}}=cf_{\mathrm{r}} \tag{6.6}$$

式中，c 为常数，由轴承的参数决定；f_r 为轴承的转速。

因此，随着轴承转速的提高，相邻两个冲击成分的时间间隔 $T_c = 1/f_c$ 减小，当 $T_c < \tau$ 时，相邻两个冲击出现混叠，转速越高，混叠越严重。

为对比高速轴承和中低速轴承动态响应的差异性，分别构造如下三个仿真信号：

$$x_1(t) = \sum_{k=1}^{K} r\left(t - \frac{k}{f_1} - \tau_k\right) \tag{6.7}$$

$$x_2(t) = \sum_{k=1}^{K} r\left(t - \frac{k}{f_2} - \tau_k\right) \tag{6.8}$$

$$x_3(t) = \sum_{k=1}^{K} r\left(t - \frac{k}{f_3} - \tau_k\right) \tag{6.9}$$

信号 $x_1(t)$、$x_2(t)$、$x_3(t)$ 故障特征频率分别为 $f_1 = 100\text{Hz}$、$f_2 = 200\text{Hz}$、$f_3 = 2000\text{Hz}$。除故障特征频率外，其他各参数均相同，其中系统单位冲击响应 $r(t)$ 的共振频率 $f_n = 5000\text{Hz}$，衰减系数 $D = 900$。上述参数配置保证了三个仿真信号系统参数和轴承参数的一致性。中低速轴承与高速轴承动态响应对比如图 6.3 所示。对比图 6.3(a)、(c)和(e)可以看出，当轴承转速较低时，其故障特征频率较低，即相邻两冲击间的时间间隔较长，每个冲击波形呈现单边振荡衰减的模式。然而，将轴承的故障特征频率增加 10 倍后(等价于轴承的转速升高 10 倍)，在 0.005s 的采样时间内有 10 个冲击波形，由于转速的提升，相邻两冲击间的时间间隔越来越小，一个冲击波形还没衰减到 0，下一个冲击波形就与之叠加，因此各个冲击波形

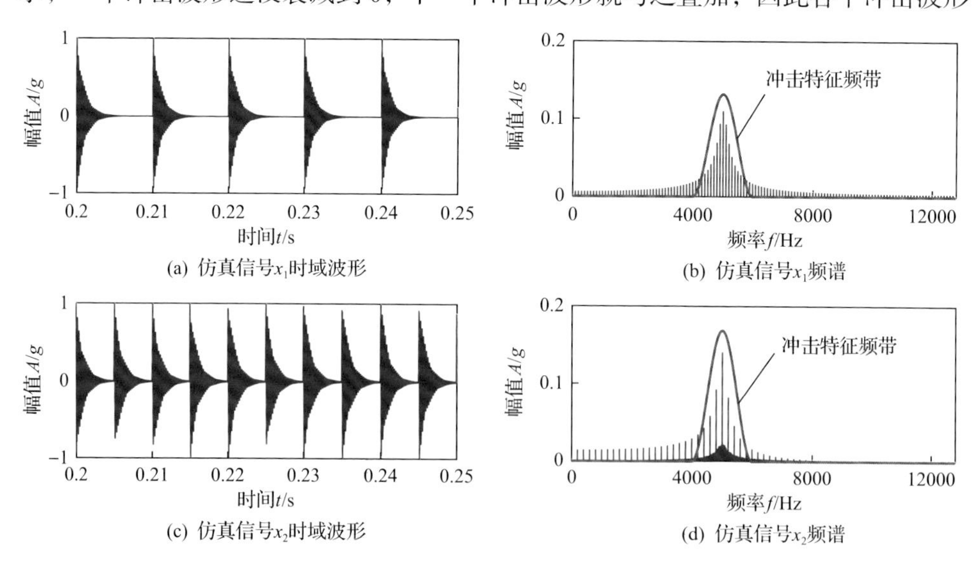

(a) 仿真信号x_1时域波形　(b) 仿真信号x_1频谱

(c) 仿真信号x_2时域波形　(d) 仿真信号x_2频谱

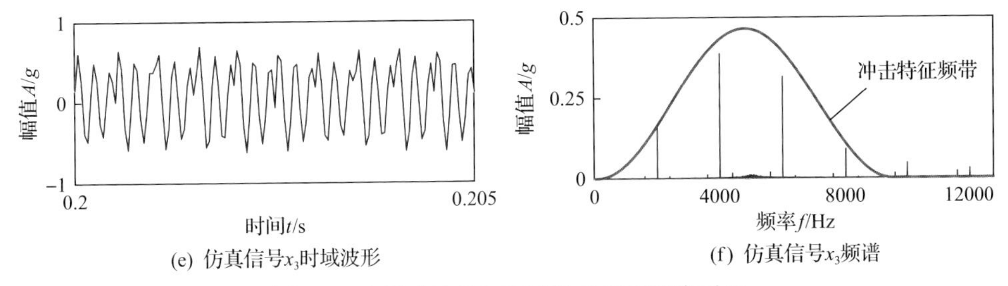

(e) 仿真信号x_3时域波形　　(f) 仿真信号x_3频谱

图 6.3　中低速轴承与高速轴承动态响应对比

不再具有振荡衰减的模式，而是呈现出高度混叠变异的特性。从图中可以看出，混叠后的波形类似于噪声和谐波成分的叠加，不再具有轴承故障特征的奇异性。这种现象定义为大 *DN* 值轴承故障时域波形的混叠变异性。

定义轴承故障的冲击信息频带 $E_{\Delta I}$，该频带的中心频率为系统的阻尼固有频率 f_{d}，带宽为 ΔI，该带宽需满足

$$\frac{E_{\Delta I}}{E} \geqslant 0.85 \tag{6.10}$$

即冲击信息频带内特征信息的能量不低于整个冲击信号能量 E 的 85%。对比图 6.3(b)、(d)和(f)，可以看出，随着转速的升高，轴承故障动态响应信号的频谱中，冲击信息频带的带宽增大，几乎覆盖了整个分析频带，这是由于轴承的故障特征频率和轴承的转速成正比；在中低速条件下，较窄的带宽就可以有效恢复特征信息，但是在高速条件下，频域内相邻两谱线的频率间隔变大，落入共振区的谱线数随之减少，因此需要增大频带的带宽才能满足要求，本章称这种现象为大 *DN* 值轴承冲击信息频带的弥散现象。

6.1.2　大 *DN* 值航空轴承诊断研究现状

轴承微弱特征辨识技术主要分为两类：一类是基于时域波形匹配的稀疏分解方法；另一类是基于频域滤波的方法[5,6]。其中，基于时域波形匹配的稀疏分解方法是构造与轴承故障动态响应信号相匹配的基原子，将信号变换到其他空间，通过提升特征信息在变换域的稀疏性(或能量聚集性)来进行微弱特征的识别。经典的小波变换以及近年来兴起的稀疏分解都属于这类方法，这类诊断方法的有效前提是要求变换域基原子，或者称为稀疏表示字典原子，和故障特征具有较高的相似度，其他干扰信息在该字典的表示是不稀疏的[7]。然而，大 *DN* 值航空轴承故障动态响应信号的时域波形呈现混叠变异现象，不再具有明显的奇异性，现有的解析小波字典无法有效匹配故障特征信息。基于频域滤波方法的核心是通过构造与故障特征相匹配的敏感性指标，筛选出共振区内被放大的响应信息进行轴承微

弱特征的辨识[8]。频域滤波方法的代表性技术主要有小波滤波、谱峭度法等[9]，在实际工程应用中，为避免引入过多的噪声和谐波干扰，希望在尽可能窄的频带内有效重构并辨识故障特征信息。因此，这一类算法诊断的有效前提是冲击信息频带具有紧支特性。然而，大 *DN* 值航空轴承故障的动态响应频谱中，冲击信息频带呈现弥散现象，不可避免会引入更多的噪声和谐波干扰，极大地削弱了频域滤波方法的有效性。大 *DN* 值航空轴承故障动态响应呈现时域的混叠变异现象和频谱内冲击信息频带的弥散现象，现有的基于时域波形匹配的小波分析方法和频域滤波方法无法进行有效的诊断，亟须开发崭新的信号处理方法来解决上述瓶颈问题。

信号的稀疏结构对特征辨识起着关键性的作用[10]。机器学习理论的蓬勃发展为复杂信号特征的稀疏结构表征带来了崭新的思路。该类技术和稀疏优化理论相融合，诞生了基于稀疏编码的字典学习算法。稀疏字典学习算法需要建立信号的训练样本集，进而学习出一系列对给定训练样本能有效稀疏编码的原子集合，该原子集合称为稀疏学习字典[11]。

稀疏学习字典主要包括非结构化稀疏学习字典和结构化稀疏学习字典，其中非结构化稀疏学习字典的代表是 MOD 算法[12]和 KSVD[13,14]。相比经典的解析字典，MOD 算法和 KSVD 学习出的字典有效提升了特征的稀疏性，在图像降噪、修复、特征提取方面取得了不错的效果[15,16]。然而，非结构化稀疏学习字典仅能表征全局信号中的主成分，微弱的机械故障信号会被滤除，且字典优化的目标函数是非凸的，容易落入局部极小解或者鞍点解。

结构化字典学习方法通过引入和特征信号结构相匹配的约束，不仅降低了非结构化字典学习过程的自由度和病态程度，而且具有非结构化字典学习不具备的各种优良特性，如平移不变性[17]、多尺度分析特性[18]、完美重构性[19]、全局收敛性[20]、快速性[21]等。信号的非局部相似结构受到了广泛研究。Buades 等[22]指出，几乎所有的消噪都是通过加权平均来实现的，揭示了自然界信号的非局部相似性先验，并提出非局部平均算法，实现图像信号的消噪。Dong 等[23]基于信号的非局部相似先验，构造特征的非局部正则稀疏约束。Cruz 等[24]将非局部相似先验引入卷积神经网络，实现噪声图像的可靠去噪。Du 等[25]基于故障特征周期性相似的先验，构建广义协同稀疏正则学习模型，实现风力发电机轴承局部故障的识别。Chang 等[26]利用信号的非局部相似先验构造特征的非局部低秩正则约束，实现图像的超分辨分析。在故障诊断领域，受启发于结构化稀疏学习及特征信息的非局部相似性结构先验，本章提出一种非局部相似结构的聚类稀疏学习方法，为大 *DN* 值混叠特征的稀疏表征和诊断提供技术支持。

6.2　非局部相似结构稀疏学习原理

首先，建立观测信号的模型：

$$\boldsymbol{y}=\boldsymbol{x}+\boldsymbol{e}=\boldsymbol{x}+\boldsymbol{h}+\boldsymbol{n} \tag{6.11}$$

式中，$\boldsymbol{x}\in\mathbb{R}^{m\times 1}$ 为轴承故障动态响应信号；$\boldsymbol{y}\in\mathbb{R}^{m\times 1}$ 为观测信号；$\boldsymbol{e}\in\mathbb{R}^{m\times 1}$ 为由谐波干扰 $\boldsymbol{h}\in\mathbb{R}^{m\times 1}$ 和噪声干扰 $\boldsymbol{n}\in\mathbb{R}^{m\times 1}$ 组成的干扰源信号。

经典的稀疏正则理论要求预先构造稀疏表示字典，并通过优化求解如下模型实现特征的重构：

$$\begin{cases}\hat{\boldsymbol{\alpha}}=\underset{\boldsymbol{\alpha}}{\arg\min}\ \|\boldsymbol{y}-\boldsymbol{D}\boldsymbol{\alpha}\|_2^2\\ \text{s.t.}\ \ \|\boldsymbol{\alpha}\|_0\leqslant s\\ \qquad\hat{\boldsymbol{x}}=\boldsymbol{D}\hat{\boldsymbol{\alpha}}\end{cases} \tag{6.12}$$

然而，大 *DN* 值轴承的时域波形呈现混叠变异特性，现有的解析字典无法进行有效的匹配。机器学习理论的蓬勃发展为字典的构造带来了崭新的思路，该类技术和稀疏优化理论相融合，诞生了基于稀疏编码的字典学习算法。学习字典不依赖信号的理论模型，直接利用观测信号本身来获取字典原子，因此具有较强的灵活性和自适应性，突破了经典解析字典对信号表征的局限性，为混叠变异特征的稀疏表征提供理论基础。

因此，本章采用自适应字典学习的策略来构造混叠变异特征的稀疏表征字典。对于给定的训练样本集合 $\boldsymbol{Y}=\{\boldsymbol{Y}_i\}_{i=1}^N$，稀疏表示字典 $\boldsymbol{D}$ 的构造过程可以建模如下：

$$\begin{cases}\{\hat{\boldsymbol{D}},\hat{\boldsymbol{A}}\}=\underset{\boldsymbol{D},\boldsymbol{A}}{\arg\min}\ \sum\limits_{i=1}^{N}\|\boldsymbol{Y}_i-\boldsymbol{D}\boldsymbol{A}_i\|_\text{F}^2\\ \text{s.t.}\ \ \|\boldsymbol{A}_i\|_0\leqslant s,\quad \forall i\end{cases} \tag{6.13}$$

式中，$\boldsymbol{A}_i$ 为样本 $\boldsymbol{Y}_i$ 在字典 $\boldsymbol{D}$ 下的稀疏表示系数。

上述模型的本质是将每一个训练样本数据 $\boldsymbol{Y}_i$ 描述为稀疏表示字典 $\boldsymbol{D}$ 之上的稀疏表示系数 $\boldsymbol{A}_i$，目的是找到恰当的稀疏表示字典 $\boldsymbol{D}$ 和稀疏表示系数 $\boldsymbol{A}$。训练样本集合的构造要求和待分析信号具有相同的内在属性，可用原始信号本身通过分块处理来获得，利用原始观测信号 $\boldsymbol{y}$ 构造出训练样本集合 $\boldsymbol{Y}$ 后，即可通过字典学习模型优化求解，获得对训练样本集合 $\boldsymbol{Y}$ 中每一列信号都具有稀疏编码能力的字典 $\hat{\boldsymbol{D}}$。

然而，复杂机械装备的振动信号往往受到大量噪声和谐波干扰，使得故障特征较为微弱，若直接利用观测信号构造字典训练样本，学习出的字典原子仅能对观测信号中能量较大的主成分具有稀疏表征能力，而对故障特征稀疏表征能力较弱。因此，有必要首先对观测信号进行特征增强预处理，再衰减噪声和谐波干扰。探索信号的非局部相似性[27,28]先验，利用非局部平均[22]策略实现观测信号中噪声和谐波干扰的衰减，得到非局部平均估计信号 $\boldsymbol{Z}$ 。非局部平均策略的核心是用“非局部”的视角观察信号，且所有相似的子块“协同表征”待估计的信号块，其优势是可以有效衰减噪声和谐波干扰的能量。因此，本章提出用非局部平均估计信号 $\boldsymbol{Z}$ 来构造字典学习的训练集，进而增强学习字典对微弱故障特征的表征能力。

由于特征信息的多样性，全局化的字典学习不可避免会抹杀特征信息的局部信息，尤其是能量较弱的故障特征。具体来说，由于机械设备结构多样性、运行环境的多样性，其特征往往也呈现多样性，不仅如此，对于同一航空发动机，由于轴承承受时变负载、时变刚度激励，特征信息往往同样具有多样性，如在承载区内轴承的特征往往较为显著，而非承载区内轴承的特征往往较为微弱，即使同一设备同一轴承在相同的负载条件下稳定运行，特征也呈现多样性。经典的字典学习算法未考虑故障响应模式的多样性，对训练样本集合中的所有样本一视同仁，学习出的字典是全局化的，难以有效表征特征的局部信息。因此，不同于经典字典学习算法学习出的全局化的字典，本章首先对训练样本集合进行相似性聚类，即结构相似的所有样本组成一个信号集合，K 个聚类即可以有效表征信号样本集合中 K 类不同的特征信息。对每一个聚类的样本子集合各自训练一个自适应的字典，进而可以有效表征多样化的特征信息，避免微弱信息的漏检。这一过程称为稀疏聚类字典学习。

基于上述非局部平均估计和聚类稀疏字典学习策略，本章在稀疏框架下建立非局部结构稀疏学习模型，并给出其优化求解框架，实现强谐波强噪声干扰下大 DN 值轴承混叠变异特征的提取。

本节提出非局部相似结构稀疏学习算法，其流程图如图 6.4 所示。该算法主要包括如下步骤与内容：

(1) 针对故障特征受多源谐波和噪声干扰而呈现微弱性的问题，首先利用非局部平均估计策略衰减观测信号中的干扰信息。不同于经典的信号分析方法，非局部相似结构稀疏学习算法不再把观测信号 $\boldsymbol{y}$ 作为一个整体进行变换和分析，从宏观的、局部的视角来观察信号，而是通过合适的分块算子 $\mathcal{R}$ ，将原始观测信号向量转化为由一系列信号子块组成的信号矩阵， $\boldsymbol{y}\xrightarrow{\mathcal{R}}\boldsymbol{Y}$ ，进而采用非局部的视角来观察信号，揭示信号的非局部相似性先验，并利用非局部平均策略衰减观测信号的多源噪声和谐波干扰。

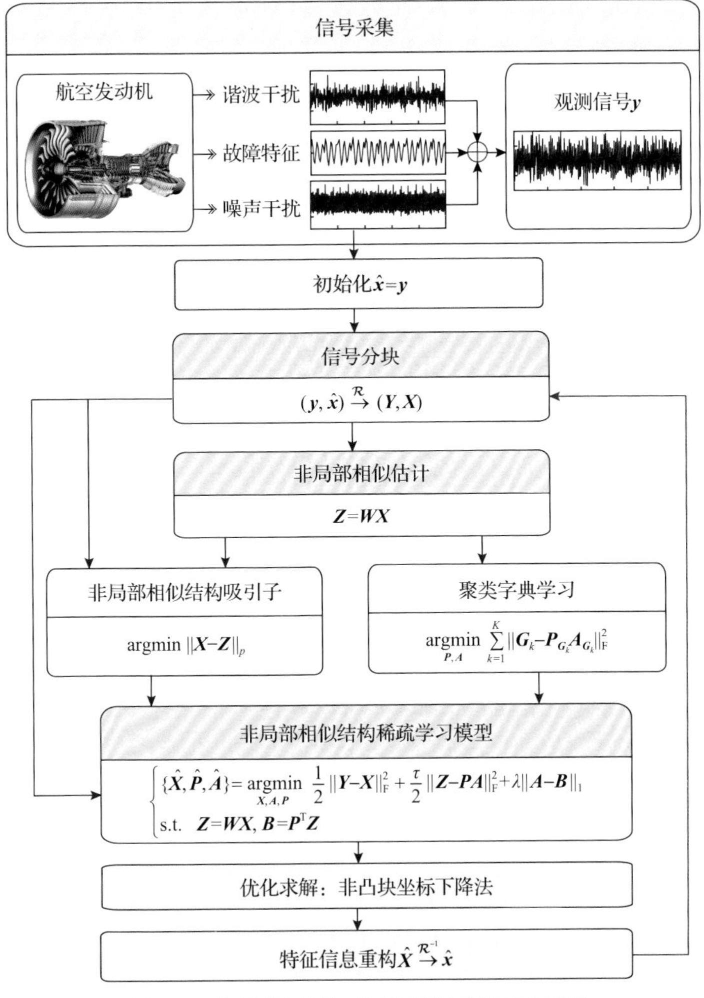

图 6.4　非局部相似结构稀疏学习算法流程图

(2) 针对故障特征的混叠变异性，提出用自适应的字典学习策略来构造稀疏表征字典，且利用非局部平均估计信号来构造训练样本集合，避免了经典字典学习算法对微弱特征表征不足的缺陷；针对经典的全局化字典学习算法对多样化的特征信息表征能力不足的问题，提出稀疏聚类学习策略。

(3) 利用非局部估计信号与原始特征信息的偏差作为吸引子正则约束，实现特征信息的逐级反馈矫正。

(4) 利用块坐标下降法对目标函数中各个变量进行解耦，并交替优化。最后利用分块逆算子实现特征信息的重构：$\hat{X}\xrightarrow{\mathcal{R}^{-1}}\hat{x}$。

非局部相似结构稀疏学习模型采用两方面的核心策略，一是非局部相似结构吸引子的建立，二是稀疏聚类学习字典的构造，下面将具体介绍信号的非局部相似固有属性、非局部相似结构吸引子的建立以及非局部相似稀疏聚类学习策略。

6.3 非局部相似结构稀疏正则

6.3.1 非局部相似先验

携带信息的观测信号往往具有高度的冗余结构。例如，在机械振动信号的观测中，在相同采样频率的条件下，为提升信号的频域分辨率，可通过增加时域内信号的采样时间来实现。然而，回转机械或者往复式机械在运行中反映其运行状态的各种信号随机器运转而周期性重复出现，因此观测信号中的信息是高度冗余的，冗余观测则导致信号中的信息有非局部相似性[22,28]。信号观测空间上存在多个不相邻的局部邻域信号，在结构上具有相似性的现象，称为信号的非局部相似性。图 6.5 为信号的非局部相似性示意图。

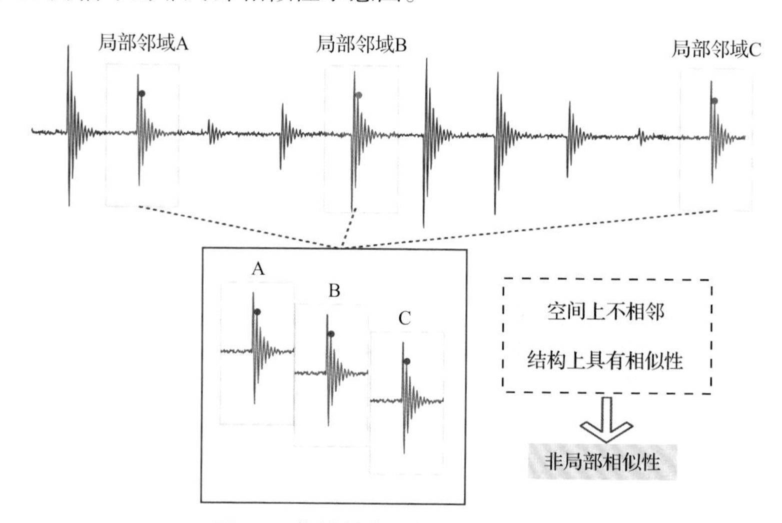

图 6.5　信号的非局部相似性示意图

基于上述非局部相似先验，本节不再将原始观测信号作为一个整体进行变换和分析，而是采用非局部的视角来观察信号。具体思路如下：针对特征信号 $\boldsymbol{x}$ 的振荡模式先验，构造分块算子 $\mathcal{R}:\mathbb{R}^{m\times 1}\mapsto\mathbb{R}^{L_b\times 1}$，$\mathcal{R}_i$ 代表从信号 $\boldsymbol{y}$ 中提取出第 i 个信号子块 $\boldsymbol{Y}_i$，即 $\boldsymbol{Y}_i=\mathcal{R}_i(\boldsymbol{y})$，进而，得到如下信号分块表达式：

$$\boldsymbol{Y}=[\mathcal{R}_1\quad\mathcal{R}_2\quad\cdots\quad\mathcal{R}_{N-1}\quad\mathcal{R}_N]\boldsymbol{y}=\mathcal{R}(\boldsymbol{y})\tag{6.14}$$

图 6.6 为信号分块示意图，其中 $\boldsymbol{y}$ 为观测信号，$\boldsymbol{Y}$ 为构造的分块信号矩阵，$\boldsymbol{Y}_i$ 为信号矩阵 $\boldsymbol{Y}$ 的第 i 个样本，样本之间预留一定的冗余度用于保证信号的平移不

变性。为实现信号的重构，定义 $\mathcal{R}_i^{\mathrm{T}}$ 算子，用于将第 i 个信号子块返回到重构信号的相应位置，从而得到分块信号重构表达式，即

$$\hat{\boldsymbol{x}} = \left(\sum_{i=1}^{N} \mathcal{R}_i^{\mathrm{T}} \mathcal{R}_i \right)^{-1} \sum_{i=1}^{N} \mathcal{R}_i^{\mathrm{T}} \boldsymbol{Y}_i \tag{6.15}$$

式中，矩阵 $\sum_{i=1}^{N} \mathcal{R}_i^{\mathrm{T}} \mathcal{R}_i$ 为一个对角阵。

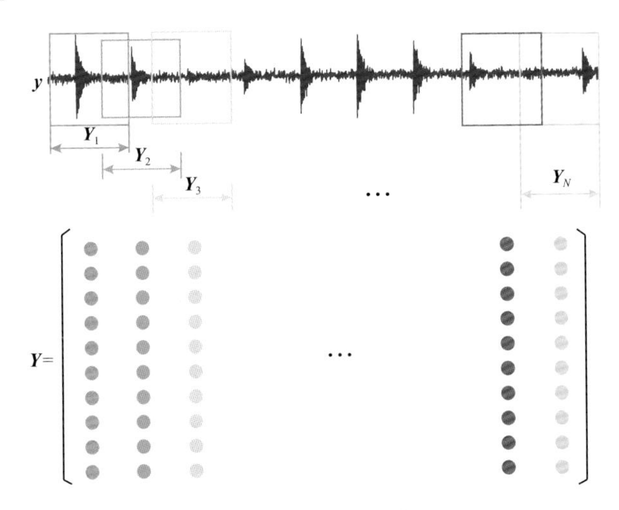

图 6.6　信号分块示意图

同样，通过分块算子 $\mathcal{R}$，对观测信号模型特征信号 $\boldsymbol{x}$ 和干扰信号 $\boldsymbol{e}$ 执行上述分块处理，得到分块信号模型，即

$$\boldsymbol{Y} = \boldsymbol{X} + \boldsymbol{E} \tag{6.16}$$

式中，$\boldsymbol{Y}$ 为观测信号 $\boldsymbol{y}$ 的分块矩阵；$\boldsymbol{X}$ 为特征信号 $\boldsymbol{x}$ 的分块矩阵；$\boldsymbol{E}$ 为干扰信号 $\boldsymbol{e}$ 的分块矩阵。

6.3.2　非局部平均估计

由于航空发动机主轴承故障动态响应信号往往受到大量的噪声和谐波干扰，若直接利用分块后的观测信号样本 $\boldsymbol{Y}$ 作为稀疏学习字典的训练样本，学习出的字典无法稀疏表征较为微弱的故障特征。因此，有必要对观测信号进行预处理，衰减噪声和谐波干扰。本节基于信号的非局部相似性先验，利用非局部平均估计来实现观测信号的预处理[22]，其流程如下：根据故障特征的振荡周期，构造与之相匹配的分块算子 $\mathcal{R}$，获得分块后的信号矩阵；对于矩阵中的每一个信号块，用信

号矩阵中所有块的加权平均来表征待估计的信号块，对所有信号样本执行上述操作，即可得到观测信号 $\boldsymbol{y}$ 中特征信号 $\boldsymbol{x}$ 的一个非局部平均估计 $\hat{\boldsymbol{x}}$。上述过程中，由于噪声具有高斯均匀分布特性，在加权平均过程中被有效滤除，同时信号的分块模式定制于故障特征，和故障特征振荡模式不一致的谐波干扰则会由于相位差的随机波动，在加权平均过程中，其能量亦被有效衰减。

下面用仿真信号来直观地揭示非局部平均消除干扰的机制。图 6.7 为仿真的非局部平均消除干扰的机制，分别对应于轴承故障的准周期冲击响应信号、与转轴振动相关的转频及其倍频的叠加信号、与齿轮振动相关的调幅调频信号、高斯白噪声振动信号。可以得到如下结论：

(1) 对于任意一种信号特征，只要按照其固有的振动模式进行分割，都可以在时域信号序列中找到与之结构具有高度相似的子块信号。该非局部相似性先验是本节提出算法的有效先决条件。

(2) 对于高斯白噪声信号，按照其统计特性，若用任意的窗长划分信号，则各个子信号的叠加趋近于 0。该性质为非局部平均算法消除噪声提供了理论保证。

(3) 对于具有不同振荡模式的多种信号成分，按照其中一种特征的振荡模式对信号进行分割后，其他信号的各个子块之间由于存在相位差，在加权平均过程中能量会被衰减。该性质是非局部平均算法在多源干扰下增强特征信息的有效前提。

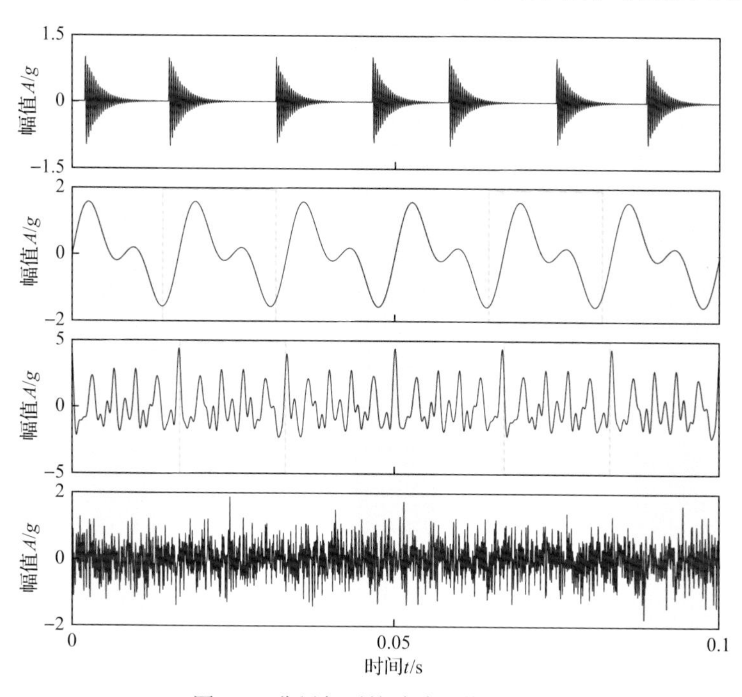

图 6.7　非局部平均消除干扰的机制

利用数学公式来描述信号的非局部平均估计。对于矩阵 $\boldsymbol{Y}$ 中的任意一个信号样本 $\boldsymbol{Y}_i$，都可以用矩阵 $\boldsymbol{Y}$ 中所有样本的加权平均来获得，为避免无关信息的干扰，通过相似性度量准则，选择与 $\boldsymbol{Y}_i$ 最相似的 q 个样本，对这 q 个样本进行加权平均获得 $\boldsymbol{Y}_i$ 中特征信号 $\boldsymbol{X}_i$ 的估计 $\boldsymbol{Z}_i$：

$$\boldsymbol{Z}_i = \sum_{j=1}^{N} w_{i,j}\boldsymbol{Y}_j, \quad \|\boldsymbol{W}^i\|_0 = q \tag{6.17}$$

式中，$\boldsymbol{Z}_i$ 为子块信号 $\boldsymbol{Y}_i$ 中特征信号 $\boldsymbol{X}_i$ 的非局部平均估计；$\boldsymbol{W}^i = \{w_{i,j}\}_{j=1}^N$ 为权值序列，$w_{i,j} \in [0,1]$ 为信号 $\boldsymbol{Y}_j$ 表征信号 $\boldsymbol{Y}_i$ 的权重；$\boldsymbol{Y}_j$ 和 $\boldsymbol{Y}_i$ 越相似，其权重越大，反之则权重越小，为避免不相关信号的干扰，设定权值序列 $\boldsymbol{W}^i$ 的 L_0 范数为 q，即仅用信号矩阵中与 $\boldsymbol{Y}_i$ 最相似的 q 个样本来表征特征估计信号 $\boldsymbol{Z}_i$，其他子信号的权值均设置为 0。在该过程中，由于噪声的高斯均匀分布特性，其加权平均结果趋近于 0；而与特征信号 $\boldsymbol{X}_i$ 振荡模式不一致的信号成分，由于信号子块之间相位的随机波动，在加权平均过程中其能量亦被衰减。

由于权值因子的大小和信号之间的结构相似性呈正相关关系，最简单的衡量相似性的量化指标是两信号间的欧氏距离。然而，由于采集信号往往受到噪声和谐波的干扰，在原始信号空间计算欧氏距离无法有效地度量信号间的相似性。恰当的核函数可以隐式地将信号非线性映射到高维空间，寻求高维空间信号结构的相似性。较为常见的核函数包括多项式核函数、指数径向基核函数、高斯径向基核函数和 Sigmoid 核函数等。其中，高斯径向基核函数是使用最为广泛的核函数，因此本节采用高斯径向基核函数来评估信号 $\boldsymbol{Y}_i$ 和 $\boldsymbol{Y}_j$ 的相似性，并依此设定响应的权值因子：

$$w_{i,j} = \begin{cases} \dfrac{1}{c_{ij}}\exp\left(-\dfrac{\|\boldsymbol{Y}_i - \boldsymbol{Y}_j\|_2^2}{2h^2}\right), & j \in \boldsymbol{I} \\ 0, & j \notin \boldsymbol{I} \end{cases} \tag{6.18}$$

式中，$\boldsymbol{I}$ 为信号集合 $\{\boldsymbol{Y}_j\}_{j=1}^N$ 中距离 $\boldsymbol{Y}_i$ 最近的 q 个样本所对应的指示集；h 为高斯径向基核函数的宽度；$\dfrac{1}{c_{ij}}$ 为归一化参数。

图 6.8 为单个子块信号的非局部相似平均示意图。类似地，对观测信号矩阵 $\boldsymbol{Y}$ 中的所有子信号都做上述处理，即可得到特征信号矩阵 $\boldsymbol{X}$ 的一个非局部平均估计信号 $\hat{\boldsymbol{Z}}$ ：

$$\hat{\boldsymbol{Z}} = \boldsymbol{W}\boldsymbol{Y} \tag{6.19}$$

式中，$\boldsymbol{W} = [\boldsymbol{W}^1 \quad \boldsymbol{W}^2 \quad \cdots \quad \boldsymbol{W}^N]$，$\boldsymbol{W}^i$ 为权值矩阵 $\boldsymbol{W}$ 的第 i 行。

图 6.9 为非局部平均估计信号的构造示意图。

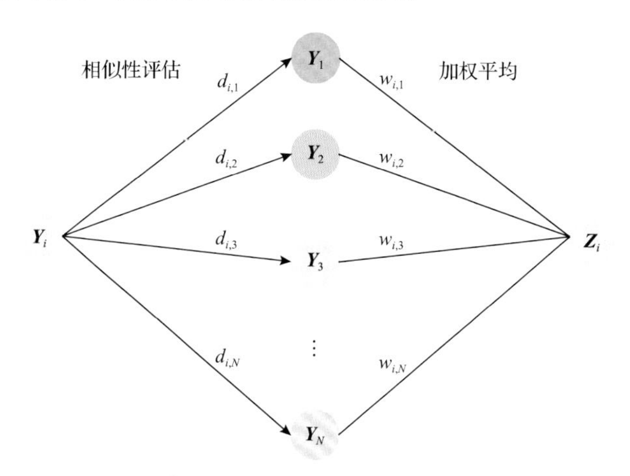

图 6.8　单个子块信号的非局部相似平均示意图

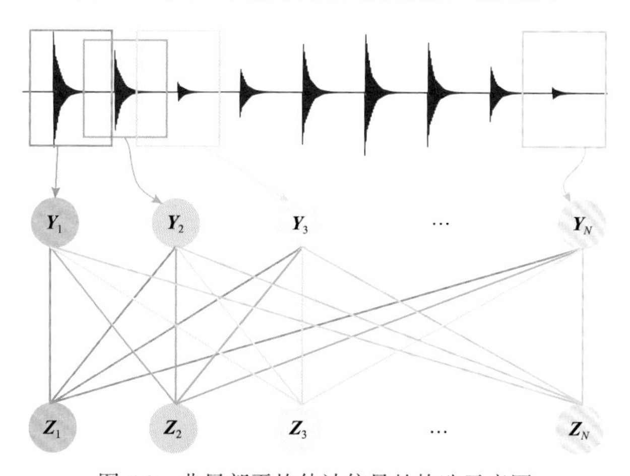

图 6.9　非局部平均估计信号的构造示意图

6.3.3　非局部相似正则化项建立

对于给定的稀疏表示字典 $\boldsymbol{D}$，经典的稀疏正则模型辨识特征信息的能力不仅取决于其对噪声和谐波的衰减能力，而且应尽可能保留原始特征信息。定义稀疏编码误差来衡量其信息的保真能力：

$$\mathrm{err} = \boldsymbol{x} - \mathcal{M}(\boldsymbol{x}) \tag{6.20}$$

式中，$\boldsymbol{x}$ 为特征信号；$\mathcal{M}$ 为稀疏编码算子；$\hat{\boldsymbol{x}} = \mathcal{M}(\boldsymbol{x})$ 为特征信号 $\boldsymbol{x}$ 经稀疏编码算子 $\mathcal{M}$ 处理后的估计信号。特征信号 $\boldsymbol{x}$ 与其稀疏估计 $\mathcal{M}(\boldsymbol{x})$ 的残差越小，则表明稀疏编码算子 $\mathcal{M}$ 对信息的保真能力越强。该约束可建模如下正则化项：

$$\min \| \boldsymbol{x} - \mathcal{M}(\boldsymbol{x}) \|_p \tag{6.21}$$

式中，残差正则参数 p 取决于估计残差的统计分布。

由于时域内的残差分布随干扰信号的变化而变化，构造一系列稀疏表示字典 $\boldsymbol{D}$，评估其在变换域内系数残差 $\boldsymbol{\gamma} = \boldsymbol{D}^{\mathrm{T}}\boldsymbol{x} - \hat{\boldsymbol{\alpha}}$ 的统计分布。下面用一组仿真试验来拟合 $\boldsymbol{\gamma}$ 的统计分布，其中特征信号 $\boldsymbol{x}$ 仿真为轴承故障的动态响应。图 6.10 为不同稀疏表示字典下系数残差的统计分布。可以看出，在六类不同的字典下，系数残差 $\boldsymbol{\gamma}$ 的经验拟合分布和拉普拉斯分布较为吻合，而和高斯分布的拟合误差较大，即稀疏编码的误差可以用拉普拉斯分布来表征，而 L_1 范数可以更好地刻画拉普拉斯分布，因此参数 p 可设置为 1。

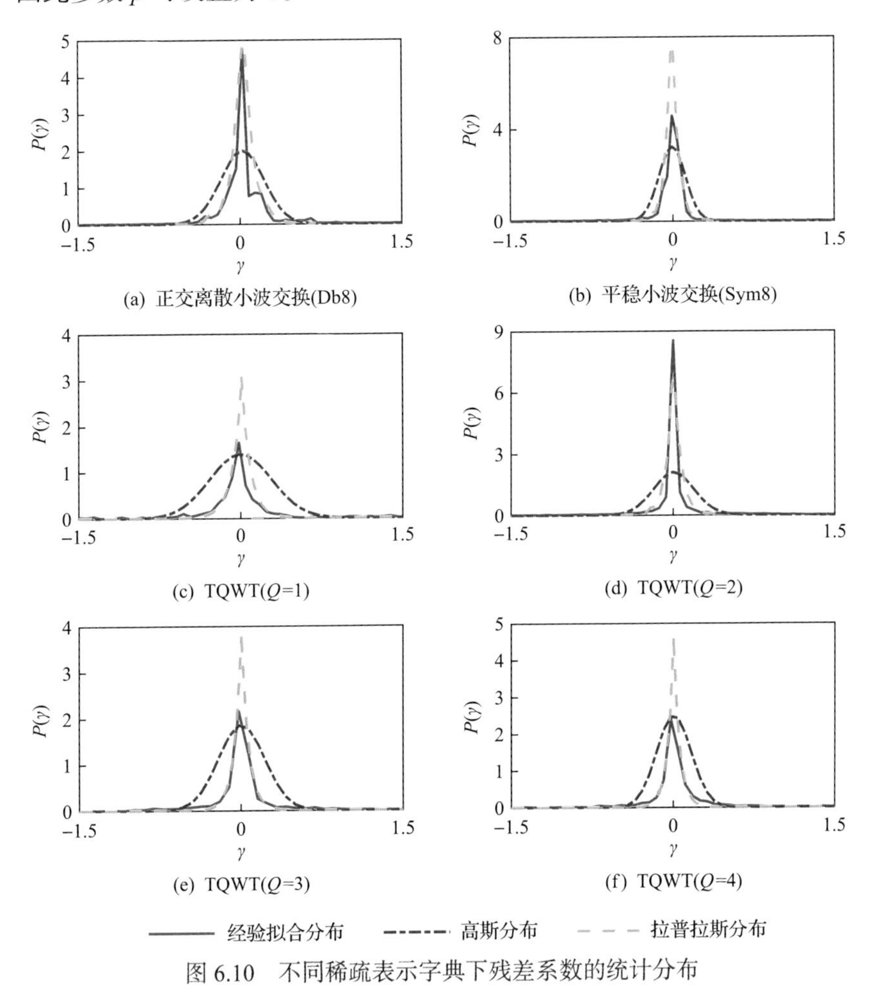

(a) 正交离散小波交换(Db8)　(b) 平稳小波交换(Sym8)

(c) TQWT(Q=1)　(d) TQWT(Q=2)

(e) TQWT(Q=3)　(f) TQWT(Q=4)

图 6.10　不同稀疏表示字典下残差系数的统计分布

在实际工程应用中，真实的特征信号 $\boldsymbol{x}$ 往往难以预先获得，因此利用信号的非

局部平均估计信号 $\boldsymbol{Z}$ 来近似代替真实信号 $\boldsymbol{X}$，构造如下非局部相似结构吸引子：

$$\arg\min \|\boldsymbol{A}-\boldsymbol{B}\|_1 \tag{6.22}$$

式中，$\boldsymbol{A}$ 和 $\boldsymbol{B}$ 分别为 $\boldsymbol{X}$ 和 $\boldsymbol{Z}$ 在字典下的表示系数。

非局部相似结构吸引子的优势是，在稀疏编码的迭代过程中，保证非局部平均估计信号和原始特征信号在 L_1 范数意义下距离最近，进而逐级降低编码器的逼近误差。

6.4　稀疏聚类学习字典

由于机械设备零部件的故障动态响应往往呈现多样性，经典的全局化稀疏字典学习仅能表征信号中的主成分，无法有效刻画多样性的特征信息，易造成微弱故障信息的漏检。本节提出稀疏聚类学习算法来构造稀疏表示字典，考虑训练样本集合中样本之间的相似性，通过相似性聚类得到一系列表征不同振荡形态的信号集合，每一个信号集合训练一个子字典，所有的字典联合起来构成一个协同字典，进而可实现多样化特征信息的协同稀疏表征。由于非局部平均估计方法可有效移除噪声和干扰的影响，本节提出的稀疏聚类学习字典的训练样本不再选用原始测试信号，而是利用其非局部平均估计信号来构造训练样本，这极大地衰减了训练样本中的噪声和无关干扰信息，可有效提升字典学习的精度。图 6.11 为稀疏聚类学习字典的构造示意图。

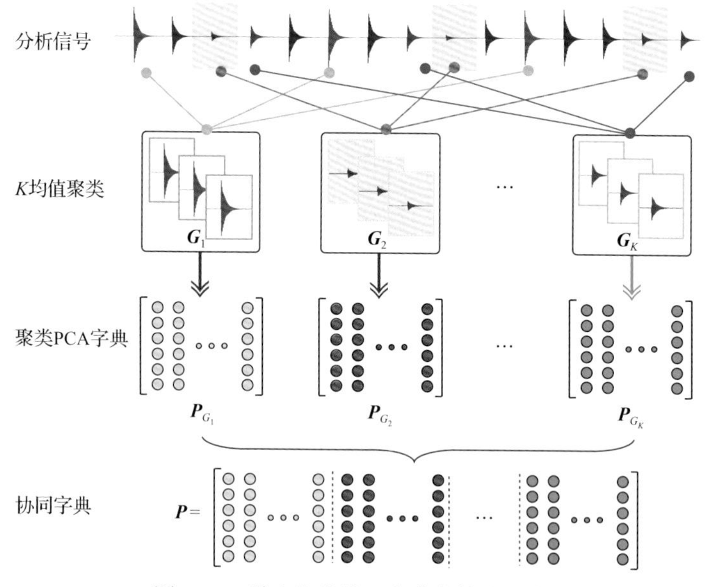

图 6.11　稀疏聚类学习字典的构造示意图

给定非局部平均估计信号 $\boldsymbol{Z}$，稀疏聚类字典学习的目标是以 $\boldsymbol{Z}$ 中的 N 个信号样本作为训练集，学习出 K 类不同的子字典，每一类子字典可以表征样本集合中一种信号的振荡模式。该算法的核心是如何实现信号训练集的聚类以及如何对每一个聚类信号集进行字典学习。

6.4.1　K 均值聚类

在众多聚类算法中，最简单的形式是划分式聚类，划分式聚类按照一定的聚类准则将给定数据集分割成不相交的子集。K 均值聚类算法是该聚类算法的代表，采用距离作为相似性的评价指标，并认为聚类簇是由距离靠近的对象组成的。该算法以随机选取的初始点为聚类中心，迭代地改变聚类中心以使聚类误差最小化，其简便易操作，是实际应用中最常用的聚类算法之一，因此本书采用 K 均值聚类算法将训练样本集 $\boldsymbol{Z}$ 聚类成 K 个簇，具体算法描述如下。

(1) 从训练样本集 $\boldsymbol{Z}$ 中随机选取 K 个聚类质心

$$\{\boldsymbol{\mu}_k\}_{k=1}^{K} \in \boldsymbol{Z} \tag{6.23}$$

(2) 对于每一个样本 $\boldsymbol{Z}_i$，计算其与每一个聚类质心的欧氏距离，并通过如下优化问题判断其类别：

$$c^{(i)} = \underset{k}{\arg\min} \ \| \boldsymbol{Z}_i - \boldsymbol{\mu}_k \|^2 \tag{6.24}$$

(3) 对于每一个类别 k，以该类的所有样本均值作为其新的聚类质心：

$$\boldsymbol{\mu}_k = \frac{\sum_{i=1}^{N} \mathbf{1}\{c^{(i)} = k\} \boldsymbol{Z}_i}{\sum_{i=1}^{N} \mathbf{1}\{c^{(i)} = k\}} \tag{6.25}$$

(4) 重复步骤 (2) 和 (3) 直到算法收敛。

执行上述聚类操作即可从训练样本集合 $\boldsymbol{Z}$ 中获得 K 个聚类 $\{G_k\}_{k=1}^{K}$。

6.4.2　稀疏聚类字典学习

稀疏聚类字典学习是对每一个聚类学习了一个字典，其目标函数可以建模如下：

$$\boldsymbol{P}_k = \underset{\boldsymbol{P}_{G_k}, \boldsymbol{A}_{G_k}}{\arg\min} \left\{ \left\| \boldsymbol{G}_k - \boldsymbol{P}_{G_k} \boldsymbol{A}_{G_k} \right\|_{\mathrm{F}}^2 + \lambda \left\| \boldsymbol{A}_{G_k} \right\|_1 \right\} \tag{6.26}$$

式中，$\boldsymbol{A}_{G_k}$ 为聚类 $\boldsymbol{G}_k$ 中的样本信号在字典 $\boldsymbol{P}_{G_k}$ 下的表示系数矩阵。

主成分分析(pricipal component analysis, PCA)算法是广泛应用于模式识别和统计信号处理的经典信号去相关和降维技术，其本质是对于由 g_k 个 L_b 维向量组成的矩阵 $\boldsymbol{G}_k$，其每一列向量可以看成 L_b 维空间的一个点，这样在 L_b 空间上共有 g_k 个样本点，现在需要对第 k 个聚类寻求一种变换矩阵 $\boldsymbol{P}_{\boldsymbol{G}_k}$，满足 $\boldsymbol{A}_{\boldsymbol{P}_k}=\boldsymbol{P}_{\boldsymbol{G}_k}\times\boldsymbol{G}_k$，且在 $\boldsymbol{P}_{\boldsymbol{G}_k}$ 的某个 $l(l\leqslant L_b)$ 维子空间上，g_k 个样本点矩阵 $\boldsymbol{G}_k$ 投影到该子空间的坐标系上时，其投影分量的方差最大。PCA 字典学习的一般步骤如下：

(1)零均值化和归一化处理。对训练样本集合进行零均值化和归一化处理，得到 $\bar{\boldsymbol{G}}_k$。

(2)计算协方差矩阵 $\boldsymbol{\Omega}_{\boldsymbol{G}_k}$：

$$\boldsymbol{\Omega}_{\boldsymbol{G}_k}=\frac{1}{g_k}\bar{\boldsymbol{G}}_k\bar{\boldsymbol{G}}_k^{\mathrm{T}} \tag{6.27}$$

(3)将协方差矩阵 $\boldsymbol{\Omega}_{\boldsymbol{G}_k}$ 进行奇异值分解：

$$\boldsymbol{\Omega}_{\boldsymbol{G}_k}=\boldsymbol{\Phi}_{\boldsymbol{G}_k}\boldsymbol{\Lambda}_{\boldsymbol{G}_k}\boldsymbol{\Phi}_{\boldsymbol{G}_k}^{\mathrm{T}} \tag{6.28}$$

式中，$\boldsymbol{\Phi}_{\boldsymbol{G}_k}$ 为正交奇异值向量矩阵；$\boldsymbol{\Lambda}_{\boldsymbol{G}_k}$ 为对角奇异值矩阵，其对角元素为奇异值。

(4)设定聚类 $\boldsymbol{G}_k$ 的变换字典：

$$\boldsymbol{P}_{\boldsymbol{G}_k}=\boldsymbol{\Phi}_{\boldsymbol{G}_k}^{\mathrm{T}} \tag{6.29}$$

按照上述步骤分别对所有子聚类进行 PCA 字典学习，即可获得联合稀疏字典。

对于每一个子字典 $\boldsymbol{P}_{\boldsymbol{G}_k}$，由于其训练样本之间具有高度的相似性，其奇异值序列为稀疏的，即对于 $\boldsymbol{G}_k$ 中的任意样本，其在相应字典下的表示系数集中在较少的几个系数上，即聚类 $\boldsymbol{G}_k$ 中的信号在字典 $\boldsymbol{P}_{\boldsymbol{G}_k}$ 下的表示系数是稀疏的。

为进一步提升特征信息在字典下的稀疏性，对于特征信号 $\hat{\boldsymbol{X}}$ 中任意一个信号样本 $\hat{\boldsymbol{X}}_i$，其在字典 $\boldsymbol{P}$ 下进行稀疏编码时，不再利用全局的字典对其进行表示，而是仅利用与之最相关的子字典来进行稀疏编码，其他子字典下的稀疏系数均置为0。该子字典的选择是自适应的，通过样本 $\hat{\boldsymbol{X}}_i$ 与所有聚类质心的相似性来判定：

$$\hat{\boldsymbol{k}}=\underset{k}{\operatorname{argmin}}\ \|\hat{\boldsymbol{X}}_i-\boldsymbol{\mu}_k\|_2 \tag{6.30}$$

上述过程保证了 $\hat{\boldsymbol{X}}_i$ 在字典 $\boldsymbol{P}$ 下的表示系数 $\hat{\boldsymbol{A}}_i$ 是稀疏的，得到如下聚类稀疏字典学习模型：

$$\{\hat{\boldsymbol{P}},\hat{\boldsymbol{A}}\}=\underset{\boldsymbol{P},\boldsymbol{A}}{\arg\min}\ \sum_{k=1}^{K}\left\|\boldsymbol{G}_k-\boldsymbol{P}_{\boldsymbol{G}_k}\boldsymbol{A}_{\boldsymbol{G}_k}\right\|_{\mathrm{F}}^2=\underset{\boldsymbol{P},\boldsymbol{A}}{\arg\min}\ \|\boldsymbol{Z}-\boldsymbol{P}\boldsymbol{A}\|_{\mathrm{F}}^2 \tag{6.31}$$

相比经典的全局化学习字典，该聚类学习字典不仅计算复杂度较低，而且避免了微弱信息的漏检，极大地提升了特征信息在字典下表示系数的稀疏性。

6.5 非局部相似结构稀疏学习模型及其优化求解

本节构造如下非局部相似结构稀疏学习模型：

$$\begin{cases}\{\hat{\boldsymbol{X}},\hat{\boldsymbol{P}},\hat{\boldsymbol{A}}\}=\underset{\boldsymbol{X},\boldsymbol{A},\boldsymbol{P}}{\arg\min}\ \dfrac{1}{2}\|\boldsymbol{Y}-\boldsymbol{X}\|_{\mathrm{F}}^2+\dfrac{\tau}{2}\|\boldsymbol{Z}-\boldsymbol{P}\boldsymbol{A}\|_{\mathrm{F}}^2+\lambda\|\boldsymbol{A}-\boldsymbol{B}\|_1\\ \text{s.t.}\ \ \boldsymbol{Z}=\boldsymbol{W}\boldsymbol{X},\ \boldsymbol{B}=\boldsymbol{P}^{\mathrm{T}}\boldsymbol{Z}\end{cases} \tag{6.32}$$

式中，$\|\boldsymbol{Y}-\boldsymbol{X}\|_{\mathrm{F}}^2$ 为数据保真项，保证估计信号和观测信号的距离在误差范围内；$\|\boldsymbol{Z}-\boldsymbol{P}\boldsymbol{A}\|_{\mathrm{F}}^2$ 为稀疏聚类字典学习项，用于实现训练样本的聚类和自适应字典的学习；$\|\boldsymbol{A}-\boldsymbol{B}\|_1$ 为非局部相似结构吸引子项，保证非局部估计信号 $\boldsymbol{Z}$ 和真实特征信号 $\boldsymbol{X}$ 在稀疏变换域内，其稀疏系数在 L_1 范数意义下距离最近。

6.5.1 块坐标下降优化算法

对于非凸优化问题(6.32)，采用广义块坐标优化求解[29,30]算法进行逐级优化求解。该算法首先对模型中的各个变量进行解耦，分别得到三个变量的优化子问题，然后对各个变量进行交替迭代优化，即在求解其中一个变量时保持其他变量不变。本节将详细介绍各个优化子问题及其求解方法，为表述简便，在算法推导过程中省略迭代次数变量 t。

1. $\boldsymbol{X}$ 子问题

$\boldsymbol{X}$ 子问题的求解可表示为

$$\begin{cases}\hat{\boldsymbol{X}}=\underset{\boldsymbol{X}}{\arg\min}\ \dfrac{1}{2}\|\boldsymbol{Y}-\boldsymbol{X}\|_{\mathrm{F}}^2\\ \text{s.t.}\ \ \boldsymbol{Z}=\boldsymbol{W}\boldsymbol{X}\end{cases} \tag{6.33}$$

式中，变量 $\boldsymbol{Z}$ 和 $\boldsymbol{X}$ 之间相互独立，并不耦合，因此可采用梯度下降法进行求解。由于目标函数相对于变量 $\boldsymbol{X}$ 是二次的，其更新过程可表征如下：

$$\boldsymbol{X}^{t+1}=\boldsymbol{X}^t+\delta(\boldsymbol{Y}-\boldsymbol{X}^t) \tag{6.34}$$

式中，δ 为步长参数。

由于目标函数是 Lipschitz 连续可微的凸函数，因此步长参数只需满足 $\delta \in (0,1)$，即可保证该梯度下降算法的收敛。另外，变量 $\boldsymbol{Z}$ 更新如下：

$$\boldsymbol{Z}^{t+1} = \boldsymbol{W}\boldsymbol{X}^{t+1} \tag{6.35}$$

2. $\boldsymbol{P}$ 子问题

$\boldsymbol{P}$ 子问题的求解可表示为

$$\begin{cases} \hat{\boldsymbol{P}} = \underset{\boldsymbol{P}}{\arg\min} \ \dfrac{\tau}{2} \| \boldsymbol{Z} - \boldsymbol{P}\boldsymbol{A} \|_{\mathrm{F}}^{2} \\ \text{s.t.} \ \ \boldsymbol{B} = \boldsymbol{P}^{\mathrm{T}}\boldsymbol{Z} \end{cases} \tag{6.36}$$

式中，变量 $\boldsymbol{P}$ 的更新和约束项 $\boldsymbol{B} = \boldsymbol{P}^{\mathrm{T}}\boldsymbol{Z}$ 不耦合，可以转化为

$$\begin{aligned} \hat{\boldsymbol{P}} &= \underset{\boldsymbol{P}}{\arg\min} \ \frac{\tau}{2} \| \boldsymbol{Z} - \boldsymbol{P}\boldsymbol{A} \|_{\mathrm{F}}^{2} \\ &= \underset{\boldsymbol{P}}{\arg\min} \ \frac{\tau}{2} \sum_{k=1}^{K} \left\| \boldsymbol{G}_k^{Z} - \boldsymbol{P}_{\boldsymbol{G}_k} \boldsymbol{A}_{\boldsymbol{G}_k} \right\|_{\mathrm{F}}^{2} \\ &= \frac{\tau}{2} \sum_{k=1}^{K} \underset{\boldsymbol{P}_{\boldsymbol{G}_k}}{\arg\min} \ \left\| \boldsymbol{G}_k^{Z} - \boldsymbol{P}_{\boldsymbol{G}_k} \boldsymbol{A}_{\boldsymbol{G}_k} \right\|_{\mathrm{F}}^{2} \end{aligned} \tag{6.37}$$

该子问题的求解分为两步：首先将信号 $\boldsymbol{Z}$ 进行聚类，得到 K 个簇 $\boldsymbol{G}_k \,(k \in [1,K])$，然后分别对每一个簇进行 PCA 字典学习，从而得到稀疏聚类字典 $\boldsymbol{P}^{t+1}$。稀疏系数矩阵 $\boldsymbol{B}$ 的更新如下：

$$\boldsymbol{B}^{t+1} = (\boldsymbol{P}^{t+1})^{\mathrm{T}} \boldsymbol{Z}^{t+1} \tag{6.38}$$

3. $\boldsymbol{A}$ 子问题

$\boldsymbol{A}$ 子问题的求解可表示为

$$\hat{\boldsymbol{A}} = \underset{\boldsymbol{A}}{\arg\min} \ \frac{1}{2} \| \boldsymbol{Z} - \boldsymbol{P}\boldsymbol{A} \|_{\mathrm{F}}^{2} + \lambda \| \boldsymbol{A} - \boldsymbol{B} \|_{1} \tag{6.39}$$

式(6.39)由一个 L_2 范数稀疏逼近误差项和一个 L_1 范数稀疏促进项组成。有很多成熟的算法可以解决上述问题，其中前向后向算子分裂算法由于优化精度较高而被广泛应用。首先引入变量 $\boldsymbol{C} = \boldsymbol{A} - \boldsymbol{B}$，做如下等价转化：

$$\hat{\boldsymbol{C}} = \underset{\boldsymbol{C}}{\arg\min} \ \frac{1}{2} \| \boldsymbol{Z} - \boldsymbol{P}(\boldsymbol{B} + \boldsymbol{C}) \|_{\mathrm{F}}^{2} + \lambda \| \boldsymbol{C} \|_{1} \tag{6.40}$$

前向后向算子分裂算法框架分为两个步骤，分别为前向算子优化和后向算子优化。其中前向算子优化问题为

$$\hat{\boldsymbol{C}} = \underset{\boldsymbol{C}}{\arg\min}\ \frac{1}{2}\|\boldsymbol{Z} - \boldsymbol{P}(\boldsymbol{B} + \boldsymbol{C})\|_{\mathrm{F}}^{2} \tag{6.41}$$

上述问题可以通过梯度下降法进行求解。因此，前向算子更新如下：

$$\begin{aligned}\boldsymbol{C}^{t+\frac{1}{2}} &= \boldsymbol{C}^{t} + \xi(\boldsymbol{P}^{t+1})^{\mathrm{T}}\boldsymbol{Z}^{t+1} - \boldsymbol{P}^{t+1}\boldsymbol{B}^{t+1} + \boldsymbol{C}^{t} \\ &= (1-\xi)\boldsymbol{C}^{t} + \xi(\boldsymbol{P}^{t+1})^{\mathrm{T}}\boldsymbol{Z}^{t+1} - \xi\boldsymbol{B}^{t+1}\end{aligned} \tag{6.42}$$

式中，ξ 为步长参数。

后向算子优化问题为

$$\hat{\boldsymbol{C}} = \underset{\boldsymbol{C}}{\arg\min}\ \frac{1}{2}\|\boldsymbol{C} - \boldsymbol{C}^{t+\frac{1}{2}}\|_{\mathrm{F}}^{2} + \lambda\|\boldsymbol{C}\|_{1} \tag{6.43}$$

其闭式解为[31]

$$\boldsymbol{C}^{t+1} = \mathrm{shrink}(\boldsymbol{C}^{t+\frac{1}{2}}, \lambda) \tag{6.44}$$

式中，$\mathrm{shrink}(\cdot)$ 为软阈值算子；λ 为阈值参数。

对于变量 $\boldsymbol{C}^{t+\frac{1}{2}}$ 和阈值参数 λ，其软阈值算子定义为

$$\mathrm{shrink}(\boldsymbol{C}^{t+\frac{1}{2}}, \lambda) = \mathrm{sign}(\boldsymbol{C}^{t+\frac{1}{2}}) \odot \max(\|\boldsymbol{C}^{t+\frac{1}{2}}\| - \lambda, 0) \tag{6.45}$$

获得局部最优解 $\boldsymbol{C}^{t+1}$ 后，即可更新稀疏系数矩阵 $\boldsymbol{A}$：

$$\boldsymbol{A}^{t+1} = \boldsymbol{C}^{t+1} + \boldsymbol{B}^{t+1} \tag{6.46}$$

最后，对上述三个子问题重复迭代至设定的最大迭代次数，即可获得最优的特征信号 $\hat{\boldsymbol{x}}$ 为

$$\hat{\boldsymbol{x}} = \left(\sum_{i=1}^{N}\boldsymbol{\mathcal{R}}_{i}^{\mathrm{T}}\boldsymbol{\mathcal{R}}_{i}\right)^{-1}\sum_{i=1}^{N}\boldsymbol{\mathcal{R}}_{i}^{\mathrm{T}}\hat{\boldsymbol{X}}_{i} \tag{6.47}$$

上述算法的具体流程如算法 6.1 所示。

算法 6.1　非局部相似结构稀疏学习算法

已知： 特征信号 $\boldsymbol{y}$

初始化：

(1) 特征信号：$\boldsymbol{x}^1 = \boldsymbol{y}$；

(2) 信号分块：根据合适的分块长度 L_b 构造分块算子 $\mathcal{R}$，并获得信号矩阵 $\boldsymbol{X}^1 = \mathcal{R}(\boldsymbol{x})$，$\boldsymbol{Y}^1 = \mathcal{R}(\boldsymbol{y})$，且 $\boldsymbol{X},\boldsymbol{Y} \in \mathbb{R}^{L_b \times N}$；

(3) 自由参数：加权平均子块个数 q、聚类个数 K、步长参数 δ 和 ξ、最大迭代次数 L、系数矩阵迭代停止准则 η。

主循环： 执行以下迭代步骤，直到迭代次数 $t = L$。

(1) 更新特征信号矩阵 $\boldsymbol{X}$：$\boldsymbol{X}^{t+1} = \boldsymbol{X}^t + \delta(\boldsymbol{Y} - \boldsymbol{X}^t)$；

(2) 计算非局部平均估计信号矩阵 $\boldsymbol{Z}^{t+1} = \boldsymbol{W}\boldsymbol{X}^{t+1}$；

(3) 构造稀疏聚类学习字典 $\boldsymbol{P}$。

①对 $\boldsymbol{Z}$ 进行相似性聚类，得到 $\{\boldsymbol{G}_1^t, \boldsymbol{G}_2^t, \cdots, \boldsymbol{G}_K^t\}$；

②对每一个聚类进行 PCA 字典学习，得到 $\{\boldsymbol{P}_{\boldsymbol{G}_k}\}_{k=1}^K$；

③获得聚类学习字典 $\boldsymbol{P}^t = [\boldsymbol{P}_{\boldsymbol{G}_1} \;\; \boldsymbol{P}_{\boldsymbol{G}_2} \;\; \cdots \;\; \boldsymbol{P}_{\boldsymbol{G}_K}]$。

(4) 获得非局部平均估计信号的变换域系数矩阵：$\boldsymbol{B}^{t+1} = (\boldsymbol{P}^{t+1})^{\mathrm{T}} \boldsymbol{Z}^{t+1}$；

(5) 更新稀疏系数矩阵 $\boldsymbol{A}$。

$$\boldsymbol{C}^t = \boldsymbol{A}^t - \boldsymbol{B}^{t+1}$$

① $\boldsymbol{C}^{t+1/2} = (1-\xi)\boldsymbol{C}^t + \xi(\boldsymbol{P}^{t+1})^{\mathrm{T}} \boldsymbol{Z}^{t+1} - \xi \boldsymbol{B}^{t+1}$；

② $\boldsymbol{C}^{t+1} = \mathrm{shrink}(\boldsymbol{C}^{t+1/2}, \lambda)$；

③重复上述迭代直到满足收敛条件：$\dfrac{\left\|\boldsymbol{C}^{t+1} - \boldsymbol{C}^t\right\|_{\mathrm{F}}^2}{\left\|\boldsymbol{C}^t\right\|_{\mathrm{F}}^2} \leqslant 0.1\eta$。

$$\boldsymbol{A}^{t+1} = \boldsymbol{C}^{t+1} + \boldsymbol{B}^{t+1}$$

(6) 令 $t = t+1$，并重复上述迭代，直到 $t = L$。

输出： 特征信号 $\hat{\boldsymbol{x}} = \left(\sum_{i=1}^{N} \mathcal{R}_i^{\mathrm{T}} \mathcal{R}_i\right)^{-1} \sum_{i=1}^{N} \mathcal{R}_i^{\mathrm{T}} \hat{\boldsymbol{X}}_i$。

6.5.2　正则化参数自适应估计策略

非局部相似结构稀疏学习模型中正则化参数 λ 对特征的提取精度具有重要的影响作用，该参数在非线性最小二乘算法(nonlinear least squares method, NLSM)的稀疏系数矩阵 $\boldsymbol{A}$ 的更新子问题中决定系数的收缩大小。本节对 $\boldsymbol{A}$ 子问题单独进行分析，并在贝叶斯理论的指导下，给出了 λ 的自适应估计策略[28]。

在稀疏系数矩阵 $\boldsymbol{A}$ 的更新过程中，变量 $\boldsymbol{Z}$ 和 $\boldsymbol{B}$ 保持不变，$\boldsymbol{C}$ 的最大后验概率估计可建模如下：

$$\begin{aligned} \boldsymbol{C}_{\boldsymbol{Z}} &= \underset{\boldsymbol{C}}{\arg\min}\ \ln P(\boldsymbol{C} \mid \boldsymbol{Z}) \\ &= \underset{\boldsymbol{C}}{\arg\min}\ \{\ln P(\boldsymbol{Z} \mid \boldsymbol{C}) + \ln P(\boldsymbol{C})\} \end{aligned} \tag{6.48}$$

式中，似然估计项可用高斯分布来表征：

$$P(\boldsymbol{Z} \mid \boldsymbol{C}) = \frac{1}{\sqrt{2\pi}\sigma_n} \exp\left(-\frac{1}{2\sigma_n^2} \| \boldsymbol{Z} - \boldsymbol{P}(\boldsymbol{B}+\boldsymbol{C}) \|_{\mathrm{F}}^2\right) \tag{6.49}$$

式中，变量 $\boldsymbol{C}$ 和 $\boldsymbol{B}$ 是相互独立的。

残差 $\boldsymbol{C} = \boldsymbol{A} - \boldsymbol{B}$ 满足拉普拉斯分布，因此联合先验概率分布 $P(\boldsymbol{C})$ 可建模为

$$P(\boldsymbol{C}) = \Pi_i \Pi_j \left\{ \frac{1}{\sqrt{2}\sigma_{i,j}} \exp\left(-\sqrt{2}\frac{|\boldsymbol{C}_{i,j}|}{\sigma_{i,j}}\right) \right\} \tag{6.50}$$

式中，$\sigma_{i,j}$ 为信号 $\boldsymbol{C}_{i,j}$ 的噪声方差。

$$\boldsymbol{C}_{\boldsymbol{Z}} = \underset{\boldsymbol{C}}{\arg\min}\ \| \boldsymbol{Z} - \boldsymbol{P}(\boldsymbol{B}+\boldsymbol{C}) \|_{\mathrm{F}}^2 + 2\sqrt{2}\sigma_n^2 \times \sum_i \sum_j \frac{1}{\sigma_{i,j}} |\boldsymbol{C}_{i,j}| \tag{6.51}$$

对比式(6.51)和式(6.40)，可以发现式(6.40)中的超参数 λ 可依据下式自适应地设置：

$$\lambda_{i,j} = \frac{2\sqrt{2}\sigma_n^2}{\sigma_{i,j}} \tag{6.52}$$

在实际工程应用中，参数 $\sigma_{i,j}$ 可通过对变量 $\boldsymbol{Z}$ 执行 MAD 算法获得[32]。因此，NLSM 算法的正则化参数 λ 可在算法迭代过程中自适应估计，不需要预先给定。

6.6　非局部相似结构稀疏学习仿真分析

为验证所提出 NLSM 算法的有效性，本节通过一组仿真试验，将提出算法与比较流行的特征提取算法进行对比，对比算法包括基追踪消噪算法和谱峭度算法。

为模拟大 *DN* 值航空轴承的振动响应，当仿真信号轴承的外圈故障特征频率足够大时，即可达到航空轴承的 *DN* 值量级。构造故障轴承故障特征信号：

$$x(t) = \sum_i \mathrm{Imp}\left(t - \frac{i}{f_{\mathrm{c}}} - \tau\right) \tag{6.53}$$

$$\mathrm{Imp}(t) = \mathrm{e}^{-1000t} \sin(2\pi \times 5200t) \tag{6.54}$$

式中，$\text{Imp}(t)$ 为系统的单位冲击响应，f_c=2400Hz 为轴承故障特征频率，τ =0.001s 为随机滑动因子。

由于发动机整机振动信号受到大量的谐波和噪声干扰，分别构造谐波干扰信号 $\boldsymbol{h}(t)$：

$$\begin{aligned}\boldsymbol{h}(t) &= [1.5+0.5\cos(60\pi t)]\cos[2000\pi t+0.5\cos(15\pi t)]+\cdots \\ &= [1+0.5\cos(120\pi t)]\cos[4000\pi t+0.5\cos(30\pi t)]+\cdots \\ &= [1+0.5\cos(180\pi t)]\cos[6000\pi t+0.5\cos(45\pi t)]\end{aligned} \tag{6.55}$$

$\boldsymbol{h}(t)$ 仿真了 3 阶调幅调频信号，其载波频率为 2000Hz 及其倍频，幅值调制频率为 60Hz 及其倍频，频率调制频率为 15Hz 及其倍频。

噪声干扰信号为

$$\boldsymbol{n}(t) = \sigma \times \text{random}(m) \tag{6.56}$$

式中，$\boldsymbol{n}(t)$ 为方差 $\sigma = 0.95$ 的高斯白噪声。

构造合成仿真信号

$$\boldsymbol{y} = \boldsymbol{x} + \boldsymbol{e} = \boldsymbol{x} + 0.2\boldsymbol{h} + \boldsymbol{n} \tag{6.57}$$

仿真信号的采样频率为 25600Hz，采样时间为 1s。图 6.12 为仿真特征信号及其谱分析，其中图 6.12(b) 为特征信号局部细化时域波形，以 2400Hz 为故障特征频率的轴承动态响应，理论上应包含约 14 个振荡衰减冲击序列，然而仿真的轴承故障特征不再呈现单边衰减的准周期冲击特征，而是呈现混叠变异性。从图 6.12(c) 可以看出，冲击信息频带不具备紧支特征，而是弥散在整个分析频带

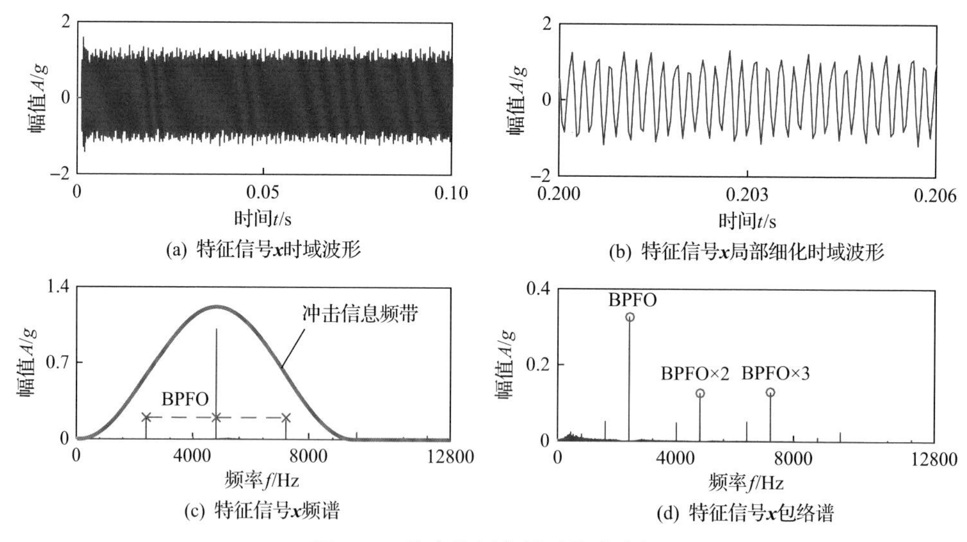

图 6.12　仿真特征信号及其谱分析

内。上述仿真的轴承故障动态响应可以较真实地再现大 *DN* 值航空轴承的动态响应特性。

在上述仿真特征信号 $\boldsymbol{x}$ 中加入调幅调频谐波干扰 $\boldsymbol{h}$ 和噪声干扰 $\boldsymbol{n}$，即得到仿真的合成信号 $\boldsymbol{y}$。图 6.13 为仿真合成信号 $\boldsymbol{y}$ 的时域波形及其谱分析。从图 6.13(b)中可以看出，频谱中轴承的冲击信息频带内特征信号和仿真的调幅调频信号的载波 H 及其倍频相互耦合。图 6.13(c)和(d)分别为仿真合成信号的包络谱以及局部细化包络谱，图中仅能辨识出微弱的轴承外圈故障特征频率 BPFO 的一倍频，包络谱中混叠明显的干扰特征频率 IF_1=800Hz 和 IF_2=2800Hz，然而仿真的调幅调频谐波成分 $\boldsymbol{h}$ 并未包含此频率，说明轴承冲击信息频带内特征信息和谐波干扰的耦合产生了新的调制模式，严重污染了包络谱内的轴承冲击特征信息。

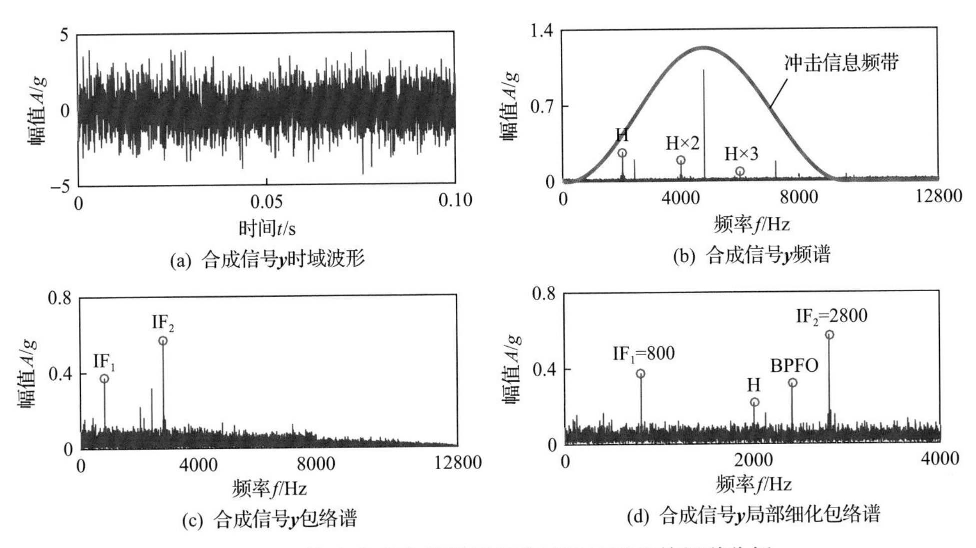

图 6.13　仿真合成信号局部细化时域波形及其频谱分析

首先，运用本章提出的非局部相似结构稀疏学习算法对上述仿真合成信号进行分析。算法的具体参数设置如下：在一维信号分块过程中，分块长度 L_b 经验地设置为 10 倍故障周期包含的点数 110；在非局部平均估计信号的计算中，加权平均子块的个数上限设置为 40。另外，在稀疏聚类字典学习过程中，*K* 均值聚类的个数设置为 10。在信号矩阵 $\boldsymbol{X}$ 的更新过程中，δ 设置为 0.02，表明在 $\boldsymbol{X}$ 的每次更新中，测试信号 $\boldsymbol{Y}$ 中 2%的信息被用于 $\boldsymbol{X}$ 的更新，以避免算法陷入局部解。稀疏系数矩阵的求解过程中用到前向后向分裂算法，在该算法实施过程中，ξ 设置为 20，用来控制算法的收敛速度，最大迭代次数设置为 9。对上述参数进行经验的调节和分析时发现，除分块长度 L_b 对算法的结果有显著影响外，其余参数都不敏感，在实际应用中按照上述经验设置即可，无须进行调节。图 6.14 为算法迭代过程中估计的噪声方差随迭代次数的变化趋势，从图中可以看出，随着迭代次数的增加，噪声方差呈快速单调下降的趋势，仅经过 3～4 次迭代，噪声方差即趋于平稳，说明 NLSM 算法具有快速收敛性能。图 6.15 为非局部相似结构稀疏学习算法对仿真信号分解结果。对比原始仿真信号 $\boldsymbol{y}$ 的频谱，可以看出，NLSM 算法分解信号的频谱中，冲击信息频带中耦合的调幅调频谐波干扰被有效衰减，包络谱中的噪声被完全滤除，大量的谐波耦合干扰被衰减，并可清晰辨识轴承外圈故障特征频率 BPFO 及其前三阶倍频。因此，本章提出的非局部相似结构稀疏学习算法可有效地从强谐波、强噪声干扰的测试信号中识别大 DN 值航空轴承的混叠变异特征。

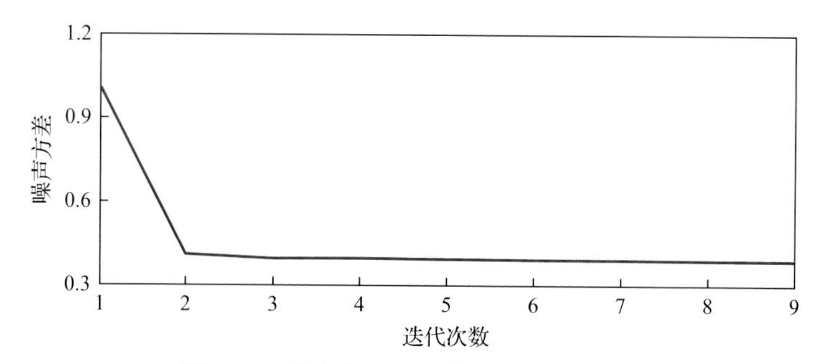

图 6.14　噪声方差随迭代次数的变化趋势

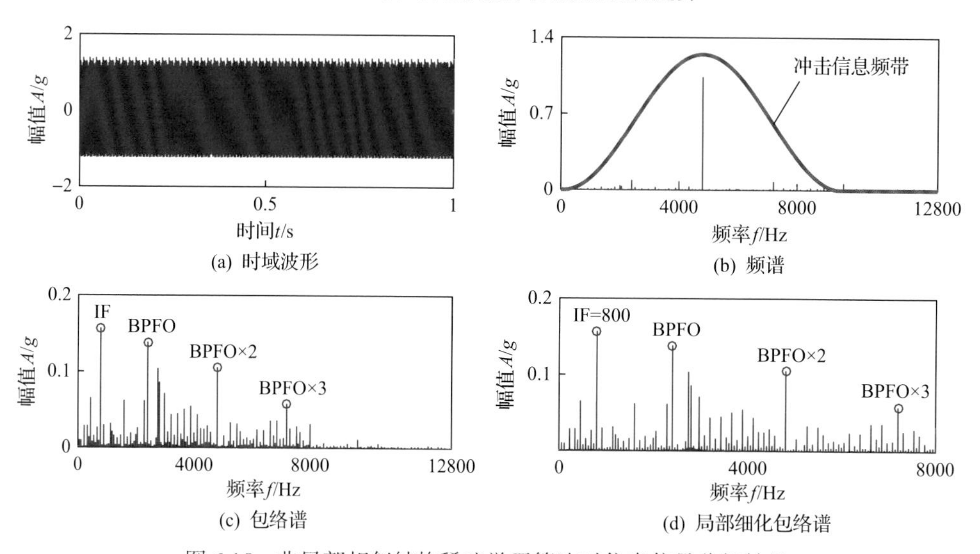

图 6.15　非局部相似结构稀疏学习算法对仿真信号分解结果

为验证提出算法的有效性和优越性，本节进行了大量的对比分析，分别对比了三种消噪算法和三种滤波算法。三种消噪算法分别为经典的正交小波软阈值消噪、正交小波相邻系数消噪、基于冗余调 Q 小波变换字典的基追踪稀疏消噪算法，三种滤波算法分别为带通滤波算法、基于冗余小波紧框架的小波滤波算法、谱峭度算法。

正交小波消噪的思路是对原始信号进行 J 层小波分解，得到 J+1 层小波系数；然后对 J 层小波细节信号进行阈值收缩处理，阈值准则可以是软阈值、硬阈值或者相邻稀疏阈值，阈值按照公式 $T_l = \sigma\sqrt{a\ln N_l}$ 来设置，其中 N_l 是第 l 层小波细节系数的长度，σ 为该层小波系数的噪声方差，通过 MAD 算法估计；最后利用阈值收缩后的细节信号和最后一层逼近信号进行重构得到阈值收缩降噪后的特征信号。图 6.16 和图 6.17 分别为 Db8 小波软阈值和 Db8 小波相邻系数的消噪结果，

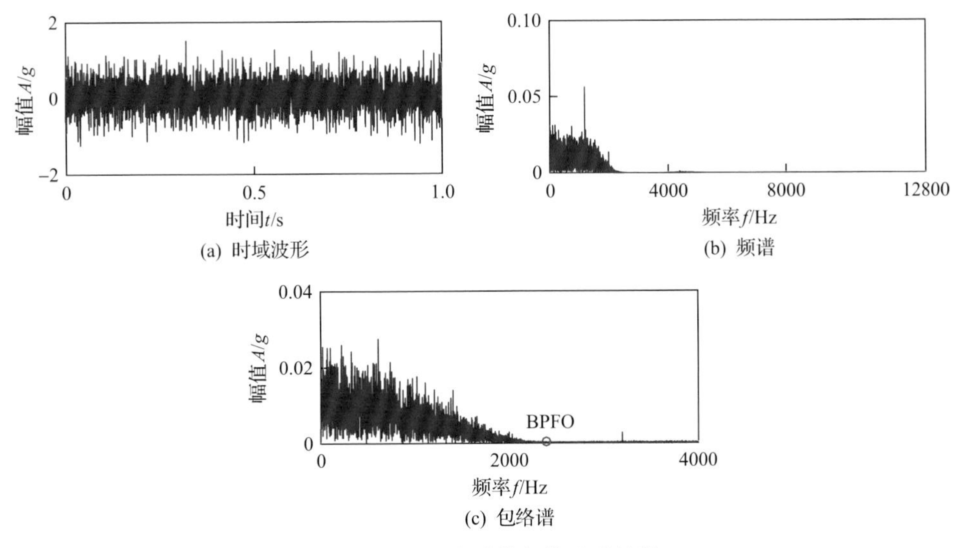

图 6.16　Db8 小波软阈值消噪结果

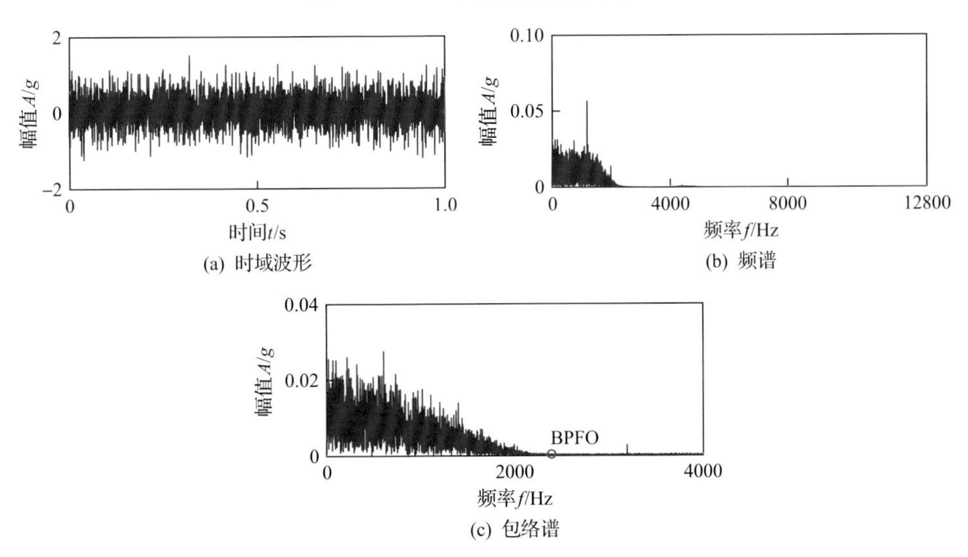

图 6.17　Db8 小波相邻系数消噪结果

两种算法均无法辨识轴承故障特征。另外，从图中可以看出，正交小波消噪信号的频谱能量多集中于低频段，高频段信息被严重衰减，这是由于经典的小波消噪算法往往认为低频逼近信号含有大量的特征信息，而噪声往往集中于高频段，因此在消噪算法的实施过程中，低频段细节信息被保留，而高频段信息由于干扰信号较强，在阈值收缩中被过度衰减。

因此，正交小波消噪算法失效的原因有两方面：①小波对信号的降噪分析效果取决于小波基函数与故障特征的相似性匹配程度，本书仿真的特征信号 $\boldsymbol{x}$ 的时域波形呈现混叠变异特性，因此特征信号在正交小波基函数下的小波系数不具备稀疏特性；②正交小波消噪算法在强谐波干扰下性能严重下降。

用基于冗余调 Q 小波变换字典的基追踪稀疏消噪算法对仿真信号 $\boldsymbol{y}$ 进行分解。该算法的优化模型为

$$\begin{cases} \underset{\boldsymbol{\alpha}}{\arg\min} \ \|\boldsymbol{\alpha}\|_1 \\ \text{s.t.} \ \|\boldsymbol{y}-\boldsymbol{D\alpha}\|_2 \leqslant \varepsilon \end{cases} \tag{6.58}$$

式中，$\boldsymbol{D}$ 为冗余稀疏表示字典，对比算法中字典 $\boldsymbol{D}$ 选择调 Q 小波变换字典，其参数为 $Q=3, R=2$，分解层数为最大分解层数；ε 为噪声方差，按照 Donoho 推荐设置为 $\sigma\sqrt{2\ln M}$，其中 M 为信号 $\boldsymbol{y}$ 的长度。

该模型的原理和正交小波软阈值消噪类似，都是基于内积匹配原理通过增强特征在变换域内的稀疏性来检测特征信息，冗余字典下的信号表征不唯一，而基追踪迭代优化是在稀疏性先验条件下寻求最优解的过程。图 6.18 为基于调 Q 小波变换字典的基追踪稀疏消噪算法对仿真信号分解结果。基追踪降噪(basis pursuit de-noising, BPDN)算法的分解信号的频谱结构以及包络谱中频率成分并未改变，仅仅是整体幅值有所下降，外圈故障特征频率 BPFO 依然较为微弱。该算法失效的原因为：①冗余调 Q 小波变换字典的基函数与混叠变异特征不匹配；②其消噪阈值准则是基于白噪声假设，无法衰减谐波干扰；③全局化的策略无法针对性地保留故障信息频带的特征。

用经典的带通滤波算法对仿真信号 $\boldsymbol{y}$ 进行分析，从仿真信号 $\boldsymbol{x}$ 的频谱中可以看出，其冲击信息频带集中在以 4500Hz 为中心频率、1500Hz 为边频的频带范围内，因此本节将在 2500～8000Hz 范围内对仿真信号 $\boldsymbol{y}$ 进行滤波。图 6.19 给出了带通滤波算法对仿真信号分解结果。图 6.19(b)有效保留了冲击信息频带的特征，然而仅能辨识外圈故障特征频率 BPFO 的一倍频，存在 800Hz、2800Hz 的未知干扰频率成分。该带通滤波算法失效的原因为：大 DN 值航空轴承故障动态响应的频谱中冲击信息频带不具备紧支特性，其带宽较宽，因此不可避免会引入大量噪声和谐波干扰，尤其是冲击信息频带的调幅调频谐波干扰往往诱发新的调制模式，

严重污染包络谱中的特征信息。

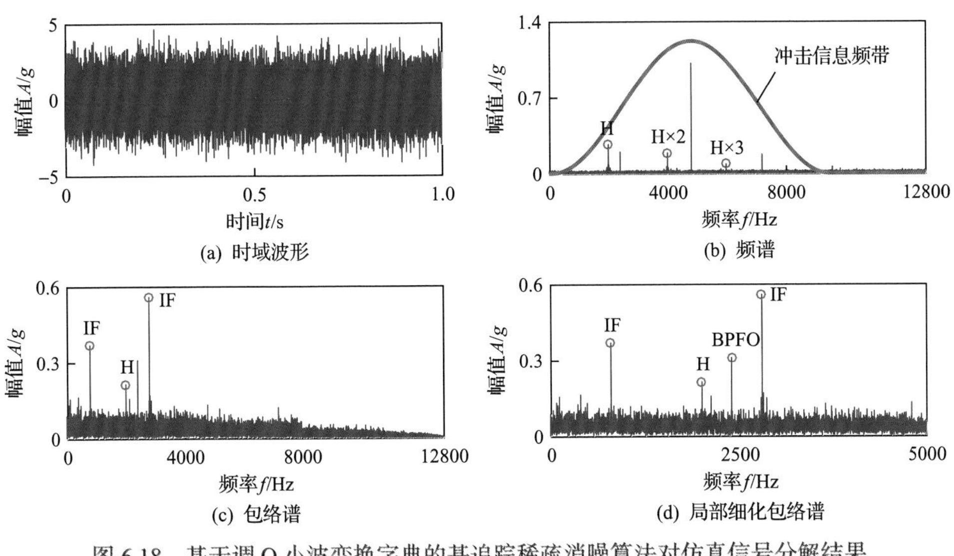

图 6.18　基于调 Q 小波变换字典的基追踪稀疏消噪算法对仿真信号分解结果

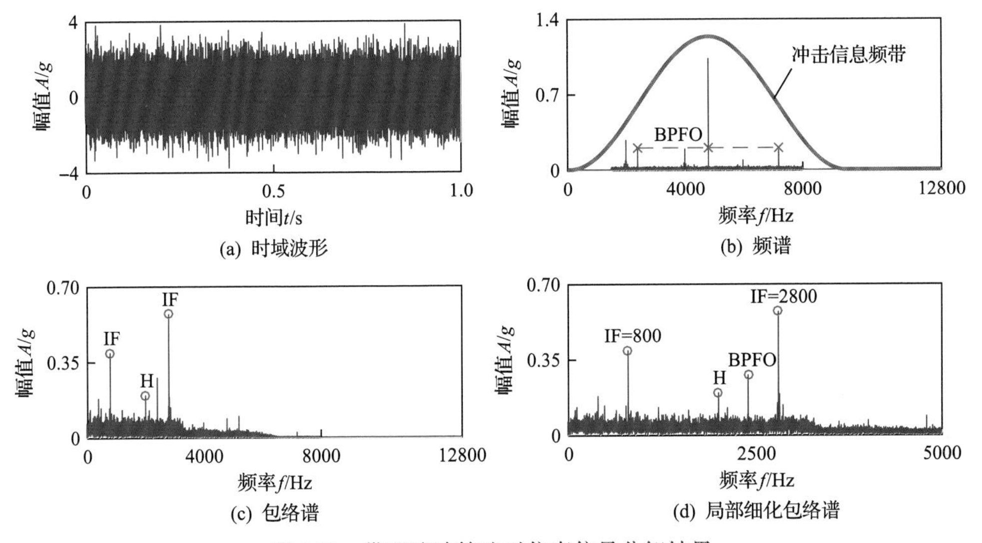

图 6.19　带通滤波算法对仿真信号分解结果

上述带通滤波算法需要预先知道故障信息频带的位置和带宽，但是在实际工程应用中，冲击信息频带的位置往往受到机械系统结构以及运行工况的影响，无法预先判定。下面采用两种自适应的滤波算法进行对比分析，分别为经典的小波滤波算法和谱峭度算法。图 6.20 和图 6.21 分别为两种不同的冗余调 Q 小波滤波结果，可以看出，两种小波滤波算法均无法辨识故障特征。其失效原因为：小波基原子的频率响应往往具有紧支特性，而这和大 *DN* 值轴承频带的弥散现象矛盾，因此无法诊断大 *DN* 值轴承混叠变异特征。谱峭度算法对仿真信号分解结果如图 6.22 所示。快速谱峭度图中定位的冲击信息频带的中心频率为 400Hz，带宽仅为 800Hz，然而，故障特征频率为 2400Hz，并不在该频带的分析带宽内。该算法失效的原因有两方面：①大 *DN* 值轴承的冲击信息频带具有弥散现象，带宽较宽，因此谐波和噪声干扰严重；②混叠变异特征不具备明显的奇异性，因此峭度指标对其不敏感。

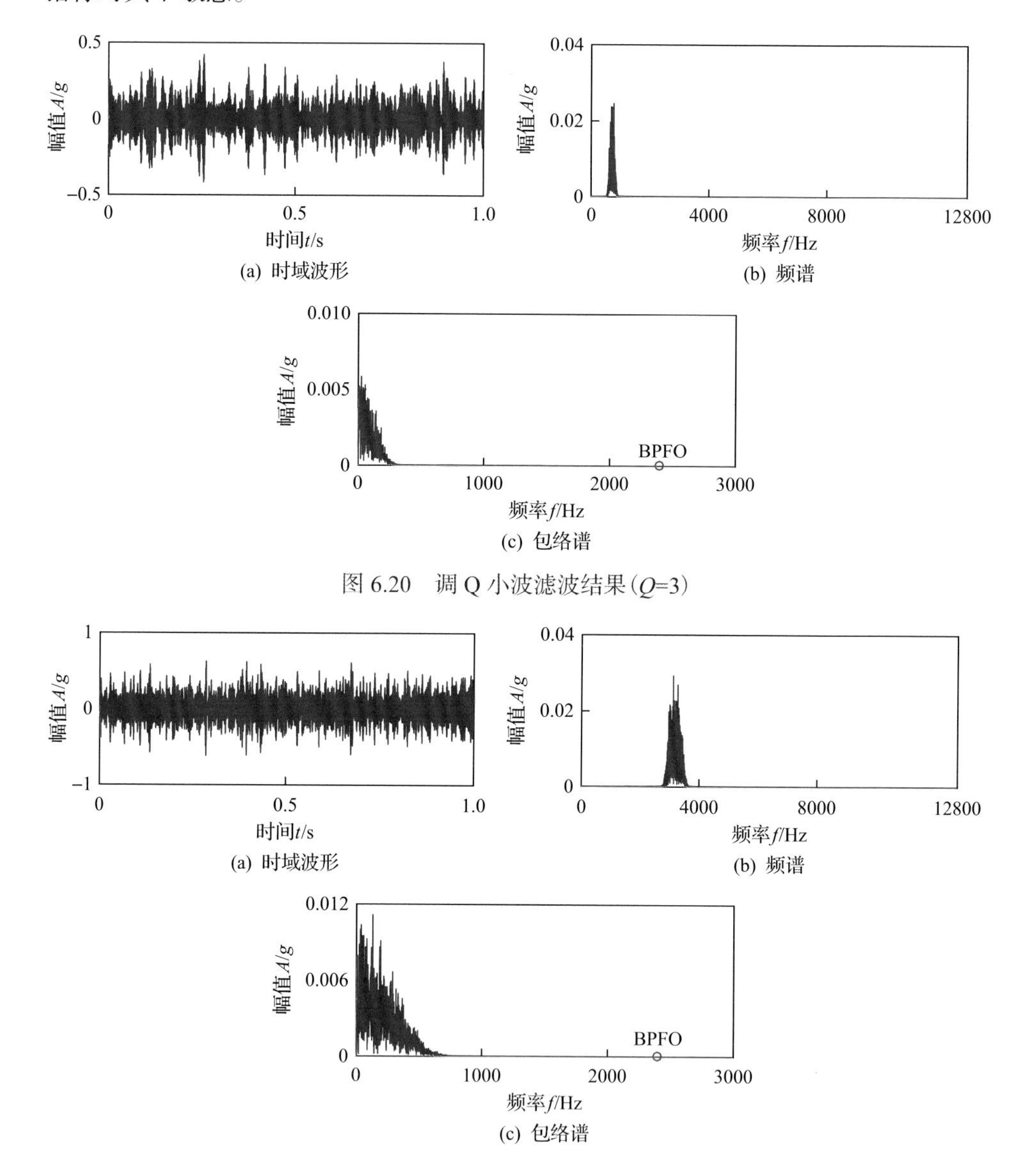

图 6.20　调 Q 小波滤波结果(Q=3)

图 6.21　调 Q 小波滤波结果(Q=6)

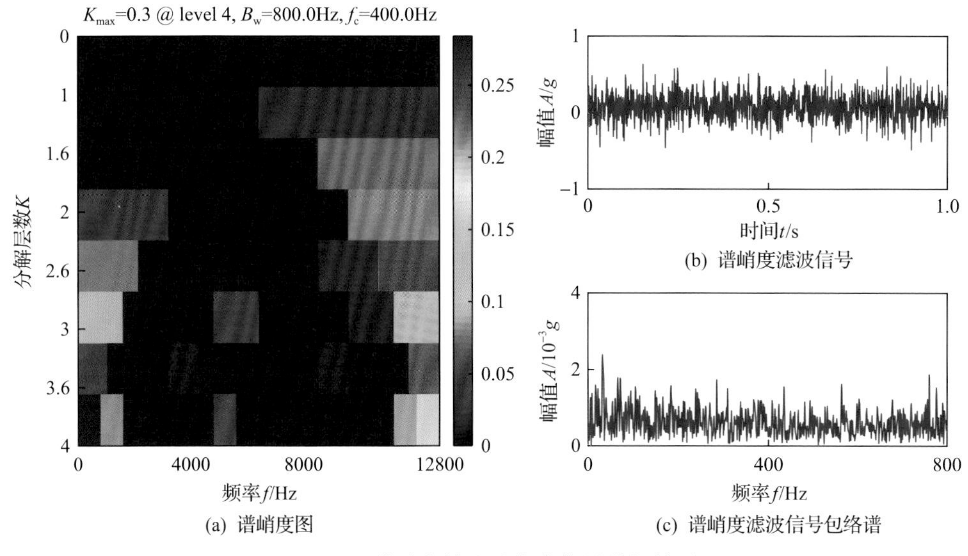

(a) 谱峭度图　(b) 谱峭度滤波信号　(c) 谱峭度滤波信号包络谱

图 6.22　谱峭度算法对仿真信号分解结果

6.7　大 *DN* 值轴承振动信号实例分析

通过某型号航空轴承故障模拟试验验证算法的有效性。轴承试验机采用中国燃气涡轮研究院的某型号中等尺寸轴承试验器，该试验器由轴承试验头、驱动装置、液压加载系统、润滑系统、控制系统等部分组成，其中试验机主体结构简图及振动传感器测点布置如图 6.23 所示。试验机通过高速电主轴驱动，试验头为两端简支结构，包含 4 个尺寸相同的轴承，其中 1#轴承为测试轴承，2#和 3#轴承为支撑轴承，4#轴承为陪试轴承。测试轴承选用某型号航空发动机轴承，其尺寸和性能参数如表 6.2 所示。

为模拟航空主轴轴承早期剥落故障，试验轴承用电动研磨笔预制剥落面积为 1.0mm^2、剥落长度为 1.128mm 的局部故障，如图 6.24 所示。试验过程中，轴承转速、载荷和温度等运行工况参数在控制主机上设置，然后通过控制系统驱动高速电主轴、加载系统工作，保证轴承在设定的载荷和转速条件下运行。测试轴承受径向载荷和轴向载荷共同作用，其中轴向载荷通过液压加载系统作用在 2#和 3#轴承上，并通过轴传递到 1#和 4#轴承上。径向载荷通过液压加载系统施加到衬套上，并通过 2#和 3#轴承传递至轴上，最终作用在 1#和 4#轴承上。

在试验运行过程中，轴承径向加载 350N，轴向加载 1000N，润滑油流量为 2～2.2L/min，润滑油为 4050 航空润滑油。振动传感器采用加速度传感器，传感器位置如图 6.23 所示，将试验轴承分别安装在 1#测试轴承和 4#陪试轴承的轴承座上。

振动信号利用数据采集仪记录，采样频率为 50kHz。

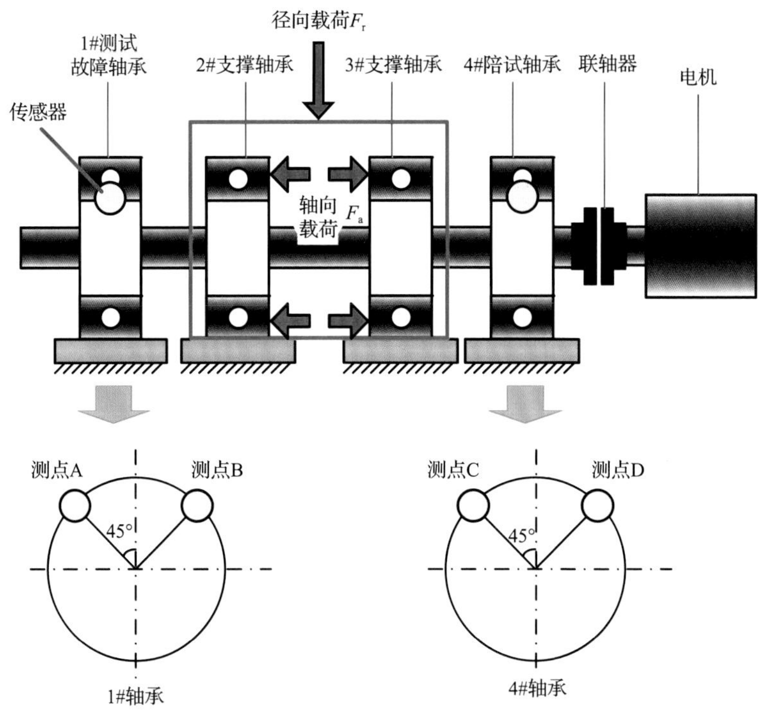

图 6.23　航空轴承试验机主体结构简图及振动传感器测点布置

表 6.2　测试轴承尺寸和性能参数

轴承类型	内径 d/mm	外径 D/mm	厚度 B/mm	接触角/(°)	滚子直径 d_b/mm	滚子个数 n/个
三点角接触球轴承	46	73.7	16.2	35(静态)	9.525	15

(a) 试验轴承

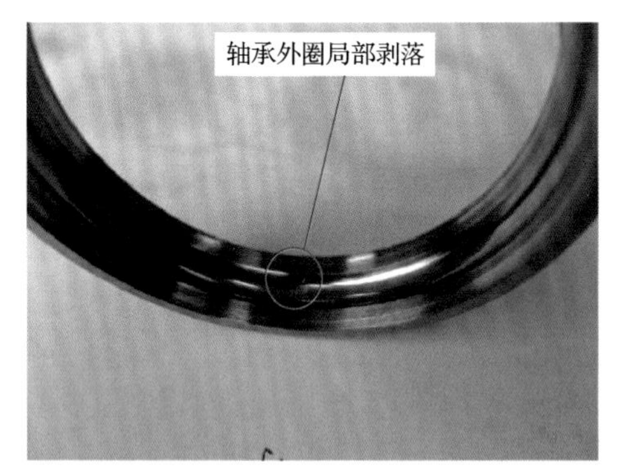

(b) 试验轴承外圈局部剥落

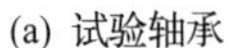

图 6.24　试验轴承及其局部剥落照片

利用转速为 25000r/min 时的振动信号进行算法的验证，此时其 DN 值为 1.15×10^6，已达到现役航空发动机工作 DN 值量级，可有效模拟航空轴承的工作状况。图 6.25 为航空轴承测试信号及其谱分析。该工况下，轴承外圈故障特征频率 BPFO 为 2721.3Hz，依据轴承的故障动态响应机理，在 0.0036s 的时间间隔内，滚动体连续经过外圈局部剥落约 10 次，即该时间间隔内应包含约 10 个振荡衰减的冲击信号。图 6.25(b) 为 0.0036s 的测试信号局部时域波形，由于大 DN 值轴承故障时域波形的混叠现象，无法辨识任何奇异性信息。图 6.25(d) 为测试信号的包络谱，图中除转频信息外，含有大量能量较强的谐波干扰信息，而外圈故障特征频率 BPFO 及其各阶倍频极其微弱。

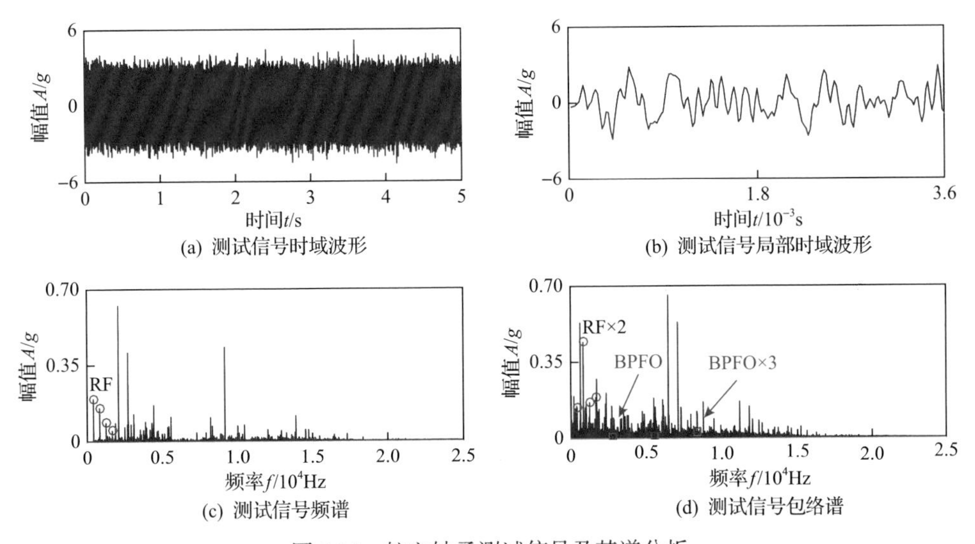

(a) 测试信号时域波形 (b) 测试信号局部时域波形

(c) 测试信号频谱 (d) 测试信号包络谱

图 6.25 航空轴承测试信号及其谱分析

图 6.26 为航空轴承的提出算法分解结果，其中算法的分块长度设置为单个故障周期所包含的信号点数，即 $\dfrac{f_s}{\text{BPFO}}$，其余参数设置均与仿真试验相同。从图 6.26(d) 可以看出，提出算法分解结果的包络谱中可清晰辨识轴承外圈故障特征频率 BPFO 及其前三阶倍频，大量的噪声和谐波干扰被有效滤除。

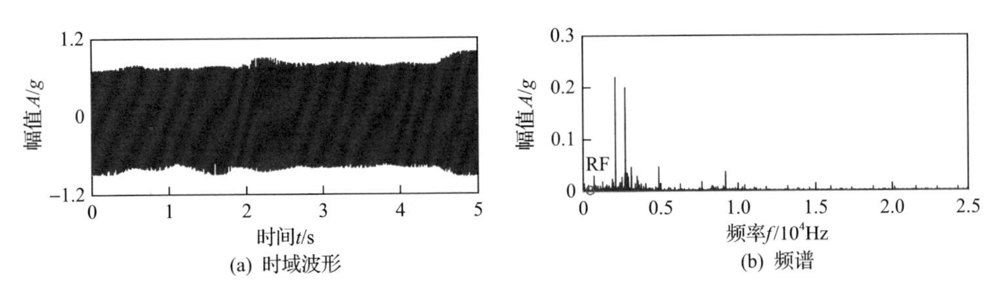

(a) 时域波形 (b) 频谱

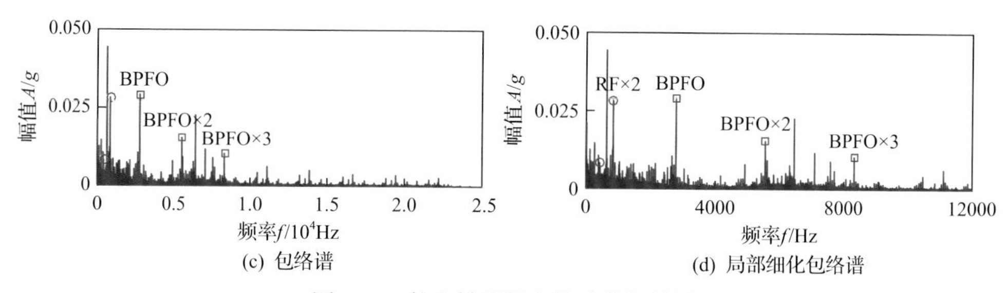

(c) 包络谱　　(d) 局部细化包络谱

图 6.26　航空轴承提出算法分解结果

为进一步验证算法的有效性和优越性，采用四类对比算法分析上述测试信号，结果如图 6.27～图 6.30 所示。可以看出，这几种算法均无法从包络谱中辨识故障特征频率及其倍频信息，进一步验证了提出的非局部相似结构稀疏学习算法对于大 *DN* 值航空轴承故障特征辨识的有效性。

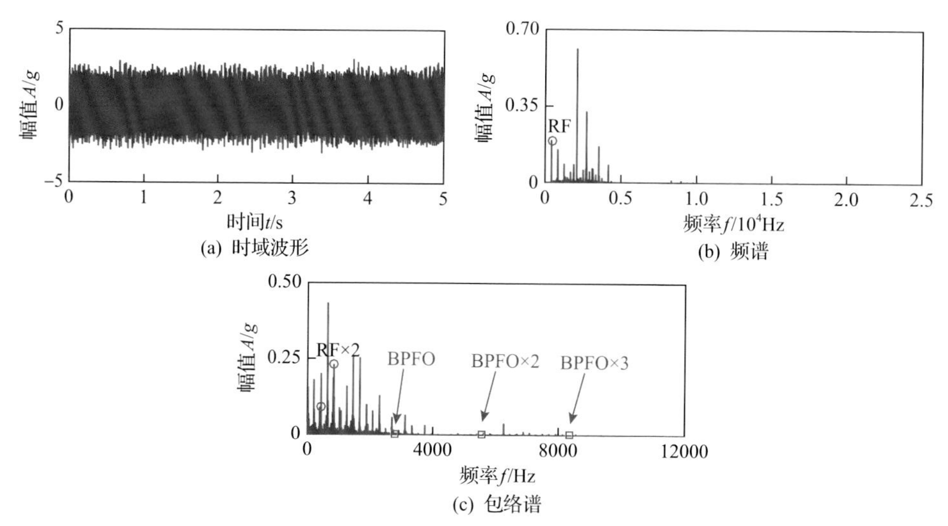

(a) 时域波形　　(b) 频谱

(c) 包络谱

图 6.27　航空轴承 Db8 小波相邻系数消噪结果

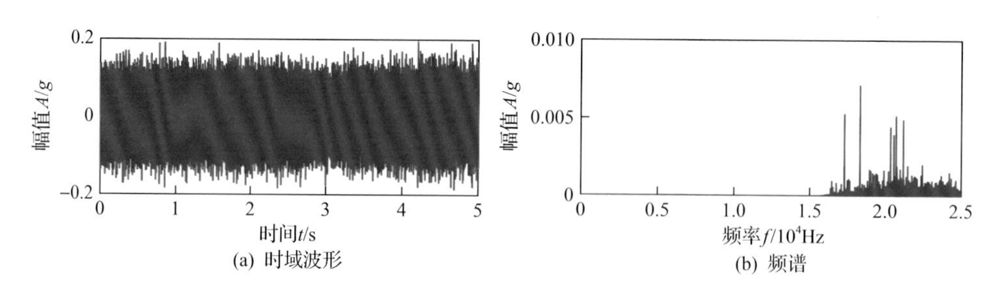

(a) 时域波形　　(b) 频谱

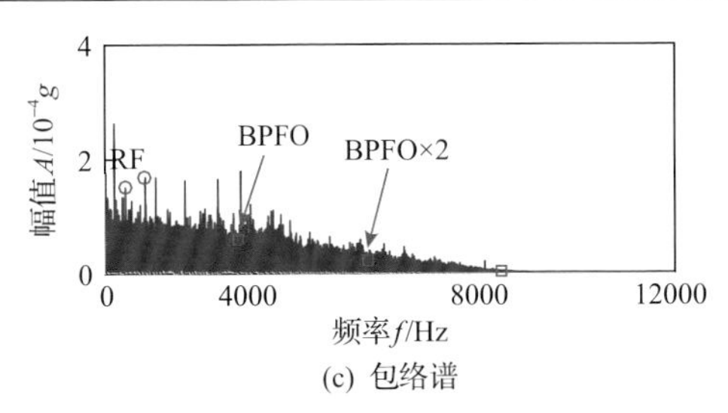

(c) 包络谱

图 6.28　航空轴承调 Q 小波滤波结果(Q=4)

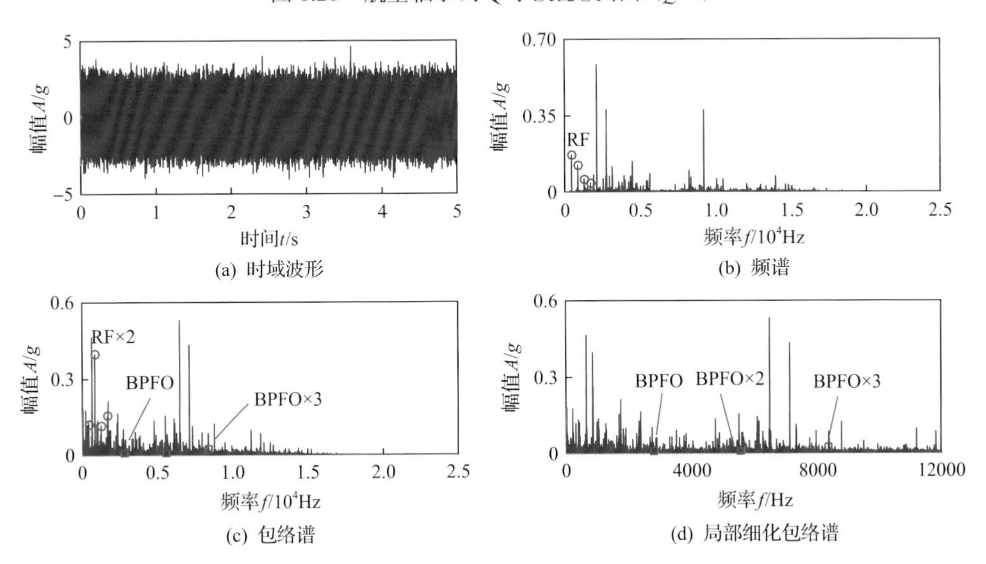

(a) 时域波形　(b) 频谱

(c) 包络谱　(d) 局部细化包络谱

图 6.29　航空轴承 BPDN 算法分解结果

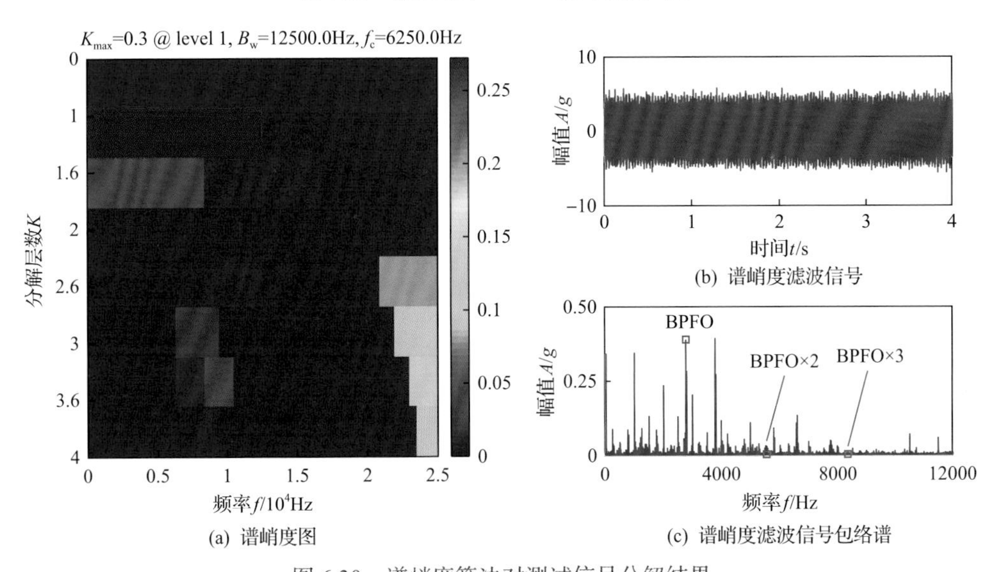

(a) 谱峭度图　(b) 谱峭度滤波信号

(c) 谱峭度滤波信号包络谱

图 6.30　谱峭度算法对测试信号分解结果

参考文献

[1] 陈光, 洪杰, 马艳红. 航空燃气涡轮发动机结构. 北京: 北京航空航天大学出版社, 2010.

[2] Ashtekar A, Sadeghi F. Experimental and analytical investigation of high speed turbocharger ball bearings. Journal of Engineering for Gas Turbines and Power, 2011, 133(12): 122501.

[3] Hu J B, Wu W, Wu M X, et al. Numerical investigation of the air-oil two-phase flow inside an oil-jet lubricated ball bearing. International Journal of Heat and Mass Transfer, 2014, 68: 85-93.

[4] Singh S, Howard C Q, Hansen C H. An extensive review of vibration modelling of rolling element bearings with localised and extended defects. Journal of Sound and Vibration, 2015, 357: 300-330.

[5] Randall R B, Antoni J. Rolling element bearing diagnostics—A tutorial. Mechanical Systems and Signal Processing, 2011, 25(2): 485-520.

[6] Li C, Liang M, Wang T Y. Criterion fusion for spectral segmentation and its application to optimal demodulation of bearing vibration signals. Mechanical Systems and Signal Processing, 2015, 64-65: 132-148.

[7] Zhang H, Chen X F, Du Z H, et al. Kurtosis based weighted sparse model with convex optimization technique for bearing fault diagnosis. Mechanical Systems and Signal Processing, 2016, 80(1): 349-376.

[8] Zhang Y, Tang B P, Liu Z R, et al. An adaptive demodulation approach for bearing fault detection based on adaptive wavelet filtering and spectral subtraction. Measurement Science and Technology, 2016, 27(2): 025001.

[9] Wang Y X, Xiang J W, Markert R, et al. Spectral kurtosis for fault detection, diagnosis and prognostics of rotating machines: A review with applications. Mechanical Systems and Signal Processing, 2016, 66-67: 679-698.

[10] Bruckstein A M, Donoho D L, Elad M. From sparse solutions of systems of equations to sparse modeling of signals and images. SIAM Review, 2009, 51(1): 34-81.

[11] Rubinstein R, Bruckstein A M, Elad M. Dictionaries for sparse representation modeling. Proceedings of the IEEE, 2010, 98(6): 1045-1057.

[12] Engan K, Aase S O, Hakon Husoy J. Method of optimal directions for frame design. IEEE International Conference on Acoustics, Speech, and Signal Processing, 1999: 2443-2446.

[13] Aharon M, Elad M, Bruckstein A. K-SVD: An algorithm for designing overcomplete dictionaries for sparse representation. IEEE Transactions on Signal Processing, 2006, 54(11): 4311-4322.

[14] Rubinstein R, Peleg T, Elad M. Analysis K-SVD: A dictionary-learning algorithm for the

analysis sparse model. IEEE Transactions on Signal Processing, 2013, 61(3): 661-677.

[15] Shao L, Yan R M, Li X L, et al. From heuristic optimization to dictionary learning: A review and comprehensive comparison of image denoising algorithms. IEEE Transactions on Cybernetics, 2014, 44(7): 1001-1013.

[16] Yang J M, Yang M H. Top-down visual saliency via joint CRF and dictionary learning. IEEE Transactions on Pattern Analysis and Machine Intelligence, 2017, 39(3): 576-588.

[17] Mailhe B, Lesage S, Gribonval R, et al. Shift-invariant dictionary learning for sparse representations: extending K-SVD. The 16th European Signal Processing Conference, Lausanne, 2008: 1-5.

[18] Ophir B, Lustig M, Elad M. Multi-scale dictionary learning using wavelets. IEEE Journal of Selected Topics in Signal Processing, 2011, 5(5): 1014-1024.

[19] Cai J F, Ji H, Shen Z W, et al. Data-driven tight frame construction and image denoising. Applied and Computational Harmonic Analysis, 2014, 37(1): 89-105.

[20] Bao C L, Ji H, Quan Y H, et al. Dictionary learning for sparse coding: Algorithms and convergence analysis. IEEE Transactions on Pattern Analysis and Machine Intelligence, 2016, 38(7): 1356-1369.

[21] Sulam J, Ophir B, Zibulevsky M, et al. Trainlets: Dictionary learning in high dimensions. IEEE Transactions on Signal Processing, 2016, 64(12): 3180-3193.

[22] Buades A, Coll B, Morel J M. A non-local algorithm for image denoising. IEEE Computer Society Conference on Computer Vision and Pattern Recognition, San Diego, 2005: 60-65.

[23] Dong W S, Zhang L, Lukac R, et al. Sparse representation based image interpolation with nonlocal autoregressive modeling. IEEE Transactions on Image Processing, 2013, 22(4): 1382-1394.

[24] Cruz C, Foi A, Katkovnik V, et al. Nonlocality-reinforced convolutional neural networks for image denoising. IEEE Signal Processing Letters, 2018, 25(8): 1216-1220.

[25] Du Z, Chen X, Zhang H, et al. Learning collaborative sparsity structure via nonconvex optimization for feature recognition. IEEE Transactions on Industrial Informatics, 2018, 14(10): 4417-4430.

[26] Chang K, Ding P L K, Li B X. Single image super-resolution using collaborative representation and non-local self-similarity. Signal Processing, 2018, 149: 49-61.

[27] Dong W S, Zhang L, Shi G M, et al. Nonlocally centralized sparse representation for image restoration. IEEE Transactions on Image Processing, 2013, 22(4): 1620-1630.

[28] Buades A, Coll B, Morel J M. Image denoising methods: A new nonlocal principle. SIAM Review, 2010, 52(1): 113-147.

[29] Xu Y Y, Yin W T. A block coordinate descent method for regularized multiconvex optimization with applications to nonnegative tensor factorization and completion. SIAM Journal on Imaging Sciences, 2013, 6(3): 1758-1789.

[30] Razaviyayn M, Hong M Y, Luo Z Q. A unified convergence analysis of block successive minimization methods for nonsmooth optimization. SIAM Journal on Optimization, 2013, 23(2): 1126-1153.

[31] Davis D. Convergence rate analysis of primal-dual splitting schemes. SIAM Journal on Optimization, 2015, 25(3): 1912-1943.

[32] Donoho D L. De-noising by soft-thresholding. IEEE Transactions on Information Theory, 1995, 41(3): 613-627.

第 7 章　自相似加权稀疏秩结构

自相似现象在自然界中无处不在，如树的结构、海岸线的特征、遗传基因的表达等，它是一种广泛存在于自然界和人类社会中的普遍法则。该现象产生了新研究理论，包括分形理论、混沌理论等。机电装备是可感知的客观对象，其周期往复的运行模式会产生自相似的特征信号。自相似信号携带了机电装备重要的运行状态信息，当机电系统的运动接触表面存在故障时，该现象尤为明显，因此从观测信号中挖掘与机电装备健康状态相关的自相似成分对其故障诊断具有重要意义。

机电系统各子系统、零部件运行会产生大量信号成分，且在实际工况中存在多类背景噪声，使得自相似信息在传感器采集的数据中呈现出微弱耦合现象，本章针对微弱自相似特征的解耦辨识问题展开研究。McFadden[1]利用自相似性来开发时域同步平均算法，提取特定的谐波成分；研究者对时域同步平均算法进行改进并应用于机电装备的特征辨识中[2-4]，如频域同步平均、无转速同步平均等。为将时域同步平均技术应用于变转速工况下的旋转机械诊断问题，工程界广泛采用阶比追踪技术[5-7]：通过参考转速信号对同步测试的非平稳信号进行重采样，时域变速信号被变换为角域平稳信号；再利用傅里叶谐波分析得到阶比谱并进行可靠的特征辨识，从而解决旋转机械的非平稳信号特征辨识问题。此外，小波分析技术和谱峭度分析技术中的多速率滤波器组也利用了信号自相似特性。小波分析是一种多分辨分析方法，通过母小波的尺度伸缩变换，在不同尺度上捕捉观测信号中的关键特征。由于所有尺度上的小波均具有高度的相似性，基于小波变换的诊断技术本质上是基于多个尺度视角观测信号中的自相似成分。为合理地将时频空间分割为多类重叠的滤波器组，Antoni[8]通过构造 1/2 和 1/3 两类采样滤波器，对滤波频带进行重叠分割，构建时频域的自相似划分，保证特征信息频带的重叠无遗漏表达。此外，Xu 等[9]在对比小波包的自相似分割模式与 Antoni 的时频分割模式的基础上，提出基于小波的提升谱峭度分析技术。因而，谱峭度的时频划分也充分体现出滤波器组的自相似特性。

利用机电装备信息的自相似性进行特征辨识的技术已得到广泛研究，并据此提出大量的特征辨识算法。然而，针对微弱自相似特性的解耦辨识问题，仍有以下两方面困难：

(1) 为获取特征自相似模式，当前大部分方法需要利用同步参考信号，如同步平均中使用的转速信号。然而，在实际应用中，额外采集高精度的参考信号并进行数值重采样转换，不仅增加了算法复杂度，而且降低了微弱特征辨识精度。

(2)基于自相似性的信号分解技术是依据大量经验知识设计的，其对任意的测试信号均采用固定的分解流程。然而，机电系统类型多样，测试信号中的特征模式复杂多变，此类技术灵活性不足，在复杂机电装备特征辨识中难以满足工程需求。

为解决微弱自相似特征解耦辨识问题，基于结构化稀疏学习诊断理论，本章提出加权低秩学习诊断策略，如图 7.1 所示。该策略依据故障特征奇异值的统计分析，发现特征分量在匹配的秩空间具有快速衰减的稀疏分布模式，而耦合分量和噪声成分的秩序列呈现出相对稠密的分布规律，利用这一统计分布的差异性，设计稀疏秩吸引子，消除了不同成分之间的耦合关系。此外，该模型采用机器学习领域中广泛使用的奇异值分解运算，基于观测数据自动构建稀疏秩表达空间，实现在数据中自适应挖掘特征信息，增强模型泛化能力。为可靠逼近特征信息所在秩空间中的稀疏分布模式，构造反比于奇异值幅值的加权序列，使得提出的模型保留了可靠的大奇异值能量，消除了干扰分量和噪声成分的小奇异值影响。该方法利用广义块坐标优化求解框架，把模型求解过程分解为两类独立的子优化问题，采用核范数的邻近点算子得到迭代过程中所有子优化问题的闭式解。最后，通过仿真试验，对模型参数进行全面分析，提出自适应正则参数搜寻机制，降低了算法的正则参数配置复杂度。

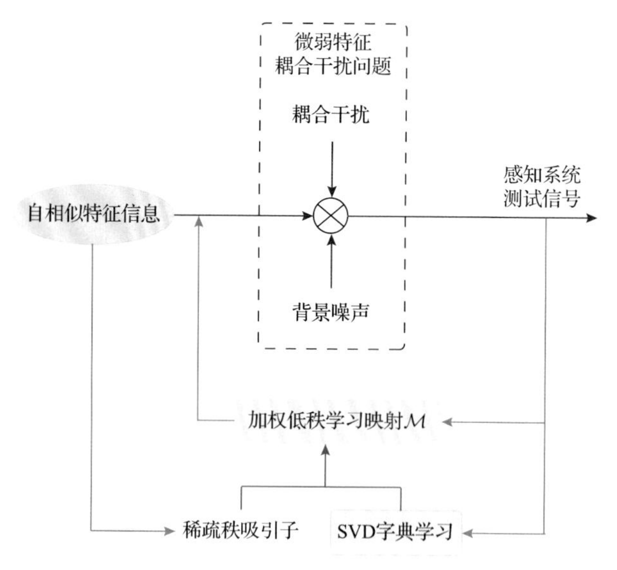

图 7.1　加权低秩学习诊断策略

7.1　自相似加权稀疏秩结构正则建模和优化求解

机电系统周期性或往复式运动使其动态响应呈现自相似模式，以其运动周期为基本单位，对整个特征信号进行分割，得到的块信号集具有相似的振荡波形，该相似性为特征辨识提供直观的先验信息。通过构建一个合适的表达空间或字典，将具有相似振荡波形的特征块信号集中在变换字典的低维主子空间，而其余成分集中在与主子空间不相干的子空间，就能实现微弱自相似特征的解耦辨识。

7.1.1　秩空间设计

假设所测量系统的信号 $\boldsymbol{y}$ 为

$$\boldsymbol{y}=\boldsymbol{x}+\boldsymbol{h}+\boldsymbol{g}=\boldsymbol{x}+\boldsymbol{e} \tag{7.1}$$

式中，$\boldsymbol{h}\in\mathbb{R}^{m\times1}$ 为耦合干扰成分；$\boldsymbol{g}\in\mathbb{R}^{m\times1}$ 为背景噪声；$\boldsymbol{e}\in\mathbb{R}^{m\times1}$ 为非相关分量。

为获得相似的振荡波形集合，构造分块算子 $\boldsymbol{\mathcal{R}}:\mathbb{R}^m\mapsto\mathbb{R}^{M\times N}$，如图 7.2 所示。$\boldsymbol{\mathcal{R}}_i:\mathbb{R}^m\mapsto\mathbb{R}^{M\times1}$ 表示从特征信息 $\boldsymbol{x}$ 中提取第 i 个块信号，反之，$\boldsymbol{\mathcal{R}}_i^{\mathrm{T}}$ 表示把某一数据块填入指定的一维信号向量中。若把 $\boldsymbol{\mathcal{R}}_i(\boldsymbol{x})$ 作为数据矩阵 $\boldsymbol{X}$ 的第 i 列，则组建特征信息的二维矩阵表示：

$$\boldsymbol{X}=\underbrace{\begin{bmatrix}\boldsymbol{\mathcal{R}}_1 & \boldsymbol{\mathcal{R}}_2 & \cdots & \boldsymbol{\mathcal{R}}_{N-1} & \boldsymbol{\mathcal{R}}_N\end{bmatrix}}_{\boldsymbol{\mathcal{R}}}\boldsymbol{x}=\boldsymbol{\mathcal{R}}(\boldsymbol{x}) \tag{7.2}$$

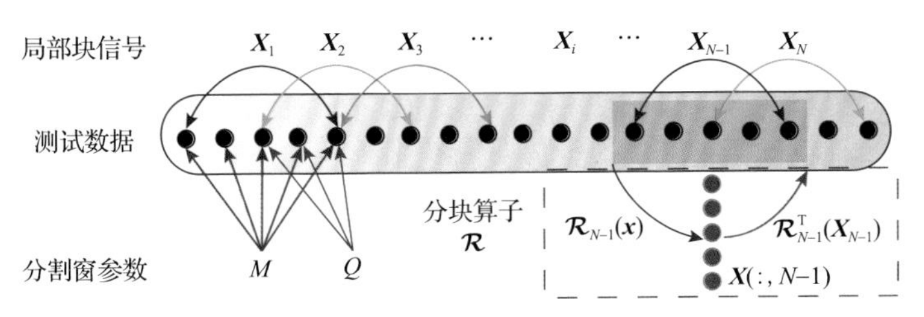

图 7.2　分块算子 $\boldsymbol{\mathcal{R}}$ 的示意图

为保证 $\boldsymbol{X}$ 与 $\boldsymbol{x}$ 具有一一映射关系，构建下面的 $\boldsymbol{\mathcal{R}}^{-1}$ 逆映射变换：

$$\boldsymbol{\mathcal{R}}^{-1}=\left(\sum_{i=1}^{N}\boldsymbol{\mathcal{R}}_i^{\mathrm{T}}\boldsymbol{\mathcal{R}}_i\right)^{-1}\boldsymbol{\mathcal{R}}^{\mathrm{T}} \tag{7.3}$$

算子 $\boldsymbol{\mathcal{R}}$ 和 $\boldsymbol{\mathcal{R}}^{-1}$ 保证了特征信号 $\boldsymbol{x}$ 和局部信号矩阵 $\boldsymbol{X}$ 的等价性，但是如何使得 $\boldsymbol{X}$ 能有效捕捉到自相似特征取决于分块算子 $\boldsymbol{\mathcal{R}}$ 的基础窗长度 $\hat{M}$。为保证每个 $\boldsymbol{\mathcal{R}}_i$ 至少

保留一个特征信息周期，则 $\hat{M}$ 需满足

$$\hat{M} \geqslant \frac{f_{\mathrm{s}}}{f_{\mathrm{c}}} \tag{7.4}$$

式中，f_{s} 为采样频率；f_{c} 为自相似特征信息的频率。

为消除分块算子端点不连续性问题，采用重叠窗分割技术，则分割窗长度 M 设置为

$$M = \hat{M} + r \geqslant \frac{f_{\mathrm{s}}}{f_{\mathrm{c}}} + r \tag{7.5}$$

式中，r 为分块算子的重叠长度。

若采用较大的 $\hat{M}$ 和 r，则每个局部块信号 $\mathcal{R}_i(\boldsymbol{x})$ 涵盖了机电系统更长时间的运行数据；然而，机电系统不可避免具有速度波动和随机扰动，因而降低了局部信号矩阵 $\boldsymbol{X}$ 的自相似性，增加了特征辨识的难度。此外，较大的 M 会导致高维度的矩阵 $\boldsymbol{X}$，必然增加后续特征辨识算法的计算复杂度。因此，最终采用 $\mathcal{R}$ 参数配置方案为

$$M = \frac{f_{\mathrm{s}}}{f_{\mathrm{c}}} + r \tag{7.6}$$

利用分块算子 $\mathcal{R}$ 对测试信号 $\boldsymbol{y}$ 和其中的各个子分量进行相同的操作，则原始信号模型(7.1)转换为如下等价形式：

$$\boldsymbol{Y} = \boldsymbol{X} + \boldsymbol{H} + \boldsymbol{G} = \boldsymbol{X} + \boldsymbol{E} \tag{7.7}$$

基于矩阵分析理论，可通过 SVD 技术把列相似矩阵潜在的相似特征信息投影到主子空间，且主子空间的方向向量可从数据中自动组建，因此在 SVD 技术构建的秩空间中具有高度的能量集聚性，这为结构化稀疏学习诊断理论中数据驱动的学习字典奠定了基础。对于矩阵 $\boldsymbol{X} \in \mathbb{R}^{M \times N}$，依据 SVD 定义可以得到

$$\boldsymbol{X} = \boldsymbol{U\Sigma V}^{\mathrm{T}} = \sum_{i=1}^{\min\{M,N\}} \sigma_i u_i v_i \tag{7.8}$$

7.1.2 自相似结构稀疏秩描述

为挖掘自相似特征信息的秩分布先验知识，本节对齿轮轴承复合试验台[10,11]的多类故障信号进行统计分析。试验台如图 7.3 所示。试验轴承的几何参数和特征频率如表 7.1 所示，齿轮箱为一级传动，其中大齿轮齿数为 75，小齿轮齿数为 55。在故障模拟试验中，分别预制了四类齿轮故障和三类轴承故障，基于故障的自相

似特征周期构造相应的分块算子，并对测试信号的局部信号矩阵进行低秩空间变换，得到相应的奇异值分布序列。

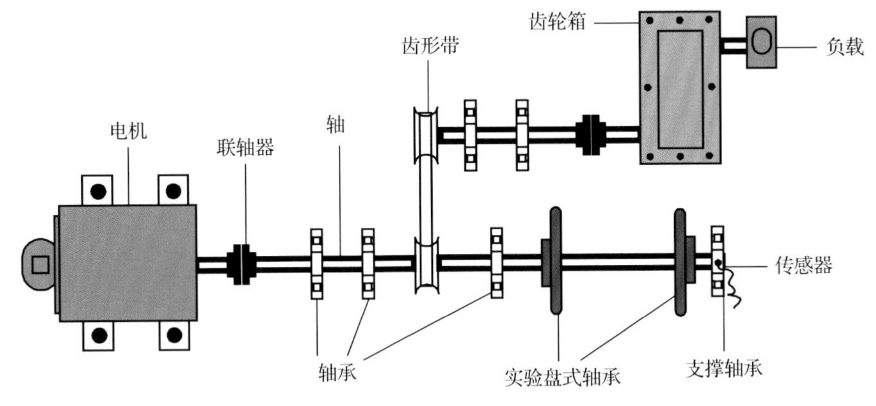

图 7.3　齿轮轴承复合试验台

表 7.1　试验轴承的几何参数和特征频率

参数名称	数值
转速	10r/min
滚子直径	18mm
接触角	20°
外圈直径	130mm
内圈直径	60mm
外圈故障特征频率	27.02Hz
内圈故障特征频率	39.65Hz
滚动体故障特征频率	16.96Hz

图 7.4 为轴承齿轮的奇异值分布模式。从图 7.4 中得出以下规律：

(1)正常齿轮信号的奇异值序列衰减速度快，能量集中在个别大奇异值上，呈现稀疏分布规律。所有与齿轮相关的故障特征信号奇异值序列衰减速度均小于正常齿轮的衰减速度。磨损和局部失效故障特征信号奇异值序列的衰减规律与正常齿轮相似，秩序列均呈现稀疏分布的模式，表现尤其明显；然而，不对中和偏心故障的秩序列则呈现出均匀稠密的分布形式。

(2)所有轴承故障特征信号奇异值序列均快速衰减，轴承故障信息主要集中在少数大的奇异值上，奇异值序列呈现稀疏分布规律。滚动体故障特征信号奇异值序列下降速度远大于正常信号。针对大奇异值，内圈故障特征信号奇异值序列幅值下降速度快于正常信号。外圈故障奇异值序列在大奇异值处的衰减速度略慢于正常信号，但在奇异值序列的中间呈现突然下降的趋势。

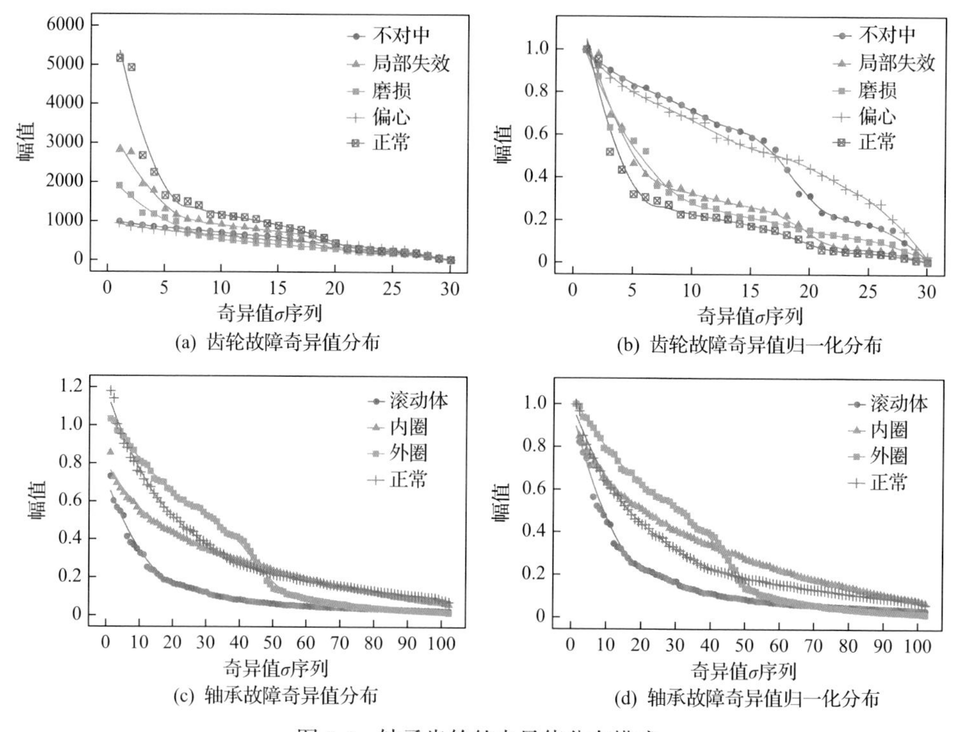

(a) 齿轮故障奇异值分布　(b) 齿轮故障奇异值归一化分布

(c) 轴承故障奇异值分布　(d) 轴承故障奇异值归一化分布

图 7.4　轴承齿轮的奇异值分布模式

(3) 以正常信号为基准，对比齿轮故障和轴承故障信号的下降速度可得，所有齿轮故障的衰减速度均慢于轴承故障的衰减速度，轴承故障的奇异值不具有小奇异值的平坦分布特征，能量分布更稀疏。

因此，在匹配的秩空间中，耦合的特征信号能量呈现不同的稀疏衰减分布规律，为设计特征解耦问题算法提供了关键先验知识，如齿轮箱的轴承故障特征辨识问题。此外，由于背景噪声是多类噪声、干扰叠加的综合表现，由统计学中的大数定理可知，背景噪声具有独立同分布的特征，因此在秩空间中具有均匀稠密分布的规律。对于微弱特征解耦辨识问题，若以微弱特征的自相似周期为分割长度对观测信号进行局部化处理，将特征信息的自相似特性转换为局部信号矩阵的列相似特征，使得其奇异值满足快速衰减的分布规律，进而特征信息在秩空间中呈现稀疏分布的现象。反之，由于分割窗函数与非相关分量(耦合信号和噪声成分)的自相似特性不匹配，奇异值向量呈现出相对稠密的秩分布模式，因此信息的秩稀疏模式是信号内在自相似特性的固有统计特征，为微弱特征的解耦辨识问题提供结构化先验知识，上述奇异值稀疏分布规律可以定义为稀疏秩吸引子，如图 7.5 所示。

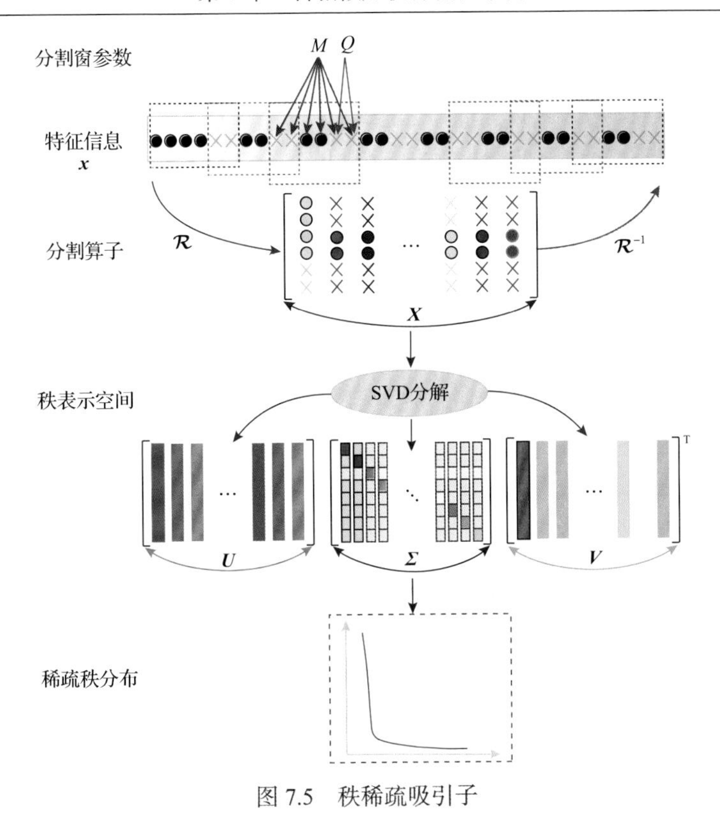

图 7.5　秩稀疏吸引子

7.1.3　加权稀疏秩正则模型

观测信号的奇异值分布模式如图 7.6 所示。从图中可以看出，特征信息呈现稀疏模式，从而使得观测信号的大奇异值主要表征了关注的自相似信息，小奇异值则几乎为无用信息。针对自相似微弱特征解耦辨识问题，引入稀疏秩吸引子约束，提出低秩学习诊断模型：

$$\left\{\hat{\boldsymbol{x}},\hat{\boldsymbol{X}}\right\}=\underset{\boldsymbol{x},\boldsymbol{X}}{\operatorname{argmin}}\ \frac{1}{2}\left\|\boldsymbol{y}-\boldsymbol{x}\right\|_2^2+\frac{\eta}{2}\left\|\boldsymbol{\mathcal{R}}\left(\boldsymbol{x}\right)-\boldsymbol{X}\right\|_{\mathrm{F}}^2+\lambda\operatorname{rank}\left(\boldsymbol{X}\right) \tag{7.9}$$

式中，第一项为数据保真项，保证提取的自相似特征信息与观测信号具有较高的一致性；第二项确保了 1 维特征信息与其 2 维矩阵表示具有一致性；第三项是特征信息的低秩统计先验知识，有效地保障了大奇异值特征信息的完整性，消除了无用的小奇异值信息；η 和 λ 为模型的正则参数。

该优化问题是一个组合优化问题，与 NP 难问题等价，优化计算技术无法有效地搜索到最优解[12]。因此，为了保证模型具有可求解性，采用凸核范数替代秩优化项[13]，得到如下优化问题：

$$\left\{\hat{\boldsymbol{x}}, \hat{\boldsymbol{X}}\right\} = \underset{\boldsymbol{x}, \boldsymbol{X}}{\operatorname{argmin}} \ \frac{1}{2}\|\boldsymbol{y}-\boldsymbol{x}\|_2^2 + \frac{\eta}{2}\|\boldsymbol{\mathcal{R}}(\boldsymbol{x})-\boldsymbol{X}\|_{\mathrm{F}}^2 + \lambda\|\boldsymbol{X}\|_* \tag{7.10}$$

式中，$\|\boldsymbol{X}\|_*$ 为矩阵 $\boldsymbol{X}$ 的核范数。

$$\|\boldsymbol{X}\|_* = \sum_{i=1}^{M}\sigma_i \tag{7.11}$$

式中，$\sigma_1,\sigma_2,\cdots,\sigma_M$ 为矩阵 $\boldsymbol{X}$ 在 SVD 分解后的奇异值序列。

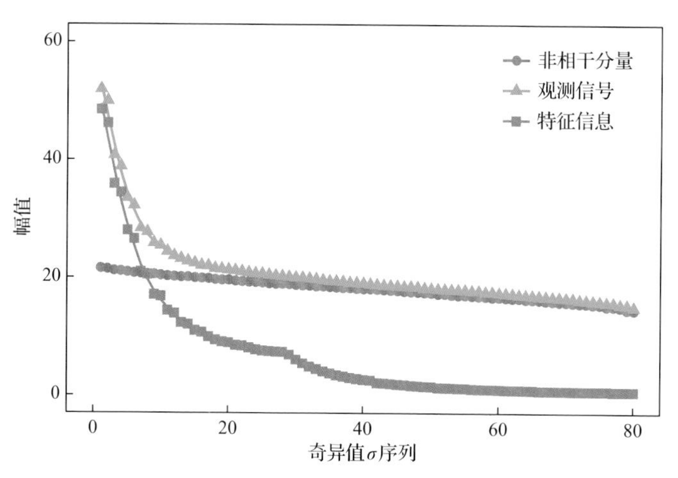

图 7.6　观测信号的奇异值分布模式

虽然基于核范数的特征辨识模型(7.10)是凸优化问题，但核范数在移除非相干成分的奇异值时，对所有奇异值采取了同样的能量去除策略，忽视了大奇异值携带的微弱特征能量，使得到的奇异值分布与真实分布具有较大差异，如图 7.7 所示。为进一步增强核范数对特征信息的表达能力，引入加权向量序列，其中每个 w_i 为

$$w_i^k = \frac{c}{\sigma_i^k + \zeta} \tag{7.12}$$

式中，σ_i^k 为第 k 次迭代过程中第 i 个奇异值；ζ 为一个小正数，用于保证 $\sigma_i=0$ 导致的无穷大问题；c 为一个正比于噪声水平 δ 的因子。

通过加权向量 $\boldsymbol{w}$ 修正核范数 $\|\boldsymbol{X}\|_*$，得到

$$\|\boldsymbol{X}\|_{\boldsymbol{w},*} = \sum_{i=1}^{M} w_i\sigma_i \tag{7.13}$$

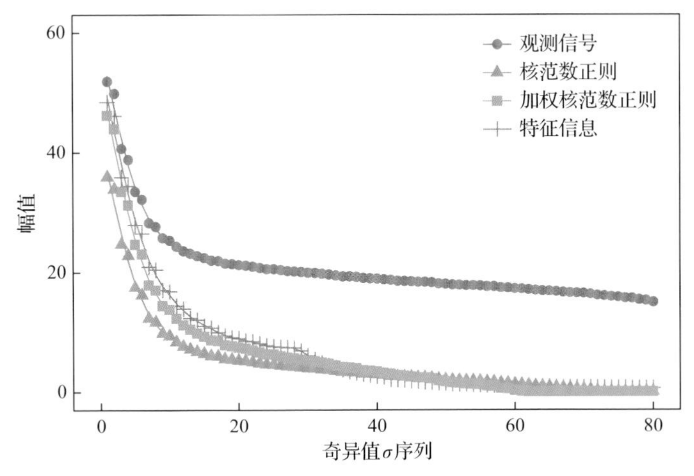

图 7.7　加权核范数正则化的奇异值分布模式

加权核范数的优势在于通过奇异值幅值自动决定其惩罚力度，使得对大奇异值衰减较小，小奇异值收缩较大，有效保证在移除非相关成分的奇异值时，保留自相似特征信息，从而有效地逼近真实的稀疏奇异值序列分布模式。

利用 $\|\boldsymbol{X}\|_{\boldsymbol{w},*}$ 取代优化问题(7.10)中的 $\|\boldsymbol{X}\|_*$ 项，得到加权低秩学习诊断模型(weighted low rank model, WLRM)，即

$$\left\{\hat{\boldsymbol{x}},\hat{\boldsymbol{X}}\right\}=\underset{\boldsymbol{x},\boldsymbol{X}}{\operatorname{argmin}}\ \frac{1}{2}\|\boldsymbol{y}-\boldsymbol{x}\|_2^2+\frac{\eta}{2}\|\boldsymbol{\mathcal{R}}(\boldsymbol{x})-\boldsymbol{X}\|_{\mathrm{F}}^2+\lambda\|\boldsymbol{X}\|_{\boldsymbol{w},*} \tag{7.14}$$

该诊断模型(7.14)的参数复杂度分析如下：假设 $\{\boldsymbol{\mathcal{R}}_i\}$ 的数量为 q，期望稀疏水平为 s。由于加权向量 $\boldsymbol{w}$ 是根据奇异值变量组建的，不会增加自由参数，模型的参数空间自由度可表示为

$$\aleph_p(\mathcal{M}_{\mathrm{WLRM}})\sim q+s \tag{7.15}$$

稀疏学习模型的参数空间自由度为

$$\aleph_p(\mathcal{M}_{\mathrm{SDLM}})\sim mn+sq \tag{7.16}$$

加权低秩学习诊断模型(7.14)的映射 $\mathcal{M}$ 参数空间非常小，由于在组建模型过程中引入了大量的统计先验知识，利用了成熟的字典构造技术，其自由参数空间几乎逼近结构化稀疏学习诊断理论的参数空间维度上界 $\aleph_p(\mathcal{M}_e)$。

7.1.4　块坐标优化求解算法

基于前述广义块坐标优化求解框架，模型(7.14)迭代求解算法可转化为 $\boldsymbol{X}$ 和 $\boldsymbol{x}$ 两个子问题，以下分别描述各子问题并给出相应的闭式解。

对于 $\boldsymbol{X}$ 子问题，其优化目标函数具有如下形式：

$$\hat{\boldsymbol{X}} = \underset{\boldsymbol{X}}{\operatorname{argmin}} \ \frac{\eta}{2}\left\|\boldsymbol{\mathcal{R}}(\boldsymbol{x}) - \boldsymbol{X}\right\|_{\mathrm{F}}^{2} + \lambda\left\|\boldsymbol{X}\right\|_{\boldsymbol{w},*} \tag{7.17}$$

由于式(7.17)中的核范数 $\|\cdot\|_{\boldsymbol{w},*}$ 是凸可微的，可以组建其邻近点算子，定义为：对于任意的矩阵 $\boldsymbol{A} \in \mathbb{R}^{M\times N}$ 和标量 $\lambda \in \mathbb{R}_{++}$，$\mathrm{Prox}_{\|\boldsymbol{A}\|_{\boldsymbol{w},*}} : \mathbb{R}^{M\times N} \mapsto \mathbb{R}^{M\times N}$ 是下面优化问题的最小值：

$$\mathrm{Prox}_{\|\boldsymbol{A}\|_{\boldsymbol{w},*}} = \underset{\boldsymbol{B}}{\operatorname{argmin}} \ \frac{1}{2}\left\|\boldsymbol{A} - \boldsymbol{B}\right\|_{\mathrm{F}}^{2} + \lambda\left\|\boldsymbol{B}\right\|_{\boldsymbol{w},*} \tag{7.18}$$

因此，$\mathrm{Prox}_{\|\boldsymbol{A}\|_{\boldsymbol{w},*}}$ 具有唯一的最小值。此外，矩阵 $\boldsymbol{X}$ 的奇异值序列满足

$$\sigma_1 \geqslant \sigma_2 \geqslant \cdots \geqslant \sigma_{M-1} \geqslant \sigma_M \geqslant 0 \tag{7.19}$$

则加权向量 $\boldsymbol{w}$ 具有如下不等式关系：

$$w_1 \leqslant w_2 \leqslant \cdots \leqslant w_{M-1} \leqslant w_M \tag{7.20}$$

根据文献[13]，可以得到如下闭式解：

$$\mathrm{Prox}_{\|\boldsymbol{A}\|_{\boldsymbol{w},*}} = \boldsymbol{U}_{\boldsymbol{A}} \mathcal{S}_{\lambda \boldsymbol{w}}\left(\boldsymbol{\Sigma}_{\boldsymbol{A}}\right) \boldsymbol{V}_{\boldsymbol{A}}^{\mathrm{T}} \tag{7.21}$$

式中，$\boldsymbol{A} = \boldsymbol{U}_{\boldsymbol{A}} \boldsymbol{\Sigma}_{\boldsymbol{A}} \boldsymbol{V}_{\boldsymbol{A}}^{\mathrm{T}}$；$\mathcal{S}_{\lambda \boldsymbol{w}}(\cdot)$ 为软阈值函数，对于 $\boldsymbol{\Sigma}$ 的每一个对角分量 Σ_{ii}，有

$$\mathcal{S}_{\lambda \boldsymbol{w}}\left(\Sigma_{\boldsymbol{A},ii}\right) = \max\left(\Sigma_{\boldsymbol{A},ii} - \lambda \boldsymbol{w}_i, 0\right) \tag{7.22}$$

比较 $\boldsymbol{X}$ 子问题(7.17)和邻近点算子问题(7.18)，可以得到如下闭式解：

$$\hat{\boldsymbol{X}} = \boldsymbol{U}_{\boldsymbol{\mathcal{R}}(\boldsymbol{x})} \mathcal{S}_{\lambda \boldsymbol{w}/\beta}\left(\boldsymbol{\Sigma}_{\boldsymbol{\mathcal{R}}(\boldsymbol{x})}\right) \boldsymbol{V}_{\boldsymbol{\mathcal{R}}(\boldsymbol{x})}^{\mathrm{T}} \tag{7.23}$$

对于 $\boldsymbol{x}$ 子优化问题，其目标优化函数为

$$\hat{\boldsymbol{x}} = \underset{\boldsymbol{x}}{\operatorname{argmin}} \ \frac{1}{2}\left\|\boldsymbol{y} - \boldsymbol{x}\right\|_2^2 + \frac{\eta}{2}\left\|\boldsymbol{\mathcal{R}}(\boldsymbol{x}) - \boldsymbol{X}\right\|_{\mathrm{F}}^2 \tag{7.24}$$

式(7.24)中无非光滑项，可利用其最优条件得到闭式解：

$$\hat{\boldsymbol{x}} = \left(1 + \eta \boldsymbol{\mathcal{R}}^{\mathrm{T}} \boldsymbol{\mathcal{R}}\right)^{-1} \left(\boldsymbol{y} + \eta \boldsymbol{\mathcal{R}}^{\mathrm{T}}(\boldsymbol{X})\right) \tag{7.25}$$

循环执行迭代公式(7.23)和式(7.25)，直到满足最大迭代次数，获得自相似特征信息，该迭代更新过程如算法 7.1 所示。集成时域波形分析、包络谱分析、带通滤波技术等经典的谱分析技术，可快速地辨识潜在的故障失效模式，为后续的机电装备系统健康管理提供指导。因此，加权低秩学习诊断模型和相应的 BCD 求解

器为微弱自相似特征解耦辨识问题提供一套可行方案，针对典型的机电装备系统，低秩特征辨识框架如图 7.8 所示。

下面分析求解加权低秩学习模型的块坐标下降求解器（WLRM-BCD）的计算复杂度 $\mathcal{T}_{\text{WLRM-BCD}}$。从算法 7.1 的迭代格式可以看出，第一步的主要计算成本为矩阵的 SVD 分解计算，对于信号矩阵需要的浮点数计算成本为 $\mathcal{O}(M^2N+N^3)$ 或者 $\mathcal{O}(N^2M+M^3)$。第二步的权因子计算主要为标量运算，计算成本为 $\mathcal{O}(M)$。第三步中的软阈值是逐元素操作，因此其主要的计算成本来源于矩阵的乘法 $\mathcal{O}(MN)$。第四步的计算本质上是对重构信号进行加权平均，需要的运算成本为 $\mathcal{O}(m)$。因此，提出的 WLRM-BCD 算法的总计算复杂度为

$$\begin{aligned}\mathcal{T}_{\text{WLRM-BCD}} &\approx \mathcal{O}\left(K\left(M^2N+N^3+M+MN+m\right)\right)\\ &\approx \mathcal{O}\left(K\left(M^2N+N^3\right)\right)\end{aligned} \tag{7.26}$$

式中，K 为算法的总迭代次数。所提出算法的计算复杂度几乎与机器学习中广泛使用的 SVD 算法相同。

算法 7.1　加权低秩学习模型的块坐标下降求解器（WLRM-BCD）

输入： 测试信号 $\boldsymbol{y}$，正则化参数 λ，最大迭代次数 K。

初始化： 设置 $k=0, \boldsymbol{x}^1=\boldsymbol{y}, \eta=10$，基于机电结构的物理参数，配置分割窗的长度 $M=f_c/f_s+r$，设计一对正交变换基 $\boldsymbol{\mathcal{R}}$ 和 $\boldsymbol{\mathcal{R}}^{-1}$，$c=\sqrt{2}\hat{\delta}^2$，基于 Donoho 的小波中值定理[14]估计噪声方差的值 $\hat{\delta}$。

主循环： 执行以下迭代步骤，直到迭代次数 $k=K$。

（1）特征信息 $\boldsymbol{x}$ 低秩域投影：

$$\boldsymbol{X}^k \leftarrow \boldsymbol{\mathcal{R}}\left(\boldsymbol{x}^k\right)$$

$$\boldsymbol{X}^k \leftarrow \boldsymbol{U}^k\boldsymbol{\Sigma}^k\left(\boldsymbol{V}^k\right)^{\mathrm{T}}$$

（2）加权向量 $\boldsymbol{w}$ 更新：

$$w_i^k \leftarrow \frac{c}{\sigma_i^k+\zeta}$$

（3）矩阵变量 $\boldsymbol{X}$ 更新：

$$\hat{\boldsymbol{X}}=\boldsymbol{U}_{\boldsymbol{\mathcal{R}}(\boldsymbol{x})}\mathcal{S}_{\lambda\boldsymbol{w}/\beta}\left(\boldsymbol{\Sigma}_{\boldsymbol{\mathcal{R}}(\boldsymbol{x})}\right)\boldsymbol{V}_{\boldsymbol{\mathcal{R}}(\boldsymbol{x})}^{\mathrm{T}}$$

（4）特征变量 $\boldsymbol{x}$ 更新：

$$\boldsymbol{x}^{k+1} \leftarrow \left(1+\eta\boldsymbol{\mathcal{R}}^{\mathrm{T}}\boldsymbol{\mathcal{R}}\right)^{-1}\left(\boldsymbol{y}+\eta\boldsymbol{\mathcal{R}}^{\mathrm{T}}(\boldsymbol{X}^{k+1})\right)$$

输出： 低秩矩阵变量 $\boldsymbol{X}^*$，自相似特征信息 $\boldsymbol{x}^*=\boldsymbol{\mathcal{R}}^{-1}\left(\boldsymbol{X}^*\right)$。

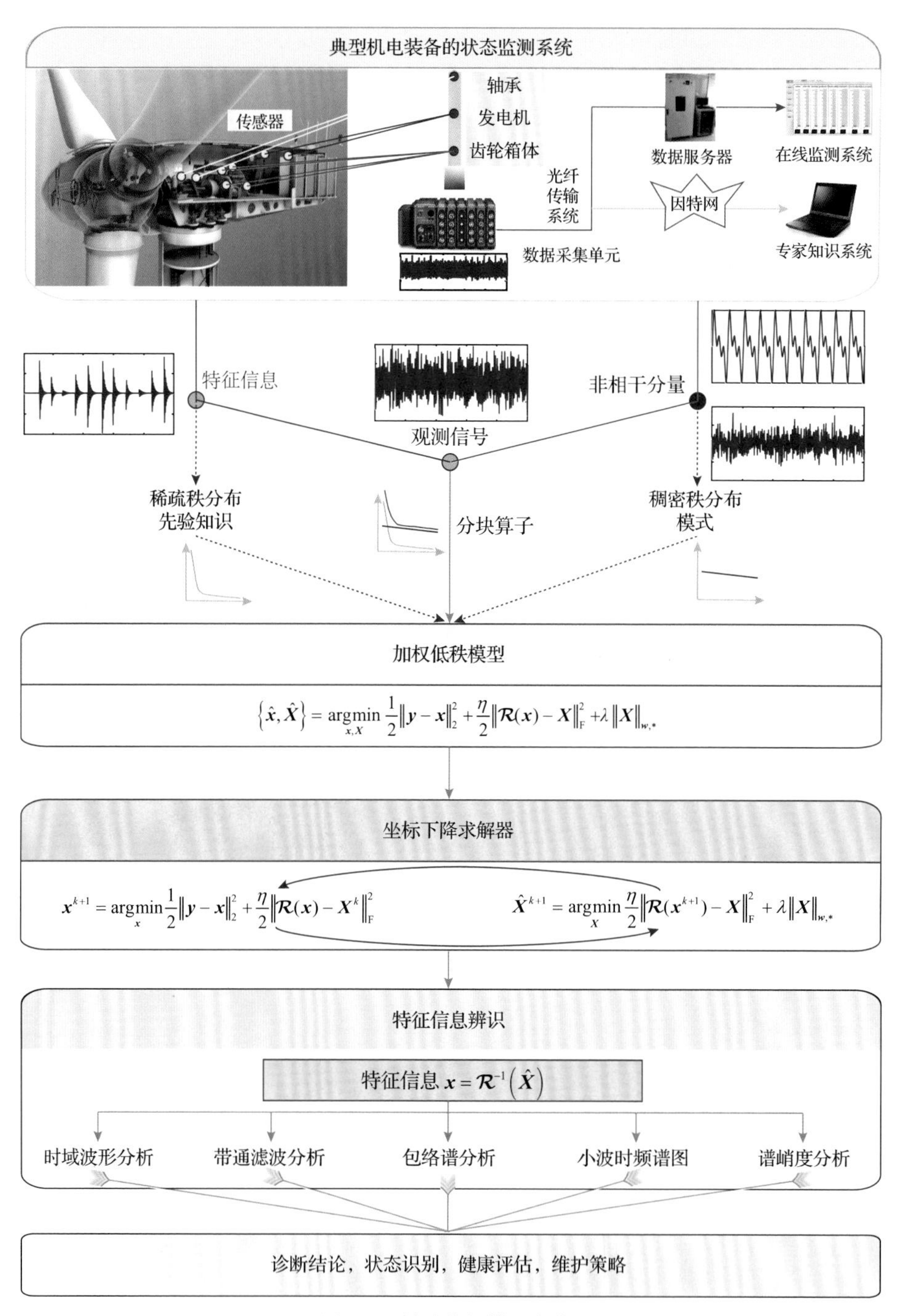

图 7.8　低秩特征辨识框架

7.2　自相似加权稀疏秩结构模型参数分析

加权低秩学习诊断模型(7.14)具有三个重要参数：分块算子的重叠长度r、正则化参数η和λ。为评估各参数与算法性能的关系，构造如下仿真信号：

$$\begin{cases} h(t) = \exp(-900t)\sin(2000t) \\ x(t) = \sum_{i=1}^{M} h\left(t - \frac{i}{200.5} + \phi(i)\right) \\ y(t) = x(t) + e(t) \end{cases} \tag{7.27}$$

式中，$\phi(i)$为随机波动变量；$e(t)$为非相干分量，具有噪声方差δ。

仿真信号的长度为2s，采样频率f_s为16384Hz，为模拟信噪比在−11～8.6dB范围内的观测信号，噪声方差δ在间隔[0.1,1]内均匀取值10个。此外，为定量评估参数的影响，引入提升信噪比(improve signal to noise ratio, ISNR)指标，即

$$\text{ISNR} = 20\lg\frac{\|\boldsymbol{y}-\boldsymbol{x}\|_2}{\|\boldsymbol{x}^*-\boldsymbol{x}\|_2} \tag{7.28}$$

为消除随机噪声的影响，所有的图表数据为20次重复试验的平均结果。固定参数$\eta=10$和$\lambda=4$，r在间隔[0,70]内均匀取值7个，同时研究分割窗基础长度设置$\hat{M}=f_s/f_c$的合理性，$\hat{M}$在间隔[80,240]内均匀取值33个。图7.9为$\hat{M}$和r的ISNR曲线变化规律。

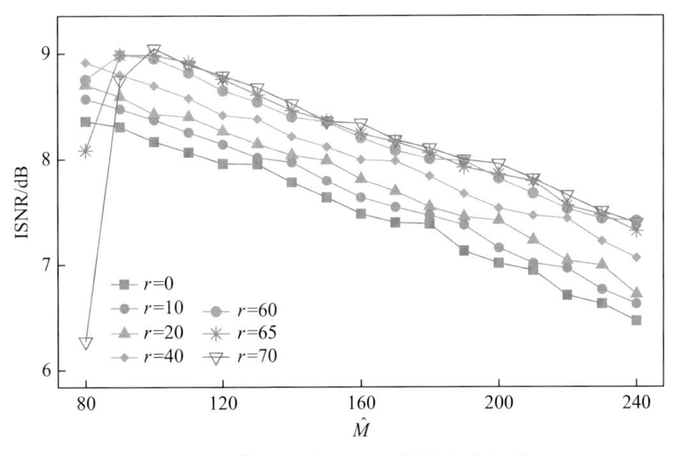

图7.9　$\hat{M}$和r的ISNR曲线变化规律

(1)随着$\hat{M}$的增加，ISNR值具有线性单调下降的变化趋势，这是由于大的

$\hat{M}$ 使得局部块信号中包含了较长的时间振荡波形,削弱了局部块信号集 X 的列相似性，违背加权低秩学习模型的假设。除较大的重叠长度 r 外，算法均到达几乎最优的 ISNR 值。

(2) 对于任一固定的 $\hat{M}$ ，ISNR 值随着重叠长度 r 的变大而增加，然后到达一个相对稳定的水平,表明适当的重叠长度有利于消除分块算子的不连续端点效应,并发现更多的自相似局部块信号；但是过度的重叠会引入干扰块信号，从而抵消了 r 值增加带来的优势。

(3) 当 $\hat{M}=81$ 时,其最大 ISNR 值产生 9dB 的提升效果,接近图中最优的 ISNR 值。考虑到大 $\hat{M}$ 配置时增加的计算成本和搜寻对应 r 值附加的计算复杂度，本节选定 $\hat{M}=81$ 。

为了自动配置参数 r 的值，定义特征显著指标 SLAM，通过搜寻最大化的 SLAM 值来确定最优的 r 值。假定自相似特征信息在包络谱 $\hat{f}^{\mathrm{e}}$ 中表征为 $M_{f_{\mathrm{c}}}$ 个频率成分，则 SLAM 定义为

$$\mathrm{SLAM}=\frac{1}{M_{f_{\mathrm{c}}}}\sum_{i=1}^{M_{f_{\mathrm{c}}}}\left\{\frac{A_{i\times\hat{f}_{\mathrm{c}}^{\mathrm{e}}}}{\dfrac{1}{n_i}\displaystyle\sum_{j=i\times\hat{f}_{\mathrm{c}}^{\mathrm{e}}-B_{\mathrm{low}}}^{i\times\hat{f}_{\mathrm{c}}^{\mathrm{e}}+B_{\mathrm{upp}}}A_{f_j^{\mathrm{e}}}}\right\}$$

式中，n_i 为窄带 $\left[i\times\hat{f}_{\mathrm{c}}^{\mathrm{e}}-B_{\mathrm{low}},\ i\times\hat{f}_{\mathrm{c}}^{\mathrm{e}}+B_{\mathrm{upp}}\right]$ 内的频率点总数； $A_{(\cdot)}$ 为特定频率成分的幅值。

参数 r 的自动搜寻策略如算法 7.2 所示。

算法 7.2　自适应参数 r 搜索策略

输入： 特征频率 f_{c}、采样频率 f_{s}、步长 Δ、特征频率最高检测的阶数 $M_{f_{\mathrm{c}}}$、窄带下界 B_{low} 和上界 B_{upp}。

初始化： 窗函数的基础长度 $\hat{M}=f_{\mathrm{s}}/f_{\mathrm{c}}$ ，重叠长度 $r^0=\hat{M}/2$ ，步长的取值范围 $\left\{1,2,\cdots,\hat{M}/8\right\}$ ，$r_L^{\Delta}=\hat{M}/2-\Delta$ ，$r_R^{\Delta}=\hat{M}/2+\Delta$ 。基于加权低秩学习算法 7.1，得到三类特征信息 $\left\{x^{r_L^{\Delta}},x^{r^0},x^{r_R^{\Delta}}\right\}$ 。

如果 $\mathrm{SLAM}\left(\boldsymbol{x}^{r^0}\right)\geqslant\mathrm{SLAM}\left(\boldsymbol{x}^{r_L^{\Delta}}\right)$ 且 $\mathrm{SLAM}\left(\boldsymbol{x}^{r^0}\right)\geqslant\mathrm{SLAM}\left(\boldsymbol{x}^{r_R^{\Delta}}\right)$，则执行最优的 r 值为 $r^*=\hat{M}/2$ ，跳过下面的搜寻过程。

结束判断。

如果 $\mathrm{SLAM}\left(\boldsymbol{x}^{r_L^\Delta}\right) \geqslant \mathrm{SLAM}\left(\boldsymbol{x}^{r^0}\right)$ 且 $\mathrm{SLAM}\left(\boldsymbol{x}^{r_L^\Delta}\right) \geqslant \mathrm{SLAM}\left(\boldsymbol{x}^{r_R^\Delta}\right)$，则执行

$$\begin{cases} r^1 = r_L^\Delta, \ \boldsymbol{x}^{r^1} = \boldsymbol{x}^{r_L^\Delta} \\ \Delta = -1 \times \Delta \end{cases}$$

否则执行

$$r^1 = r_L^\Delta, \quad x^{r^1} = x^{r_R^\Delta}$$

结束判断。

主循环： 若 $r^i \geqslant 0$ 且 $r^i \leqslant \hat{M}$，执行以下迭代步骤：

(1) $r^{i+1} = r^i + \Delta$。

(2) 通过加权低秩学习算法 7.1 计算特征成分 $\boldsymbol{x}^{r^{i+1}}$。

(3) 计算度量指标 SLAM。

(4) 如果 $\mathrm{SLAM}\left(\boldsymbol{x}^{r^{i+1}}\right) \leqslant \mathrm{SLAM}\left(\boldsymbol{x}^{r^i}\right)$，则执行最优的 r 值 $r^* = r^i$，跳出主循环并终止迭代。

(5) 否则执行 $i = i + 1$。

(6) 结束判断。

结束主循环。

输出： 最优的 r 值 r^*，自相似特征信息 $\boldsymbol{x}^* = \boldsymbol{x}^{r^*}$。

参数 η 的影响机制如图 7.10 所示。可以看出，随着 η 的增加，ISNR 值快速到达稳定的水平，并对参数 η 不敏感。当 η >10 后，算法在所有的噪声水平下均能达到最优的 ISNR 值，因此参数 η 在算法 7.1 中设定为 10。

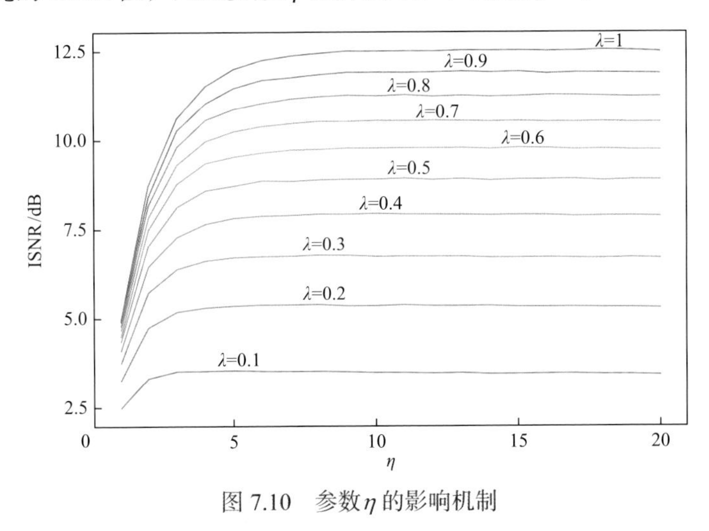

图 7.10　参数 η 的影响机制

参数 λ 的影响机制如图 7.11 所示。从图中可以看出：

(1) 随着 λ 增加，稀疏秩先验逐步增强，非相关分量的能量逐渐衰减，ISNR

值快速到达最大值，保留了最大的自相似特征信息。随着 λ 进一步增加，秩空间的分布模式呈现更加明显的稀疏性，使得自相似特征的部分细节信息被视为噪声而移除，ISNR 值开始缓慢下降，这是正则化问题中从欠拟合到过拟合的典型现象。

(2) 理论上，算法每进行一次迭代，信号中的噪声能量被有效地衰减，为保证特征信息不被视为噪声而移除，参数 λ 需要依据噪声水平进行更新。然而，统计分析结果表明，在所有的噪声水平下，正则化参数 λ 的最优值几乎保持在同一值附近，这说明算法在迭代过程中，参数 λ 设定为某一固定值是可行的。

(3) 随着非相干分量方差的增加，相应最优 λ 值附近的 ISNR 变化率增大，增加了参数 λ 初始化配置复杂度。而参数 λ 的初始化值与观测信号中非相干分量的等效方差具有非线性关系，从观测信号中精确估计耦合分量与背景噪声的等效方差也缺乏行之有效的方法，因此本节采用经验配置方法来设置 λ 的初始值。基于正则化参数对算法的影响[15,16]可知，参数与特征信息辨识精度之间的关系为单谷(峰)函数，因此可采用二分法区间搜寻技术[17]实现 λ 的较优配置。

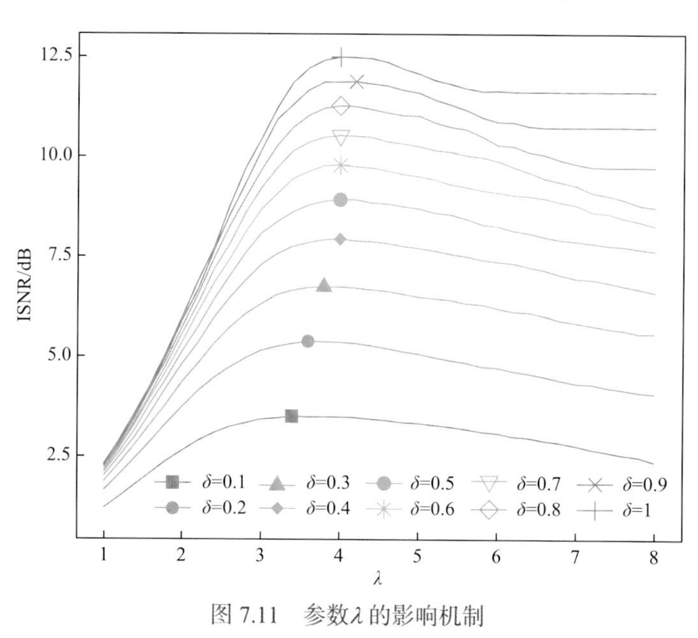

图 7.11　参数 λ 的影响机制

7.3　SQI 电机振动信号实例分析

为验证加权低秩学习诊断模型和算法在特征辨识中的有效性，将该方法应用于 SQI 电机试验台中的轴承故障分析。SQI 电机试验台和传感器配置如图 7.12 所示。电机的故障预制在支撑轴承的内圈上，轴承型号为 NSK6302，SQI 电机轴承的特征频率如表 7.2 所示。

(a) SQI电机试验台

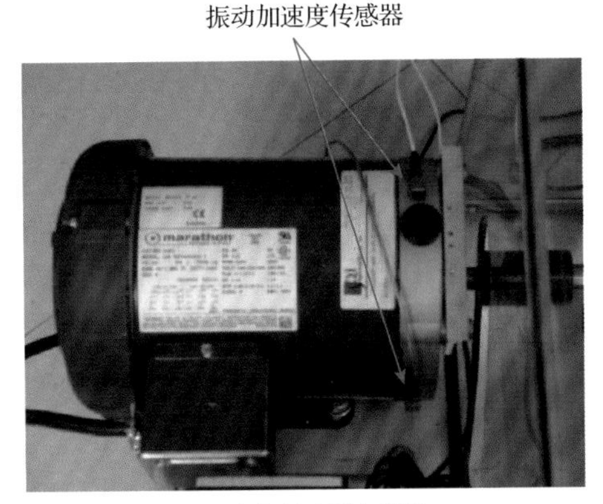

(b) 电机振动测点位置

图 7.12　SQI 电机试验台和传感器配置

表 7.2　SQI 电机轴承的特征频率

参数名称	符号	数值
电机旋转频率	RF	24Hz
外圈故障特征频率	BPFO	73.28Hz
内圈故障特征频率	BPFI	117.87Hz
滚动体故障特征频率	BSF	48.52Hz
保持架故障特征频率	FTF	9.18Hz

当电机的输出转速为 1440r/min 时，测试系统以 6.4kHz 的采样频率采集振动信号。图 7.13 为 10s 原始振动信号的波形和谱图，可以看出，包络谱中的显著成分是转频信息和相应的高阶倍频分量。预制的轴承内圈故障特征频率 BPFI 一倍频成分在包络谱中可被有效辨识，表明预制的轴承故障较为显著，但由于电机的各类电磁干扰，轴承内圈故障特征频率的高倍频成分(从 BPFI×2 到 BPFI×4)难以可靠地辨识，因此电机的耦合干扰分量和噪声的影响阻碍了轴承故障的高精度诊断。

采用提出的加权低秩学习诊断技术对该振动信号进行分析，加权低秩学习检测的结果如图 7.14 所示。可以看出，与电机转速相关的电磁振动分量和大部分的噪声，尤其是 BPFI 的高阶倍频附近的干扰成分已被有效地移除，从而凸显了电机轴承故障的各阶频率分量，提高了故障信息的显著度，为特征辨识提供了可靠的基础。对比图 7.13 的原始特征信息，该算法高精度地捕捉了轴承故障信息，验证了算法的有效性。

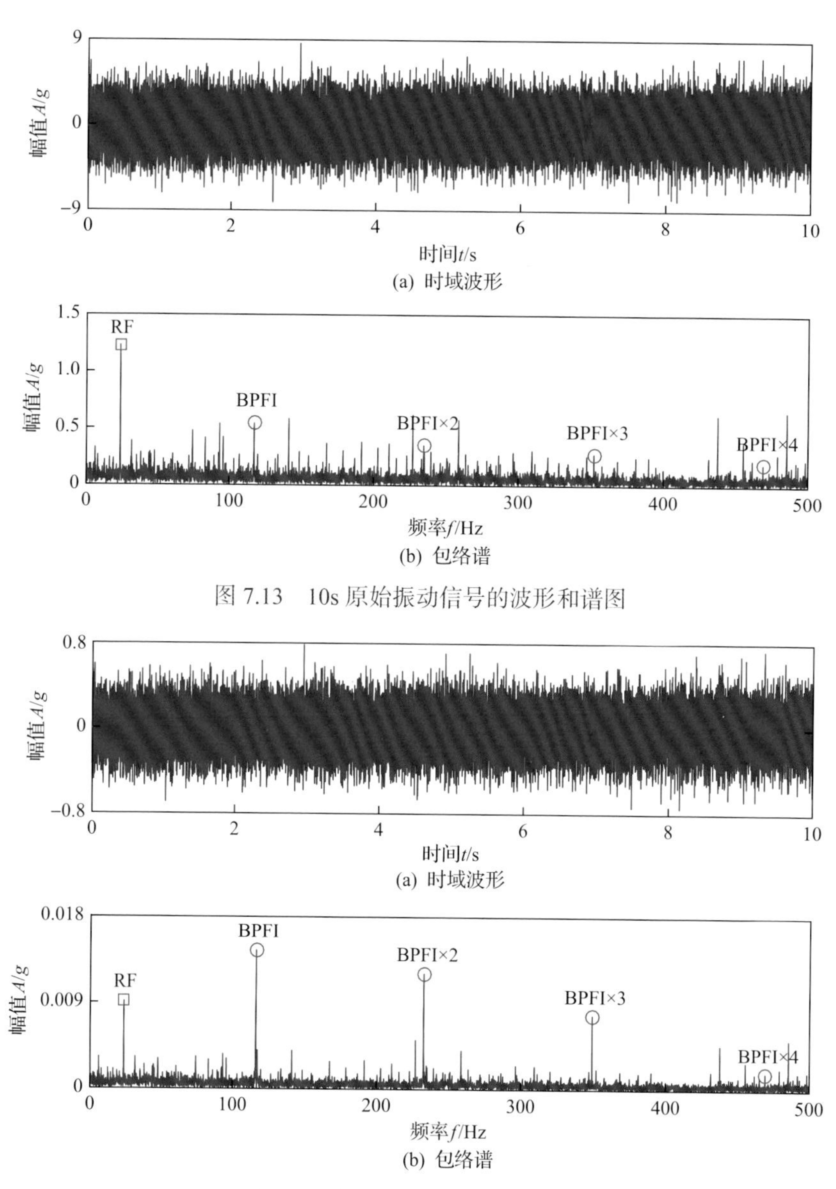

(a) 时域波形

(b) 包络谱

图 7.13　10s 原始振动信号的波形和谱图

(a) 时域波形

(b) 包络谱

图 7.14　加权低秩学习检测的结果

与本节提出的诊断技术类似，截断奇异值分解(truncated singular value decomposition, TSVD)通过直接保留秩空间中的大奇异值成分来提取特征信息，可有效地消除噪声和干扰的影响，近年来受到广泛研究[17-21]。以奇异值差分谱的突变点为参考，Zhao 等[17]提出自适应的奇异值数量选择策略，实现特征信息的自适应检测，采用 TSVD 算法进行对比分析，基于差分谱的 TSVD 检测结果如图 7.15 所示。从图中可以看出，TSVD 算法有效移除了大部分背景噪声，可靠保留了电机转频分量和轴承故障特征。电机转频和其余的低频分量占据了主导地位，这是由于 TSVD 算法的目标仅在于移除噪声，忽视了电机电磁信号耦合干扰的影响。此外，尽管能显著地提升特征信息 BPFI，但是 BPFI 高阶倍频能量相对较低，这是由于 TSVD 算法把微弱的特征视为噪声而削弱。因此，与本节提出的技术相比，TSVD 算法无法消除耦合干扰成分。

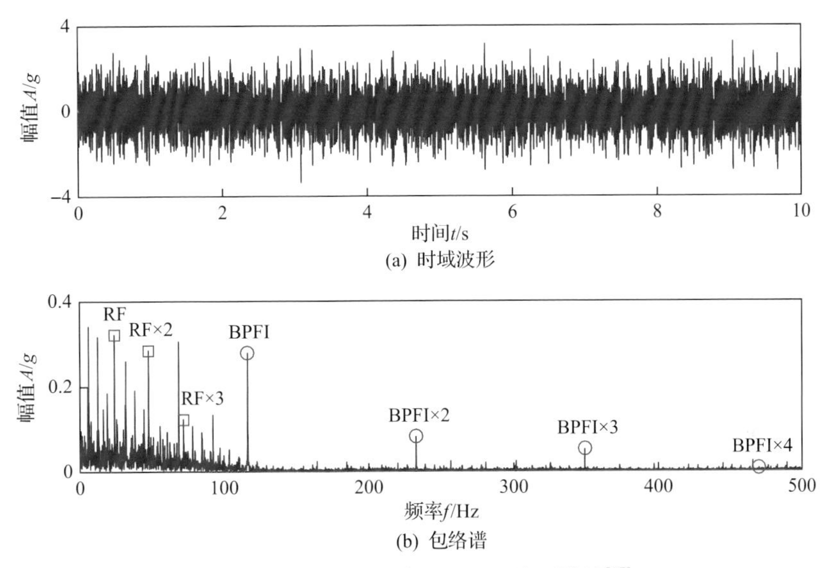

(a) 时域波形

(b) 包络谱

图 7.15　基于差分谱的 TSVD 检测结果[17]

稀疏 SDLM 算法是一类从数据中自适应地组建表达空间并把特征信息集中于稀疏坐标上的特征辨识技术[22]，在故障诊断中已经得到应用[23-25]。稀疏学习算法检测的结果如图 7.16 所示。可以看出，时域波形的冲击特征较为明显，但是包络谱中的主导成分为电机的转频，电机轴承故障的特征信息几乎被完全移除，从而推断时域波形的冲击现象是由转速调制导致的，并非轴承的故障波形，因此稀疏学习诊断技术无法有效地辨识轴承故障信息。

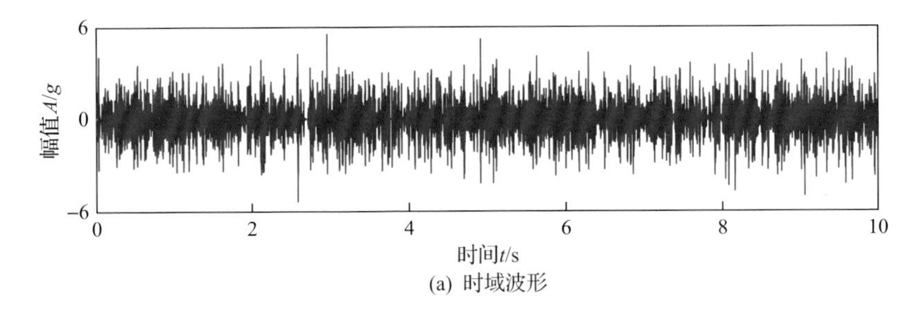

(a) 时域波形

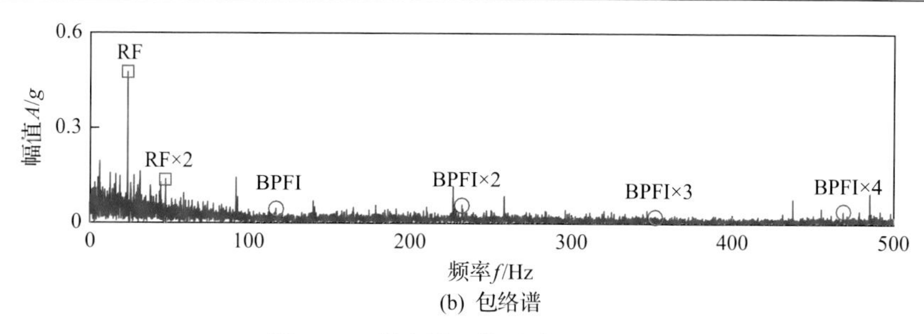

(b) 包络谱

图 7.16　稀疏学习算法检测的结果

小波变换技术作为典型特征辨识技术之一，在轴承故障诊断中取得了满意的诊断效果[26, 27]。冗余小波变换通过更加精细地划分频带，能更加准确地提取隐藏在噪声中的特征信息。因此，可利用调 Q 小波变换和稀疏追踪技术[28]来提取电机轴承的故障特征，其中小波的参数设置为：Q=3，R=3，J=4。图 7.17 为冗余小波阈值检测的结果。可以看出，尽管特征波形呈现出典型的冲击特征，但是包络谱中的特征频率并没有被显著增强，整个包络谱的频率分布模式与原始的谱几乎完全一致。因此，基于冗余小波的阈值辨识技术可以有效地去除背景噪声的影响，但是缺少对强耦合成分的解耦抑制能力，无法可靠地提升特征信息模式的显著性水平。

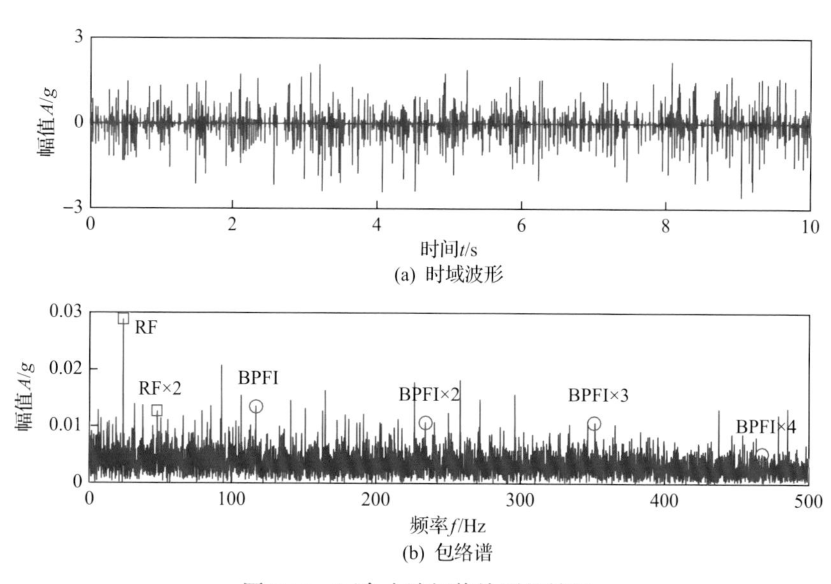

(b) 包络谱

图 7.17　冗余小波阈值检测的结果

最后，采用谱峭度技术对电机测试信号进行分析，谱峭度图和谱峭度特征信息检测的结果如图 7.18 和图 7.19 所示。图中，MaxΔI_{ε}=0.7@level 3.5 表示最大峭度值 0.7 所在的分解层为第 3.5 层，定位的特征信息中心频带 f_c 为 1200Hz，带宽

B_w 为 266.7Hz。其滤波后的包络信号具有显著的不规则冲击特征，但是包络谱中却以电机的转频和其高阶整数倍频为主要特征频率，并在其附近出现明显的调制成分，轴承的故障特征频率非常微弱，无法有效地辨识。因此，谱峭度技术无法提取测试信号中的轴承故障特征信息。

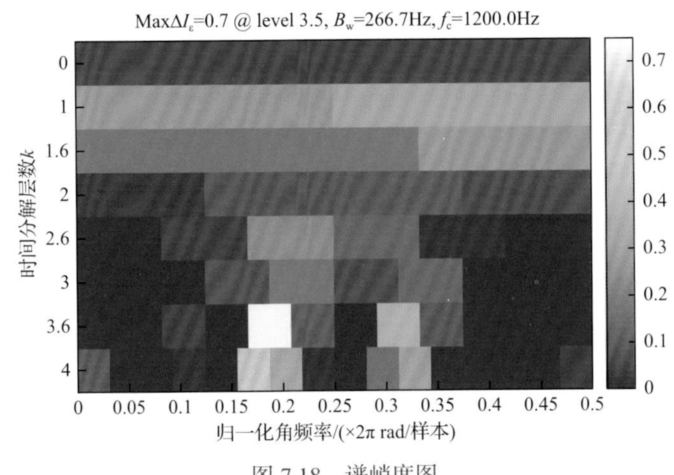

图 7.18　谱峭度图

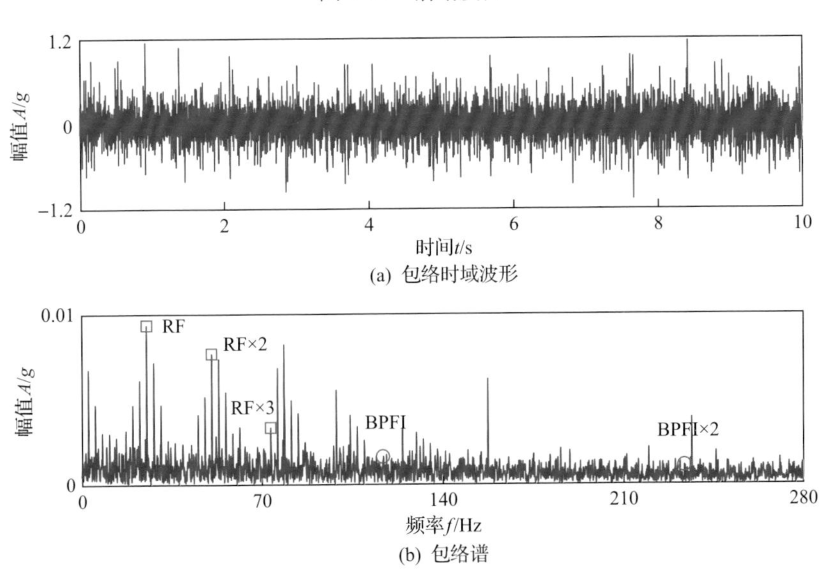

(a) 包络时域波形

(b) 包络谱

图 7.19　谱峭度特征信息检测的结果

参考文献

[1] McFadden P D. A revised model for the extraction of periodic waveforms by time domain averaging. Mechanical Systems and Signal Processing, 1987, 1(1): 83-95.

[2] Sharma V, Parey A. Gear crack detection using modified TSA and proposed fault indicators for fluctuating speed conditions. Measurement, 2016, 90: 560-575.

[3] Ahamed N, Pandya Y, Parey A. Spur gear tooth root crack detection using time synchronous averaging under fluctuating speed. Measurement, 2014, 52: 1-11.

[4] Braun S. The synchronous (time domain) average revisited. Mechanical Systems and Signal Processing, 2011, 25(4): 1087-1102.

[5] Fyfe K R, Munck E D S. Analysis of computed order tracking. Mechanical Systems and Signal Processing, 1997, 11(2): 187-205.

[6] Rafieian F, Girardin F, Liu Z, et al. Angular analysis of the cyclic impacting oscillations in a robotic grinding process. Mechanical Systems and Signal Processing, 2014, 44(1-2): 160-176.

[7] Zhao M, Lin J, Wang X F, et al. A tacho-less order tracking technique for large speed variations. Mechanical Systems and Signal Processing, 2013, 40(1): 76-90.

[8] Antoni J. Fast computation of the kurtogram for the detection of transient faults. Mechanical Systems and Signal Processing, 2007, 21(1): 108-124.

[9] Xu X F, Qiao Z J, Lei Y G. Repetitive transient extraction for machinery fault diagnosis using multiscale fractional order entropy infogram. Mechanical Systems and Signal Processing, 2018, 103(15): 312-326.

[10] 陈鹏, Nasu M, 丰田利夫, 等. 征兆参数的逐次自动再生(重组)方法及模糊诊断隶属函数的认知方法(下). 中国设备管理, 1999, (6): 31-33.

[11] 王衍学. 机械故障监测诊断的若干新方法及其应用研究. 西安: 西安交通大学, 2009.

[12] Cand E S E J, Recht B. Exact matrix completion via convex optimization. Foundations of Computational Mathematics, 2009, 9(6): 717-772.

[13] Gu S H, Zhang L, Zuo W M, et al. Weighted nuclear norm minimization with application to image denoising//Proceedings of the IEEE Conference on Computer Vision and Pattern Recognition, Columbus, 2014: 2862-2869.

[14] Donoho D L, Johnstone I M. Adapting to unknown smoothness via wavelet shrinkage. Journal of the American Statistical Association, 1995, 90(432): 1200-1224.

[15] Giryes R, Elad M, Eldar Y C. The projected GSURE for automatic parameter tuning in iterative shrinkage methods. Applied and Computational Harmonic Analysis, 2011, 30(3): 407-422.

[16] Kiefer J. Sequential minimax search for a maximum. Proceedings of the American Mathematical Society, 1953, 4(3): 502-506.

[17] Zhao X Z, Ye B Y. Selection of effective singular values using difference spectrum and its application to fault diagnosis of headstock. Mechanical Systems and Signal Processing, 2011, 25(5): 1617-1631.

[18] Cong F Y, Chen J, Dong G M, et al. Short-time matrix series based singular value decomposition

for rolling bearing fault diagnosis. Mechanical Systems and Signal Processing, 2013, 34(1-2): 218-230.

[19] Jiang H M, Chen J, Dong G M, et al. Study on Hankel matrix-based SVD and its application in rolling element bearing fault diagnosis. Mechanical Systems and Signal Processing, 2015, 52-53: 338-359.

[20] Golafshan R, Sanliturk K Y. SVD and Hankel matrix based de-noising approach for ball bearing fault detection and its assessment using artificial faults. Mechanical Systems and Signal Processing, 2016, 70-71: 36-50.

[21] Zhang Q, Li B. Discriminative K-SVD for dictionary learning in face recognition//IEEE Conference on Computer Vision and Pattern Recognition (CVPR), San Francisco, 2010: 2691-2698.

[22] Chen X F, Du Z H, Li J M, et al. Compressed sensing based on dictionary learning for extracting impulse components. Signal Processing, 2014, 96: 94-109.

[23] Zhou H T, Chen J, Dong G M, et al. Detection and diagnosis of bearing faults using shift-invariant dictionary learning and hidden Markov model. Mechanical Systems and Signal Processing, 2016, 72-73: 65-79.

[24] Yang B Y, Liu R N, Chen X F. Fault diagnosis for a wind turbine generator bearing via sparse representation and shift-invariant K-SVD. IEEE Transactions on Industrial Informatics, 2017, 13(3): 1321-1331.

[25] Chen J L, Li Z P, Pan J, et al. Wavelet transform based on inner product in fault diagnosis of rotating machinery: A review. Mechanical Systems and Signal Processing, 2016, 70-71: 1-35.

[26] Yan R, Gao R X, Chen X. Wavelets for fault diagnosis of rotary machines: A review with applications. Signal Processing, 2014, 96: 1-15.

[27] Selesnick I W. Wavelet transform with tunable Q-factor. IEEE Transactions on Signal Processing, 2011, 59(8): 3560-3575.

[28] Chen S S, Donoho D L, Saunders M A. Atomic decomposition by basis pursuit. SIAM Review, 2001, 43(1): 129-159.

第 8 章　广义协同稀疏结构

机电系统特征识别的主要目标是从正常运行状态中提取奇异模式，进而识别隐藏关键模式[1]。由于旋转机械的周期性运动，其状态信息一般呈现周期性特征[2]。假定机电系统进行相对平稳的运动，基于信号波形的局部视角，对于每一个局部特征波形，均可从整个信号序列中发现一组与目标特征相似的波形块集，从而利用多个相似局部波形特征的相互协同增强效应，实现机电系统特征的检测。

目前已采用典型的局部波形协同增强方法来设计特征辨识算法，如时域同步平均法[3]、角域同步平均法[4]和角域阶次追踪法[5]等，均在时域执行局部块分割、同相相加操作。然而，由于时域局部波形易受到相位的影响，这些算法必须满足所有局部波形块具有相同或近似相同的初始相位这一条件，但是由于机电系统存在转速波动、背景噪声、测试误差等影响，观测信息中的周期特征不易被准确定位，更难以保证分割后的局部块具有相似相位，显著影响了此类算法在工程中的应用。为消除或降低局部块波形相位对齐对特征辨识的影响，许多研究者利用局部块波形集的统计分布来设计先验，进而提出一些新方法。Zhang 等[6]分析了航空发动机轴承振动信号的周期相似特性，依据非局部均值设计相似结构先验正则，结合多字典联合学习技术，成功提取出了振动数据中轴承的早期微弱故障特征。然而，周期相似先验在模型设计过程中仅在时域加权平均，并未充分发挥先验正则优势，此外，该模型综合多类算法，导致算法存在过多超参数配置问题，从而影响工程实用性。

为充分利用局部特征波形集中潜在的周期特征结构先验以实现特征信息辨识，基于结构化稀疏正则表征理论，本章建立协同稀疏正则来严格表征局部波形块的共同特征信息模式。在匹配的稀疏表征字典下，局部块波形集的稀疏投影系数必然共享相同的稀疏支撑集，稀疏指每个局部波形块可由字典中较少的原子合成，协同表明共享的原子支撑集是由所有的局部波形块协同确定。为有效设计与之相匹配的稀疏字典，可利用数据驱动的字典学习技术从观测数据集中挖掘匹配的表征字典，提出广义协同稀疏模型。由于模型的目标函数为非凸问题，本章基于广泛使用的广义块坐标下降算法框架，提出求解此问题的交替方向最小化算法。通过对美国国家可再生能源实验室的齿轮箱数据进行分析，该方法成功检测到其潜在的微弱故障模式，与其他特征辨识技术相比，本章模型和算法具有显著的优越性。

8.1　协同稀疏结构学习建模和优化求解

8.1.1　广义协同稀疏原理

机电系统的零部件性能退化或出现故障时，其特征信息会表征为周期性的局部特征波形集，若局部特征波形集的支撑周期与特征信息周期一致，则波形集中的各分量具有高度相似性，特征信号的局部波形周期特征相似现象如图 8.1 所示。因而，可利用波形集的潜在相似性来提取特征信息，从而提出如图 8.2 所示的协同稀疏原理。其核心是基于机电系统退化特征的周期性先验知识，采用适当的分块算子，将采集的振动信号转化为等价的矩阵表示，其中每一个局部波形样本作为矩阵中的一个列向量，并保证每一个局部波形至少包含一个完整的特征信息振荡模式。基于数据驱动的稀疏学习技术，从观测数据中自动地构建稀疏表征字典，进而实现每一个局部波形原子均在学习的字典中具有稀疏表示系数，为周期协同结构先验知识提供前提。由于相同局部波形的稀疏表示系数支撑具有相同结构，

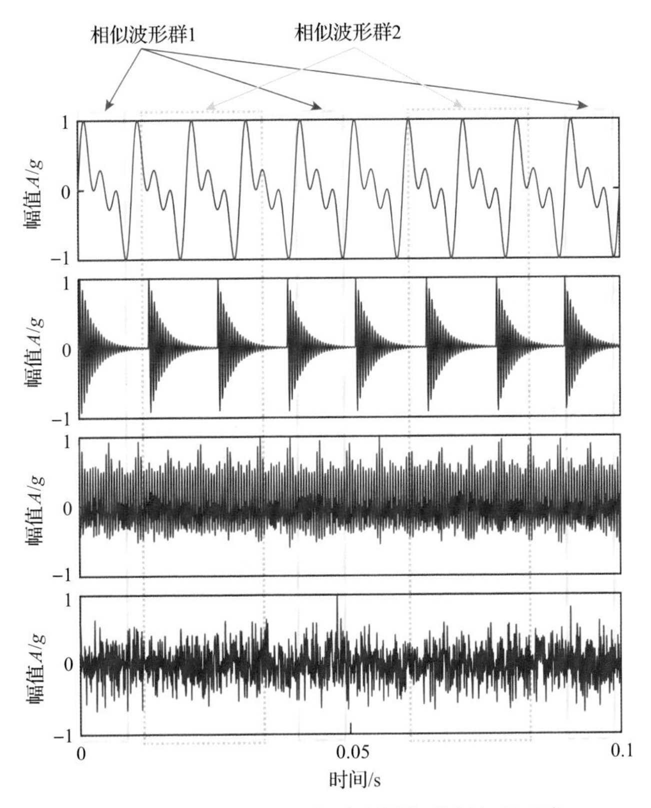

图 8.1　特征信号的局部波形周期特征相似现象

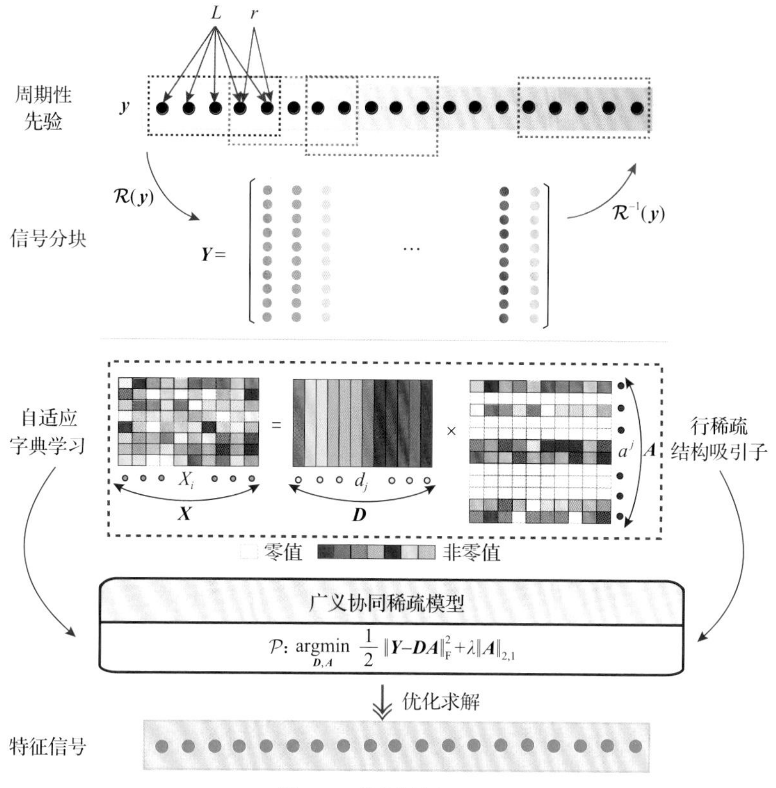

图 8.2　协同稀疏原理

可对系数表征矩阵强加行稀疏吸引子，即行稀疏范数。通过交替方向最小化优化方法得到行稀疏解，从而消除干扰和噪声，检测特征信息。以下将推导局部波形集的构建方法和等价的信号矩阵表示，介绍稀疏表征字典的学习构建策略，协同行稀疏吸引子的正则描述方法。

机电系统的测试信号 $\boldsymbol{y}\in\mathbb{R}^{L\times 1}$ 可建模为

$$\boldsymbol{y}=\boldsymbol{x}+\boldsymbol{h}+\boldsymbol{e} \tag{8.1}$$

式中，$\boldsymbol{x}$ 为机电系统退化零部件的特征信号；$\boldsymbol{h}$ 为其余零部件振动产生的干扰成分；$\boldsymbol{e}$ 为独立同分布的高斯白噪声信号成分。

基于本书第 7 章中分块算子设计规则，并结合机电系统的动力学特征分析，可以针对周期为 $1/f_{\mathrm{a}}$ 的目标特征成分，构建算子 $\boldsymbol{\mathcal{R}}$ 和其对应的逆算子 $\boldsymbol{\mathcal{R}}^{-1}$，得到等价的局部波形矩阵模型，即

$$\boldsymbol{Y}=\boldsymbol{X}+\boldsymbol{H}+\boldsymbol{E} \tag{8.2}$$

为寻求匹配的字典 $\boldsymbol{D}$ 来稀疏地表征矩阵 $\boldsymbol{X}$ 的每一列，经典的框架设计方法[7]

需对特征信息 $\boldsymbol{X}$ 进行分析，依据其振荡模式来构建基本原子并强加一定的数学准则，实现解析字典的设计。然而，机电系统实际的退化模式多样，若针对每一类特征均构造变换字典，工程实用性较差，可行性较低；此外，特征波形的形式往往与优美的数学准则相互矛盾，如拉普拉斯小波可很好地描述轴承的冲击特征波形，但难以构建紧框架或框架变换。综合考虑，采用稀疏学习手段[8,9]，从观测数据中自动学习稀疏表示字典 $\boldsymbol{D}$，构建以下稀疏字典学习模型[10]：

$$\begin{cases} \underset{\boldsymbol{D},\boldsymbol{A}}{\operatorname{argmin}} \ \dfrac{1}{2}\left\| \boldsymbol{y} - \boldsymbol{\mathcal{R}}^{-1}\left(\sum_{i=1}^{S} \boldsymbol{\mathcal{R}}_i^{\mathrm{T}} \left(\boldsymbol{D}\boldsymbol{A}_i \right) \right) \right\|_2^2 + \tau \left\| \boldsymbol{A} \right\|_1 \\ \text{s.t.} \ \left\| \boldsymbol{d}_j \right\|_2 = 1, \ j \in [N] \end{cases} \tag{8.3}$$

式中，$[N]$ 代表指标集合；$\boldsymbol{A} \in \mathbb{R}^{N\times S}$ 为观测信号 $\boldsymbol{y}$ 在稀疏表示字典 $\boldsymbol{D}$ 下的表征系数。模型目标函数中的第一项为数据保真约束，确保提取的特征信息与观测数据的一致性；第二项为系数的稀疏正则项，可保证每个局部波形块在字典 $\boldsymbol{D}$ 下具有稀疏表示。

尽管稀疏字典学习模型可有效集中特征信息的能量，但是针对局部波形块集，其仅从单个波形的视角进行分析，缺乏对集合中潜在的特征模式进行综合考虑，忽视了波形集合中的内在相似性联系，难以充分利用特征信息的周期性结构先验，无法实现高精度的特征辨识。

8.1.2　行稀疏正则描述

深入分析局部波形块集可以发现，每一个局部波形块与集合中的其余波形块均相似，因而具有相同的特征信息，则同一表征字典下的稀疏系数必然具有相同的原子支撑集，即所有的局部波形块稀疏系数应占据相同的非零坐标。因此，构建以下行稀疏正则项来描述其内在的周期相似性：

$$\left\| \boldsymbol{A} \right\|_{2,1} = \sum_{j=1}^{N} \left\| \boldsymbol{A}^j \right\|_2 \tag{8.4}$$

式中，$\boldsymbol{A}^j \in \mathbb{R}^{1\times S}$ 表示系数矩阵 $\boldsymbol{A}$ 的第 j 行。

正则项 $\left\| \boldsymbol{A} \right\|_{2,1}$ 不仅保证了局部波形块集的内在协同稀疏结构，而且可自适应地校正稀疏支撑模式，减少模型参数的自由度，提高稀疏模型的恢复能力。此外，在最后恢复的特征信号矩阵中，所有列向量波形均来自字典 $\boldsymbol{D}$ 中相同的波形原子，因此可有效地保有特征信息的周期模式。

为研究正则项 $\left\| \boldsymbol{A} \right\|_{2,1}$ 的稀疏促进特性，在三维空间中绘制其可行解的分布模

式图，并与经典的$\|\boldsymbol{A}\|_1$和$\|\boldsymbol{A}\|_2$范数进行对比分析。三类正则项的稀疏解结构特性如图 8.3 所示，可以看出，正则项$\|\boldsymbol{A}\|_{2,1}$本质上是一个位于$\|\boldsymbol{A}\|_1$和$\|\boldsymbol{A}\|_2$之间的凸球，其解对迭代算法的初始化值具有较优的稳健性。正则项$\|\boldsymbol{A}\|_{2,1}$的解与$\|\boldsymbol{A}\|_1$的解邻近，其可把特征信息稀疏地集中在少数的坐标上。另一方面，正则项$\|\boldsymbol{A}\|_{2,1}$的稀疏解并不在坐标轴上，其仅保证行稀疏模式，可有效地捕捉波形块集潜在的协同稀疏模式。因此，正则项$\|\boldsymbol{A}\|_{2,1}$可有效地刻画特征信息周期结构的先验知识，通过其构建协同稀疏吸引子。

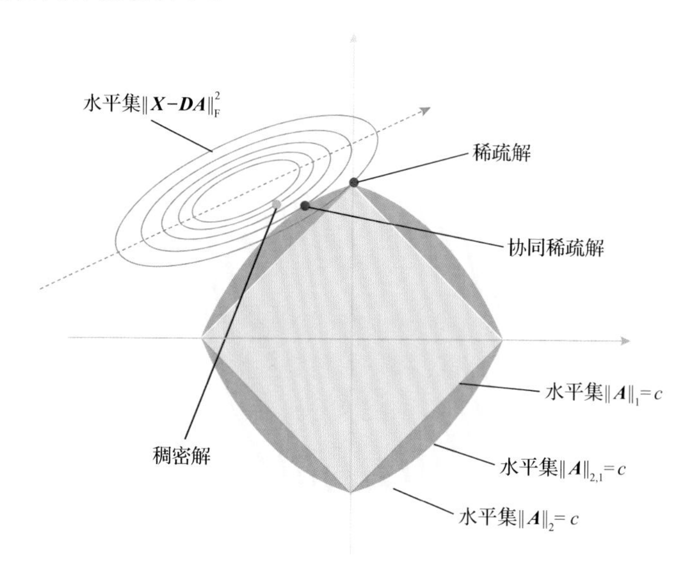

图 8.3　三类正则项的稀疏解结构特性

8.1.3　广义协同稀疏模型

将协同稀疏吸引子$\|\cdot\|_{2,1}$引入稀疏字典学习模型(8.3)，得到如下广义协同稀疏模型(collaborative sparse learning model, CSLM)：

$$\begin{cases}\underset{\boldsymbol{D},\boldsymbol{A}}{\operatorname{argmin}}\ \dfrac{1}{2}\left\|\boldsymbol{y}-\boldsymbol{\mathcal{R}}^{-1}\left(\sum_{i=1}^{S}\boldsymbol{\mathcal{R}}_i^{\mathrm{T}}\left(\boldsymbol{DA}_i\right)\right)\right\|_2^2+\lambda\|\boldsymbol{A}\|_{2,1}\\ \text{s.t. } \left\|\boldsymbol{d}_j\right\|_2=1,\ j\in[N]\end{cases} \tag{8.5}$$

式中，超参数λ决定了$\|\cdot\|_{2,1}$球的半径。

由于$\boldsymbol{\mathcal{R}}$算子的耦合，CSLM 的求解相对比较复杂，利用$\boldsymbol{\mathcal{R}}^{-1}\boldsymbol{\mathcal{R}}=\boldsymbol{I}$的正交特性，将式(8.5)等价转化为下面的模型：

$$
\begin{cases}
\underset{\boldsymbol{D},\boldsymbol{A}}{\operatorname{argmin}} \ \dfrac{1}{2}\|\boldsymbol{Y}-\boldsymbol{D}\boldsymbol{A}\|_2^2+\lambda\|\boldsymbol{A}\|_{2,1} \\
\text{s.t.} \ \|\boldsymbol{d}_j\|_2=1, \ j\in[N]
\end{cases}
\tag{8.6}
$$

式中，λ 为 CSLM 算法的超参数，度量局部波形块集的潜在周期结构强度。

上述模型(8.6)是非凸优化问题，难以直接利用理论成熟的凸优化技术求解[11]，因此以下内容基于块邻近梯度下降算法框架[12]，开发 CSLM 算法的求解器。

8.1.4　块邻近梯度下降求解算法

为减少优化过程的耦合现象，每次仅考虑一个变量并固定其余变量，之后交替更新变量集，直到相互两次迭代的误差在容许范围内。CSLM 算法中有两个优化变量，首先保持变量 $\boldsymbol{A}$ 固定，优化更新变量 $\boldsymbol{D}$，其子问题形式为

$$
\begin{cases}
\underset{\boldsymbol{D}}{\operatorname{argmin}} \ \dfrac{1}{2}\|\boldsymbol{Y}-\boldsymbol{D}\boldsymbol{A}\|_2^2 \\
\text{s.t.} \ \|\boldsymbol{d}_j\|_2=1, \ j\in[N]
\end{cases}
\tag{8.7}
$$

为加快运算速度，优化子问题(8.7)可表示为预条件函数 $\tilde{\boldsymbol{D}}^k$ 的邻近正则优化问题：

$$
\begin{cases}
\operatorname{argmin} \ \left\langle\left(\tilde{\boldsymbol{D}}^k\boldsymbol{A}^{k-1}-\boldsymbol{Y}\right)\left(\boldsymbol{A}^{k-1}\right)^{\mathrm{T}},\left(\boldsymbol{D}-\tilde{\boldsymbol{D}}^k\right)\right\rangle+\dfrac{L_{\boldsymbol{D}}^k}{2}\|\boldsymbol{D}-\tilde{\boldsymbol{D}}^k\|_{\mathrm{F}}^2 \\
\text{s.t.} \ \|\boldsymbol{d}_j\|_2=1, \ j\in[N]
\end{cases}
\tag{8.8}
$$

式中，k 为迭代次数；$\tilde{\boldsymbol{D}}^k=\boldsymbol{D}^{k-1}+\omega_{\boldsymbol{D}}^k\left(\boldsymbol{D}^{k-1}-\boldsymbol{D}^{k-2}\right)$ 为权重。

式(8.8)可等价转化为

$$
\begin{cases}
\underset{\boldsymbol{D}}{\operatorname{argmin}} \ \left\|\boldsymbol{D}-\tilde{\boldsymbol{D}}^k-\dfrac{\left(\boldsymbol{Y}-\tilde{\boldsymbol{D}}^k\boldsymbol{A}^{k-1}\right)\left(\boldsymbol{A}^{k-1}\right)^{\mathrm{T}}}{L_{\boldsymbol{D}}^k}\right\|_{\mathrm{F}}^2 \\
\text{s.t.} \ \|\boldsymbol{d}_j\|_2=1, \ j\in[N]
\end{cases}
\tag{8.9}
$$

式(8.9)为典型的正交投影问题。因此，字典 $\boldsymbol{D}$ 可以更新为

$$
\boldsymbol{D}^k=\mathcal{P}_{\mathcal{D}}\left(\tilde{\boldsymbol{D}}^k+\frac{\left(\boldsymbol{Y}-\tilde{\boldsymbol{D}}^k\boldsymbol{A}^{k-1}\right)\left(\boldsymbol{A}^{k-1}\right)^{\mathrm{T}}}{L_{\boldsymbol{D}}^k}\right)
\tag{8.10}
$$

式中，$\mathcal{D}$ 为字典约束集合，$\mathcal{D}=\left\{D \| d_j \|_2=1,\ j\in[N]\right\}$；$\mathcal{P}_{\mathcal{D}}(\cdot)$ 为 $\mathcal{D}$ 的欧几里得映射，

$$\left(\mathcal{P}_{\mathcal{D}}(\boldsymbol{W})\right)_i=\frac{\boldsymbol{W}_i}{\max\left(1,\left\|\boldsymbol{W}_i\right\|_2\right)},\quad i\in[N] \tag{8.11}$$

更新系数表征变量 $\boldsymbol{A}$ 的优化子问题为

$$\underset{\boldsymbol{A}}{\arg\min}\ \frac{1}{2}\left\|\boldsymbol{Y}-\boldsymbol{D}^k\boldsymbol{A}\right\|_{\mathrm{F}}^2+\lambda\left\|\boldsymbol{A}\right\|_{2,1} \tag{8.12}$$

采用变换技术，得到目标优化问题为

$$\underset{\boldsymbol{A}}{\arg\min}\ \left\langle\left(\boldsymbol{D}^k\right)^{\mathrm{T}}\left(\boldsymbol{D}^k\tilde{\boldsymbol{A}}^k-\boldsymbol{Y}\right),\boldsymbol{A}-\tilde{\boldsymbol{A}}^k\right\rangle+\frac{L_{\boldsymbol{A}}^k}{2}\left\|\boldsymbol{A}-\tilde{\boldsymbol{A}}^k\right\|_{\mathrm{F}}^2+\lambda_1\left\|\boldsymbol{A}\right\|_{2,1} \tag{8.13}$$

式中，$\tilde{\boldsymbol{A}}^k=\boldsymbol{A}^{k-1}+\omega_a^k\left(\boldsymbol{A}^{k-1}-\boldsymbol{A}^{k-2}\right)$为加速外推点；$L_{\boldsymbol{A}}^k$ 为相对于变量 $\boldsymbol{A}$ 的梯度矩阵的利普希茨常数。

上述模型可等价转化为

$$\underset{\boldsymbol{A}}{\arg\min}\ \frac{1}{2}\left\|\boldsymbol{A}-\tilde{\boldsymbol{A}}^k-\frac{\left(\boldsymbol{D}^k\right)^{\mathrm{T}}\left(\boldsymbol{Y}-\boldsymbol{D}^k\tilde{\boldsymbol{A}}^k\right)}{L_{\boldsymbol{A}}^k}\right\|_{\mathrm{F}}^2+\frac{\lambda_1}{L_{\boldsymbol{A}}^k}\left\|\boldsymbol{A}\right\|_{2,1} \tag{8.14}$$

上述问题是$\left\|\boldsymbol{A}\right\|_{2,1}$的邻近点算子，具有如下闭式解：

$$\left(\boldsymbol{A}^k\right)^j=\begin{cases}\dfrac{\max\left(0,\left\|\boldsymbol{W}^j\right\|_2-\lambda_1\right)}{\left\|\boldsymbol{W}^j\right\|_2}\boldsymbol{W}^j, & \left\|\boldsymbol{W}^j\right\|_2>0\\ 0, & \left\|\boldsymbol{W}^j\right\|_2>0\end{cases} \tag{8.15}$$

式中，$\boldsymbol{W}=\tilde{\boldsymbol{A}}^k+\left(\boldsymbol{D}^k\right)^{\mathrm{T}}\left(\boldsymbol{Y}-\boldsymbol{D}^k\tilde{\boldsymbol{A}}^k\right)$；$\boldsymbol{W}^j$ 代表系数矩阵的第 j 行。

更新上述迭代过程中的利普希茨常数：

$$\begin{cases}L_{\boldsymbol{A}}^k=\left\|\left(\boldsymbol{D}^k\right)^{\mathrm{T}}\boldsymbol{D}^k\right\|\\ L_{\boldsymbol{D}}^k=\left\|\boldsymbol{A}^{k-1}\left(\boldsymbol{A}^{k-1}\right)^{\mathrm{T}}\right\|\end{cases} \tag{8.16}$$

外推权重更新为

$$\begin{cases} t_k = \dfrac{1}{2}\left(1+\sqrt{1+4t_{k-1}^2}\right) \\ \omega^k = \dfrac{t_{k-1}-1}{t_k} \end{cases} \tag{8.17}$$

此外，为保证算法收敛，对上述权重进行如下修正：

$$\begin{cases} \omega_{\boldsymbol{D}}^k = 0.9999\min\left\{\omega^k, \sqrt{L_{\boldsymbol{D}}^{k-1}/L_{\boldsymbol{D}}^k}\right\} \\ \omega_{\boldsymbol{A}}^k = 0.9999\min\left\{\omega^k, \sqrt{L_{\boldsymbol{A}}^{k-1}/L_{\boldsymbol{A}}^k}\right\} \end{cases} \tag{8.18}$$

由于目标函数是非凸的，为避免在迭代过程中优化目标函数(8.6)的函数值 F 增加，引入目标函数更新重启保护策略：当 $F^k \geqslant F^{k-1}$ 时，跳过外插更新环节，令 $\tilde{\boldsymbol{D}}^k = \boldsymbol{D}^{k-1}$，$\tilde{\boldsymbol{A}}^k = \boldsymbol{A}^{k-1}$。重复上述迭代，直到满足停止准则：

$$\frac{\left\|\boldsymbol{A}^k - \boldsymbol{A}^{k-1}\right\|}{\left\|\boldsymbol{A}^{k-1}\right\|} \leqslant \varepsilon \tag{8.19}$$

式中，ε 为迭代精度参数，设置为10^{-4}。

得到稀疏字典 $\hat{\boldsymbol{D}}$ 和稀疏系数矩阵 $\hat{\boldsymbol{A}}$，利用分块算子实现特征信息 $\hat{\boldsymbol{x}}$ 的重构，即

$$\hat{\boldsymbol{x}} = \boldsymbol{\mathcal{R}}^{-1}(\hat{\boldsymbol{D}}\hat{\boldsymbol{A}}) = \left(\sum_{i=1}^{N}\boldsymbol{\mathcal{R}}_i^{\mathrm{T}}\boldsymbol{\mathcal{R}}_i\right)^{-1}\left(\sum_{i=1}^{N}\boldsymbol{\mathcal{R}}_i^{\mathrm{T}}\left(\hat{\boldsymbol{D}}\hat{\boldsymbol{A}}_i\right)\right) \tag{8.20}$$

循环执行以上迭代，即可得到交替方向最小化优化算法，具体步骤详见算法 8.1。

算法 8.1　协同稀疏学习模型的求解器

输入： 测试信号 $\boldsymbol{y}$、正则化参数 λ、最大迭代次数 K。

初始化： 设置 $k=0, \boldsymbol{y}=\boldsymbol{\mathcal{R}}(\boldsymbol{y}), \boldsymbol{D}^{-1}=\mathrm{rand}(M,N), \boldsymbol{D}^0=\boldsymbol{D}^{-1}, \boldsymbol{A}^{-1}=\boldsymbol{D}^{\mathrm{T}}\boldsymbol{Y}, t_0=1$，计算初始目标函数值 F^0。

主循环： 执行以下迭代步骤，直到迭代次数 $k=K$。

(1) 利用式(8.16)和式(8.18)更新参数 $L_{\boldsymbol{D}}^{k-1}$ 和 $\omega_{\boldsymbol{D}}^k$。

(2) 计算加速外插点 $\tilde{\boldsymbol{D}}^k=\boldsymbol{D}^{k-1}+\omega_{\boldsymbol{D}}^k\left(\boldsymbol{D}^{k-1}-\boldsymbol{D}^{k-2}\right)$，并通过式(8.10)更新变量 $\boldsymbol{D}$。

(3) 利用式(8.16)和式(8.18)更新参数 $L_{\boldsymbol{A}}^{k-1}$ 和 $\omega_{\boldsymbol{A}}^k$。

---

(4) 计算加速外插点 $\tilde{\boldsymbol{A}}^k = \boldsymbol{A}^{k-1} + \omega_a^k\left(\boldsymbol{A}^{k-1} - \boldsymbol{A}^{k-2}\right)$，并通过式(8.15)更新变量 $\boldsymbol{A}$。

(5) 如果目标函数值 $F^k > F^{k-1}$，则重新赋值 $\tilde{\boldsymbol{D}}^k = \boldsymbol{D}^{k-1}$ 和 $\tilde{\boldsymbol{A}}^k = \boldsymbol{A}^{k-1}$，并通过式(8.10)和式(8.15)更新 $\boldsymbol{D}^k$ 和 $\boldsymbol{A}^k$。

(6) 重复上述迭代，直到满足停止准则 $\dfrac{\left\|\boldsymbol{A}^k - \boldsymbol{A}^{k-1}\right\|}{\left\|\boldsymbol{A}^{k-1}\right\|} \leqslant \varepsilon$。

输出： 特征信息 $\hat{\boldsymbol{x}} = \mathcal{R}^{-1}\left(\hat{\boldsymbol{D}}\hat{\boldsymbol{A}}\right)$。

8.2 齿轮箱振动信号实例分析

行星齿轮箱结构复杂，部件众多，其观测信号中包含多种振动信号的非线性耦合，且存在大量背景噪声，因此识别齿轮箱的故障模式是特征辨识领域中的典型问题之一[13]。为检验协同稀疏学习诊断模型的效率，本节采用提出的模型解决美国国家可再生能源实验室[14]的齿轮箱特征辨识问题，并与四类代表性的特征辨识技术进行对比。

该齿轮箱结构是典型的一级低速行星二级平行齿轮增速传动复合机构，传动比为 1∶81.291。美国国家可再生能源实验室试验的齿轮箱传动结构和轴承编号如图 8.4 所示[14]。在实际的工作环境中，齿轮箱曾经历 2 次漏油事件，导致内部齿轮和轴承存在多处损伤故障。美国国家可再生能源实验室的研究人员把性能退

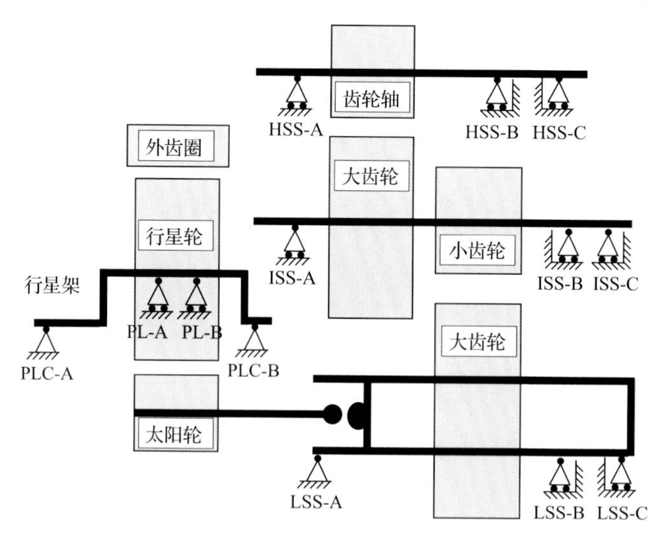

图 8.4　美国国家可再生能源实验室试验的齿轮箱传动结构和轴承编号[14]

化的齿轮箱重新安装在 2.5MW 的动力测试平台进行可控试验，动力测试平台如图 8.5 所示[14]。通过采集齿轮箱在不同转速、不同载荷下的振动信号，并把齿轮箱送到大修厂拆分，鉴定所有部件的健康状态[15]。拆分后发现，图 8.4 中的 HSS-B 轴承内圈由于过热产生了显著变形，增加了轴承运行时的受力状态，引起内圈表面产生轻微的剥落故障，如图 8.6 所示。HSS-B 轴承的型号为 SKF 32222J2，其特征频率如表 8.1 所示。当齿轮箱输出轴频率为 20Hz 时，利用振动加速度传感器对其进行测试，采样频率设置为 40kHz。

图 8.5　动力测试平台[14]

图 8.6　HSS-B 轴承的内圈失效模式[15]

表 8.1　HSS-B 轴承的特征频率

参数名称	符号	数值/Hz
齿轮箱输出轴频率	RF	20
外圈故障特征频率	BPFO	169.8
内圈故障特征频率	BPFI	230.2
滚动体故障特征频率	BSF	124.7
保持架故障特征频率	FTF	8.5

图 8.7 为 4s 测试信号的波形和对应的谱图，由图可以看出：

(1)原始信号波形中无显著冲击特征，频域中的能量主要集中在齿轮箱输出轴的前四阶整数啮合频率处(HSMF×1～HSMF×4)，高频段的共振峰值不明显，因此齿轮箱不存在严重故障。

(2)在齿轮箱输出轴的各阶啮合频率附近，存在显著的边频调制现象。从一阶啮合频率的调制边带中可以得出，高速轴转速是主要调制源，调制模式具有严重的不对称现象，表明输出轴可能存在故障。

(3)包络谱中的主要成分是输出轴的各阶转频分量，但是转速的二阶分量 RF×2 非常明显，其余高阶倍频幅值也较大，结合不对称调制现象，可推断输出轴在运行过程中具有不对中故障。事实上，齿轮箱和发电机在测试平台上具有弹性支撑，在运动过程中两者之间不可避免地出现运行不对中情况。因此，不对中故障并非由装备退化激发，而是弹性支撑结构运行过程的典型特征，不能判定为齿轮箱的故障模式。

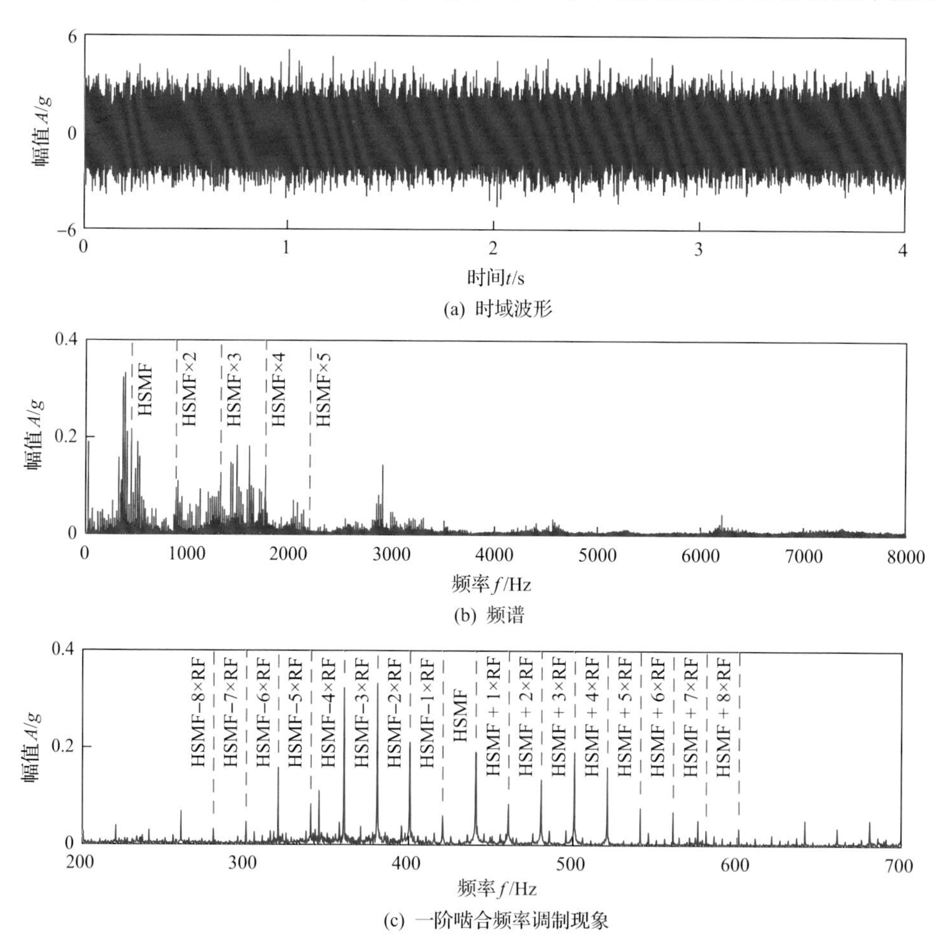

(a) 时域波形

(b) 频谱

(c) 一阶啮合频率调制现象

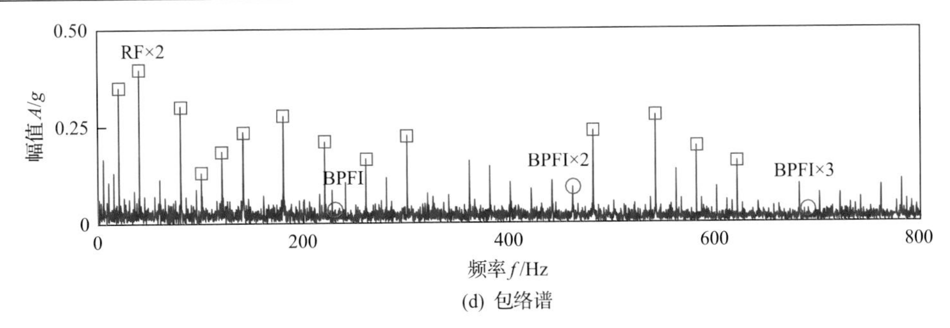

(d) 包络谱

图 8.7　4s 测试信号的波形和对应的谱图

8.2.1　广义协同稀疏结构模型参数分析

为使 CSLM 算法得到最优结果，通过穷举法分析影响其性能的两个重要参数：分块算子 $\mathcal{R}$ 的重叠长度 r 和模型的正则超参数 λ 。利用轴承特征频率在包络谱中的显著性构建以下度量准则，称为 SLSAM：

$$\mathrm{SLSAM} = \frac{\sum_{i=1}^{3} \mathrm{Amp}^2\left(i \times \hat{f}_{\mathrm{BPFI}}^{\mathrm{e}}\right)}{\sum_{j \in B} \mathrm{Amp}^2\left(\hat{f}_j^{\mathrm{e}}\right)} \tag{8.21}$$

式中，$\mathrm{Amp}^2(\cdot)$ 为特定频率成分的平方幅值；B 为轴承特征频率的敏感频带；$\hat{f}_j^{\mathrm{e}}$ 为包络谱中特定频率的幅值；$\hat{f}_{\mathrm{BPFI}}^{\mathrm{e}}$ 为包络谱中特征频率的幅值。

由于 $\mathrm{BPFI} \times 1 = 230.2\mathrm{Hz}$ ，$\mathrm{BPFI} \times 3 = 690.6\mathrm{Hz}$ ，因此敏感频带 B 设置为[200Hz, 700Hz]。考虑到正则超参数 λ 过大会导致零解，因此 λ 在间隔[1,150]内以步长为 1 均匀取 150 个点，参数 r 限制为整数，r 在[1,160]内取所有的整数值，为消除随机噪声对算法性能的不确定影响，参数 (r,λ) 分析结果如图 8.8(a)所示。可以看出：

(1) 当 r 接近 20 时，算法逐渐到达最优的表现，随着 r 增加，算法随 r 的表现更加稳健。此外，最优参数 $\left(r^*,\lambda^*\right)$ 取值为 $(67,94)$ ，接近参数区间的中值点 $(80,75)$ 。另外，若 r 采用较大重叠值，则在局部波形集中产生较多与周期特征不相关的成分，进而使得等价数据矩阵 $\boldsymbol{X}$ 难以满足模型的波形相似性假设，降低了算法性能，过大的局部波形块会导致计算成本升高。

(2) 当固定 r 时，正则超参数 λ 与度量指标 SLSAM 的关系可近似为单峰函数，从而可利用黄金搜索法快速确定最优的参数 λ^* 。在黄金搜索过程中，$\lambda \to 0$ 时，特征信息 $\hat{\boldsymbol{x}}$ 保留了较多噪声，因此设置 $\lambda_L = 0.01$ ，当 λ_L 设置为 $\boldsymbol{D}^{\mathrm{T}}\boldsymbol{Y}$ 的最大绝对幅值时，$\hat{\boldsymbol{x}}$ 几乎等于零向量，从而搜索的区间可定义为 $\left[0.01, \max\left(\boldsymbol{D}^{\mathrm{T}}\boldsymbol{Y}\right)\right]$ 。

因此，若研究问题和数据模型缺少深入的先验知识，可采用下面的搜索算法对参数(r,λ)进行自适应配置：

(1)初始化r，采用黄金搜索法得到参数λ^0，并计算度量指标SLSAM^0。

(2)依据一个步长因子来更新r。执行步骤(1)的搜索，得到λ^1和SLSAM^1。

(3)若$\mathrm{SLSAM}^i < \mathrm{SLSAM}^{i-1}$，则停止参数寻优过程，并输出$\left(r^{i-1},\lambda^{i-1}\right)$。

为分析CSLM算法的参数空间结构特性，与SDLM算法的参数特性进行对比，如图8.8(b)所示。可以看出，SDLM算法的参数空间并未呈现规律性的变化趋势，几乎均匀分布在整个参数空间，这是由于SDLM算法的目标是独立对每一个局部波形块中的强成分进行稀疏表示，最大程度上削减了微弱成分和噪声[16]。然而，特征成分相对于轴的转频RF和高阶倍频成分是相对较弱的，因此在SDLM算法

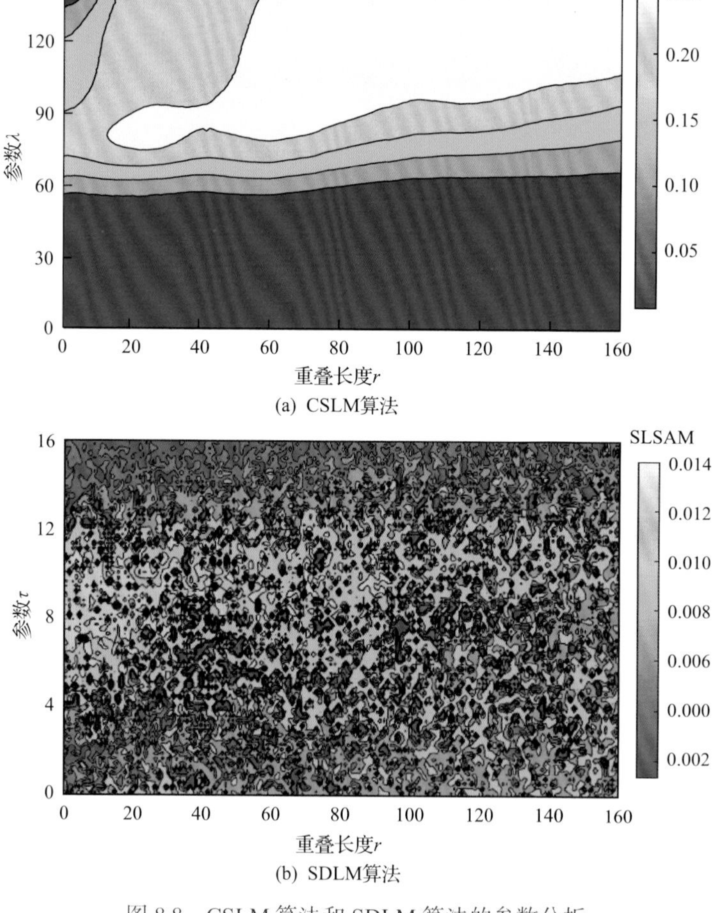

图8.8　CSLM算法和SDLM算法的参数分析

迭代过程中被视为噪声而移除，导致 SLSAM 指标呈现随机分布模式。由于 CSLM 算法充分利用了局部波形块的内在一致性结构，所提取的特征信息具有周期相似结构，与特征的物理本质相匹配。

8.2.2　CSLM 算法性能分析

采用 CSLM 算法对齿轮箱的振动信号进行分析，算法的参数 Q 和 λ 分别设置为 67 和 94。CSLM 目标函数值和残量值的演变历程如图 8.9 所示。可以看出，CSLM 算法迭代 10 次后便收敛至平稳的点，具有快速的收敛特性。CSLM 算法提取的特征波形和包络谱如图 8.10 所示，在包络谱中[200Hz, 800Hz]内的主要特征频率为 BPFI 特征成分和其倍频分量 BPFI×2，相比于原始包络谱图 8.7 中的特征

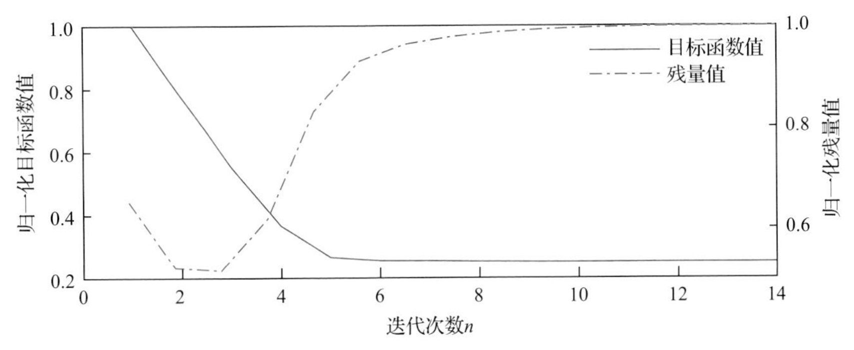

图 8.9　CSLM 目标函数值和残量值的演变历程

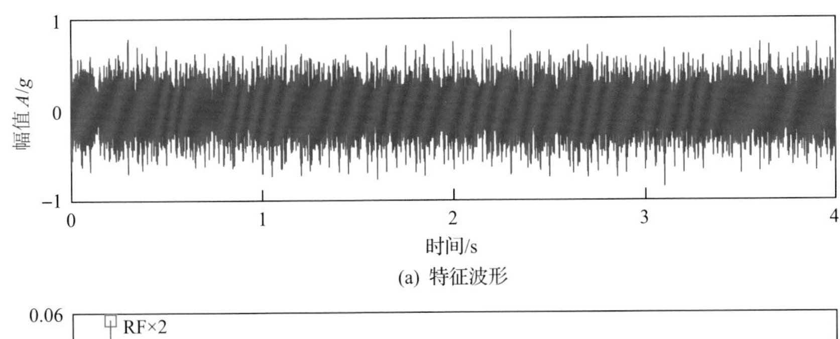

(a) 特征波形

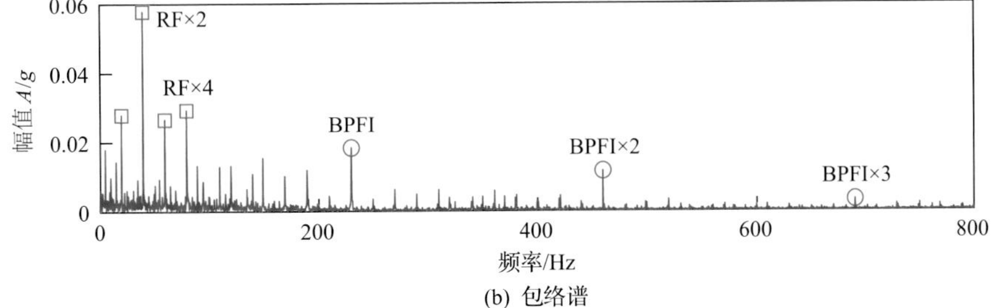

(b) 包络谱

图 8.10　CSLM 算法提取的特征波形和包络谱

信息显著度，CSLM 算法具有较高的特征辨识精度。此外，在包络谱中齿轮箱轴的转频 RF 和其多阶频率成分已被可靠识别，其原因在于 RF 相关信号成分在局部波形块集中具有与特征成分同样的一致性周期结构，因此 CSLM 算法可检测一切具有共同周期结构的信号分量，消除不相关干扰及噪声信号。

采用 SDLM 算法处理同样的齿轮箱振动信号，其参数采用图 8.8(b)的最优配置$(r,\tau)=(8,8.2)$，SDLM 算法提取的特征波形和包络谱如图 8.11 所示。在时域波形中可见大量的离散信号波形块形态，这是由于 SDLM 算法中的正则项$\|\cdot\|_1$稀疏地表征波形块中的主要成分，并消除其余分量和噪声。包络谱中的主要频率成分为齿轮箱轴的旋转分量 RF 和多阶倍频，RF 的能量在信号中占据主导地位，而 SDLM 算法没有考虑波形块集中的一致性周期结构，特征成分 BPFI 几乎被完全抑制。因此，协同稀疏结构是保留特征信息的关键因素，充分反映了故障信息的内在物理本质。

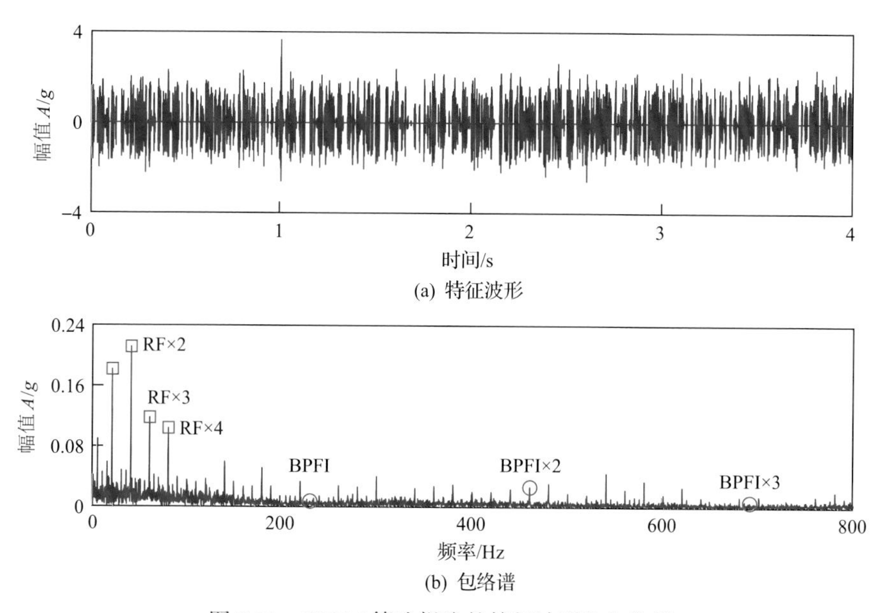

图 8.11　SDLM 算法提取的特征波形和包络谱

参 考 文 献

[1] Gao Z W, Cecati C, Ding S X. A survey of fault diagnosis and fault-tolerant techniques—Part Ⅱ: Fault diagnosis with knowledge-based and hybrid/active-based approaches. IEEE Transactions on Industrial Electronics, 2015, 62(6): 3768-3774.

[2] Lee J, Wu F J, Zhao W Y, et al. Prognostics and health management design for rotary machinery systems—Reviews, methodology and applications. Mechanical Systems and Signal Processing,

2014, 42(1-2): 314-334.

[3] McFadden P D. A revised model for the extraction of periodic waveforms by time domain averaging. Mechanical Systems and Signal Processing, 1987, 1(1): 83-95.

[4] Mishra C, Samantaray A K, Chakraborty G. Rolling element bearing defect diagnosis under variable speed operation through angle synchronous averaging of wavelet de-noised estimate. Mechanical Systems and Signal Processing, 2016, 72-73: 206-222.

[5] Wang J, Peng Y Y, Qiao W. Current-aided order tracking of vibration signals for bearing fault diagnosis of direct-drive wind turbines. IEEE Transactions on Industrial Electronics, 2016, 63(10): 6336-6346.

[6] Zhang H, Chen X F, Du Z H, et al. Nonlocal sparse model with adaptive structural clustering for feature extraction of aero-engine bearings. Journal of Sound and Vibration, 2016, 368: 223-248.

[7] Bajwa W U, Pezeshki A. Finite Frames. New York: Springer, 2013.

[8] Tosic I, Frossard P. Dictionary learning: What is the right representation for my signal. IEEE Signal Processing Magazine, 2011, 28(2): 27-38.

[9] Yang B Y, Liu R N, Chen X F. Fault diagnosis for a wind turbine generator bearing via sparse representative and shift-invariant K-SVD. IEEE Transactions on Industrial Informatics, 2017, 13(3): 1321-1331.

[10] Xu Y, Yin W. A fast patch-dictionary method for whole image recovery. Inverse Problems and Imaging, 2016, 10(2): 563-583.

[11] Becker S R, Candes E J, Grant M C. Templates for convex cone problems with applications to sparse signal recovery. Mathematical Programming Computation, 2011, 3(3): 165-218.

[12] Xu Y Y, Yin W T. Block stochastic gradient iteration for convex and nonconvex optimization. SIAM Journal on Optimization, 2015, 25(3): 1686-1716.

[13] Qiao W, Lu D. A survey on wind turbine condition monitoring and fault diagnosis—Part I: Components and subsystems. IEEE Transactions on Industrial Electronics, 2015, 62(10): 6536-6545.

[14] Sheng S. Wind turbine gearbox condition monitoring round robin study-vibration analysis. National Renewable Energy Laboratory, 2012.

[15] Errichello R, Muller J. Gearbox reliability collaborative gearbox 1 failure analysis report. National Renewable Energy Laboratory, 2012.

[16] Elad M. Sparse and Redundant Representations: From Theory to Applications in Signal and Image Processing. New York: Springer, 2010.

第 9 章　工程应用实例

9.1　风电装备齿轮箱特征辨识

风电机组结构复杂，其零部件众多，是典型的复杂机电装备系统。美国国家可再生能源实验室对因风电机组的零部件失效导致的停机维护时间进行了统计分析，得到风电机组关键零部件失效影响分析图，如图 9.1 所示[1]。由图可以看出，齿轮箱失效的停机维修时间导致了最多的停机损失。由于齿轮箱在变工况、变载荷的情况下运行时，其内部结构和受力情况极为复杂，且高速级的齿轮和轴承润滑环境较差，增大了齿轮箱故障发生的概率。因此，齿轮箱是风电机组故障易发部件，对它开展特征辨识算法研究是保证风电机组可靠运行的重点工作之一。

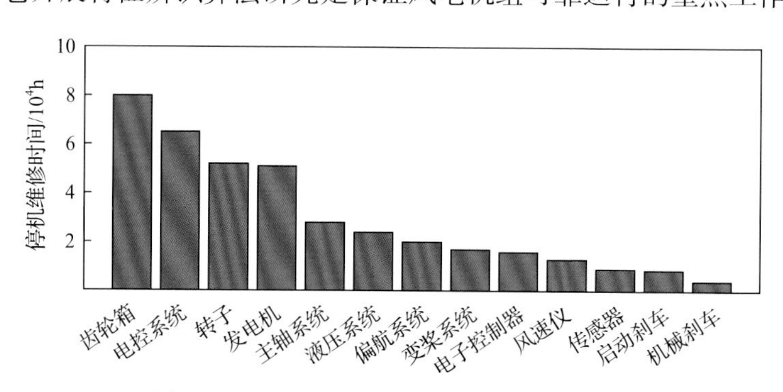

图 9.1　风电机组关键零部件失效影响分析[1]

典型风电齿轮箱传动链结构如图 9.2 所示。齿轮箱的某一零部件故障会改变运动副之间的配合模式而产生冲击，进而激发齿轮箱内部结构的多路振动响应，耦合其余零部件运动产生的振动分量，可使得信息感知系统测试的数据综合反映冲击特征源在多种类型的干扰、调制、噪声影响下的特征。以齿轮箱中的某一齿轮表面局部损伤为例，当齿轮副在局部损伤处啮合传递动力时，会产生微弱的冲击信号，而齿轮箱在周期性运行过程中形成冲击源序列，其蕴含的周期模式有效地显示了齿轮健康状态。此外，由于转速波动或随机风速的影响，冲击源序列中的不同冲击可能存在不同的相位差，而其余成分的幅值调制会导致部分小幅值冲击有极高的概率被漏检，因此难以直接可靠地由冲击源序列评估故障源的冲击产生机制。然而，若直接分析冲击源的包络信号，由于它携带了与源冲击序列相同的调制周期信息，能有效地降低相位差调制效应的影响。因此，本章以齿轮故障源冲击信息的包络为分析对象。由于风电测试系统的传感器位于箱体的表面，冲击特征源需要经历较长的传递路径后方可被传感器拾取，因此风电行星增速齿轮系统的多零部件结构使得它具有复杂的多路传递路径调制模式。如图 9.2 所示，假定行星齿轮箱的高速级大齿轮形成局部损伤，损伤在啮合过程中激发的冲击源序列需经过输出齿轮轴、支撑轴承、箱体等调制环节后才能被数据感知系统捕获，因此传递路径调制在风电齿轮箱的特征辨识问题中是必然出现的。此外，齿轮箱的各个零部件产生的振动分量与故障冲击特征源具有相同的传递路径，必然会与冲击源信号耦合或相互调制，高速级大齿轮支撑轴承产生的振动信号、齿轮副的啮合分量、输出轴多个支撑轴承的振动成分在冲击特征源的传递过程中产生耦合现象。风电齿轮箱位于离地面 70m 左右的高空，在随机风载荷的激励下，会产生大量无规则的振动，加之偏航系统、柔性支撑、液压系统等会诱发多类噪声成分，测试数据过程中的噪声是不可避免的。因此，风电机组的齿轮箱现场特征辨识任务是微弱特征解耦问题和盲解调问题的复合结果，必须采用多类算法综合分析才能获得高精度的辨识结果。

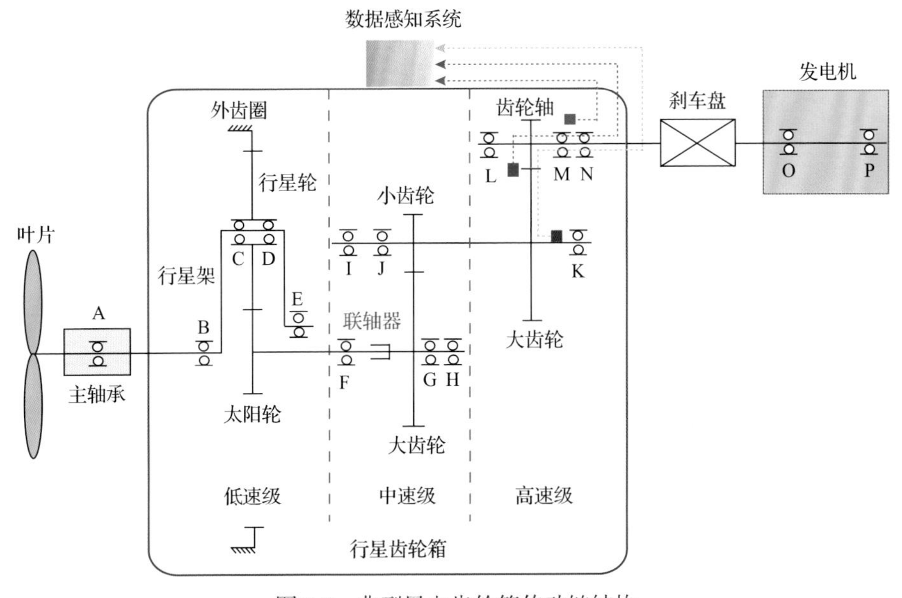

图 9.2　典型风电齿轮箱传动链结构

为解决风电机组齿轮箱的特征辨识难题，本章提出风电齿轮箱齿轮特征的层级增强辨识技术路线，如图 9.3 所示。利用加权低秩学习模型，消除齿轮箱中与关注特征不相关的齿轮副啮合谐波、转频谐波、轴承振动等耦合分量，并抑制背景噪声，从而显著地提升故障源的调制波形，解决微弱特征耦合问题。对输入的调制波形进行包络卷积学习操作，可消除传递路径导致的特征调制变异现象，直接得到特征源的周期包络成分，随后深入分析冲击包络，可进一步确诊零部件的性能退化状态模式，实现齿轮箱的高精度特征辨识。为了全面评估该技术在实际工程中的应用价值，以河北省张北县某风场风机的齿轮箱为研究对象，采用层级特征增强辨识技术对测试数据进行深入分析，有效评估了齿轮箱中的齿轮健康状态，发现了齿轮早期的微弱故障并精准预测了故障分布模式。

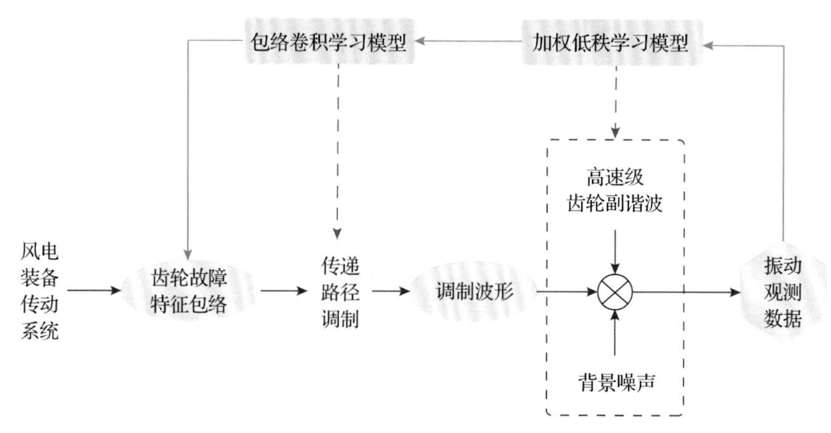

图 9.3 风电齿轮箱齿轮特征的层级增强辨识技术路线

9.1.1 风电装备描述和初级分析

某风机额定功率为 750kW，带有主动偏航，且为变速变桨风机，功率调节方式为变桨，切入风速为 3.5m/s，额定风速为 14m/s，切出风速为 25m/s。风轮直径为 52m，额定转速为 22.5r/min，转速范围为 14～31.4r/min。齿轮箱采用一级行星、两级平行轴结构，如图 9.2 所示，传动比为 1:61.713。发电机采用带转子绕组的三相异步发电机，其额定功率为 750kW，齿轮箱与发电机通过复合联轴器连接。在风场维护人员的日常检修中，此风机的 SCADA 系统和振动监测系统均没有出现持续的报警。当风电机组即将出质保周期时，风场维护中心对它进行了全面的健康评估，发现除发电机的振动幅值稍微偏大外，偏航、变桨、液压等非传动链子系统状态良好，并采用结构化稀疏学习诊断技术对风电机组的整个传动链系统进行更为深入准确的评估。

为全面地获取风电机组的振动信息，数据采集过程的参数设置如表 9.1 所示。由于风电机组主轴和齿轮箱的输入轴在额定工况运行时的转速均低于 28r/min，在主轴轴承和齿轮箱的输入轴外齿圈处布置低频传感器进行数据感知，而传动链中的其余部件转速相对较高，振动较为明显，振动加速度传感器可进行有效的数据采集，可在其余零部件测点处采用常规的工业振动加速度传感器。由于风电机组的工作环境恶劣，机舱内充满电磁干扰，应选择具有一定的抗干扰能力、能屏蔽外界电磁影响的数据传输线和数据采集设备。此外，为保护风电机组传动链部件，传感器的安装并不选用经典的螺栓连接方式，而是选用黏结剂和绝缘磁座吸合两种方式组合的方法，其许用最高温度比单纯黏结剂要高，且匹配响应范围又比纯绝缘磁座吸合要宽，还可避免对部件造成结构性损伤。传感器类型和位置如表9.2所示，传感器安装方式如图9.4所示。

表9.1　数据采集过程的参数设置

参数名称	数值
采集仪器的通道数量	8
采样频率	25.6kHz
数据存储	6400点/帧
振动传感器型号	PCB608A11
传感器标称灵敏度	100mV/g
转速传感器	E2A-M12KN08-M1-B1
数据采集仪器	HET-P03-II Sn: 20100001

表9.2　传感器类型和位置

传感器类型	传感器位置
可变电容加速度传感器(Dytran7600B1)	主轴径向
可变电容加速度传感器(Dytran7600B1)	行星齿轮箱外齿轮圈径向垂直方向
加速度传感器(PCB 608A11)	齿轮箱平行级中间轴径向
加速度传感器(PCB 608A11)	齿轮箱平行级中间轴轴向
加速度传感器(PCB 608A11)	齿轮箱平行级高速轴径向
加速度传感器(PCB 608A11)	发电机前端径向
加速度传感器(PCB 608A11)	发电机后端径向
速度脉冲测试器(接近开关)	齿轮箱输出轴

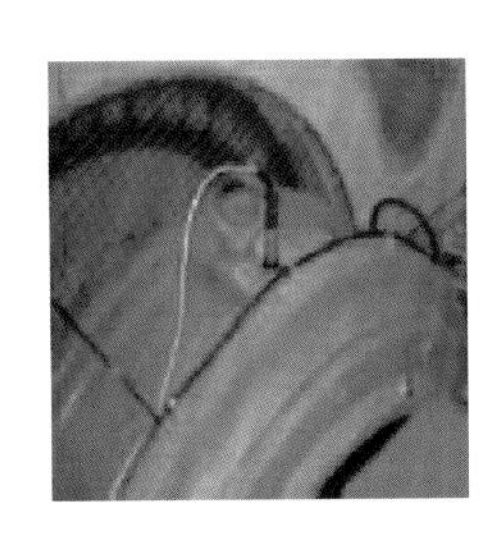
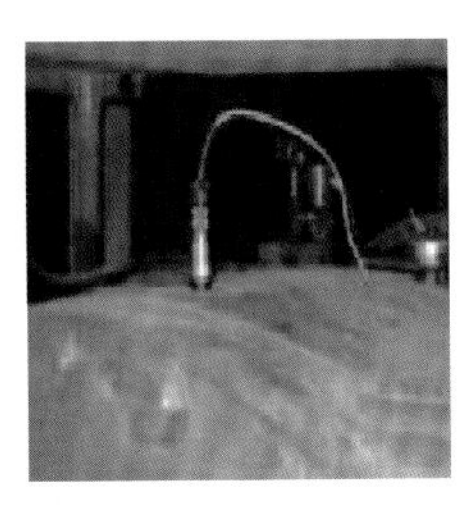
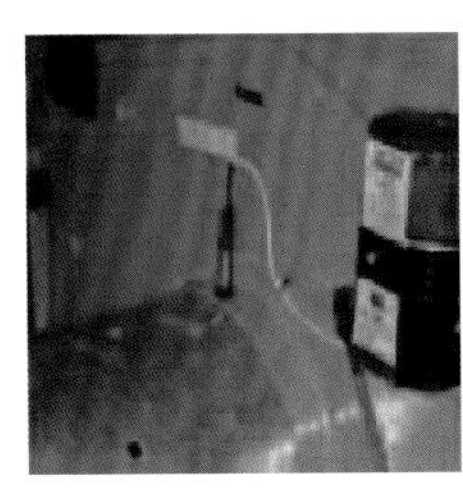
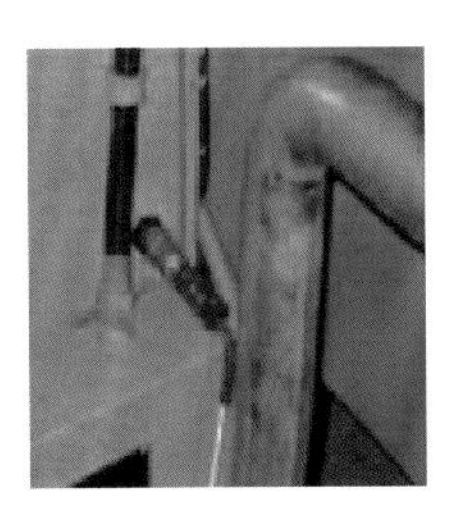

图9.4　传感器安装方式

对该风电机组进行振动测试，风速为 5～8m/s，连续测试时间为 30min。为初步评估机组传动链的健康状态，对 7 个测点的有效值进行分析。有效值是指振动量的均方根值，能可靠地度量系统振动能量，预示系统的健康状态，风电机组传动链各测点处的均方根指标如图 9.5 所示。可以看出，该风电机组的发电机前轴承振动量显著偏大，其余各个部件的振动正常。参考图 9.6 所示的德国工程师制定的 VDI 3834 振动标准，该发电机的振动水平位于预警和报警之间，预示着齿轮箱输出级和发电机前轴承段内出现部件退化。

归一化幅值
1.1
1.0
0.9
0.8
0.7
0.6
0.5
0.4
0.3
0.2
0.1
0
0
100
200
300
400
500
600
700
800
900
1000
1100
1200
1300
1400
1500
1600
1700
时间/s
1600
1500
1400
1300
1200
1100
1000
900
800
700
600
500
400
300
200
100
0
转速/(r/min)
主轴承V
齿轮箱内齿圈H
齿轮箱低速轴A
齿轮箱低速轴H
齿轮箱高速轴V
电机前轴承H
电机后轴承H
高速轴转速

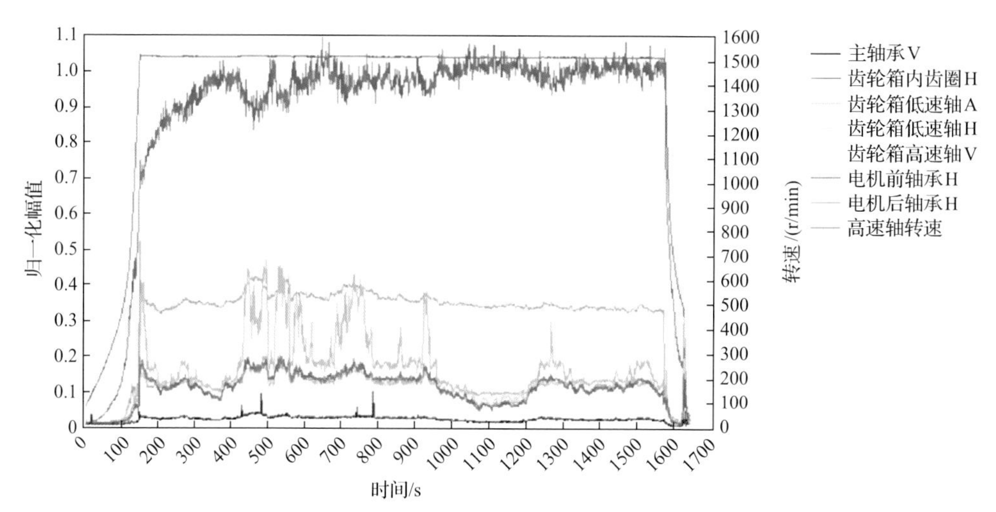

图 9.5　风电机组传动链各测点处的均方根指标

加速度阈值(单位：m/s²)
频率范围
≤0.1~10Hz
≤0.1~10Hz
≤0.1~10Hz
10~2000Hz
10~5000Hz
20
10
5
3
2
1
0.5
0.3
0.2
a_{rms}/(m/s²)
0.5
0.3
0.5
0.3
0.5
0.3
12
7.5
16
10
部件
机舱/塔筒
NAT
主轴承
MBR
齿轮箱
GBX
齿轮箱
GBX
发电机
GEN

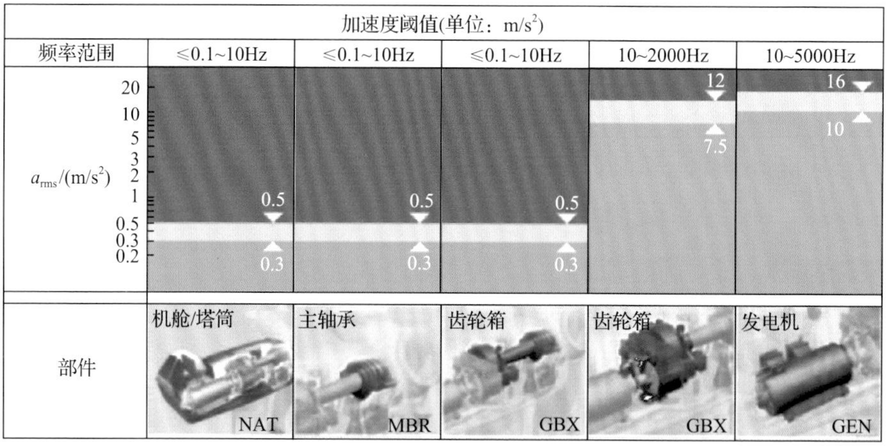

图 9.6　德国工程师制定的 VDI 3834 振动标准

为确定发电机振动过大的原因，分别对发电机前端测点和齿轮箱输出测点的振动信号进行全面深入的分析。发电机前端测点处的时域波形和包络谱如图 9.7

所示。可以看出，时域波形具有显著的调幅调频现象，包络谱中主要成分为发电机的转频和二倍频。由于发电机前端的振动信号中除转频 Fg 和电磁干扰成分 Ft 外，无显著的其余特征频率信息，排除了发电机轴承故障导致的振动超标可能性。在齿轮箱输出测点处取 5s 的振动信号进行分析，时域、频域、包络谱的特征信息如图 9.8～图 9.10 所示。可以看出，时域信号中无显著的调制模式，亦无明显的局部冲击波形。频谱中的主要成分为齿轮箱平行级的两类啮合频率(中速级 ISGM 和高速级 HSGM)及它们的高阶倍频分量，在输出轴啮合频率的附近出现微弱的中间轴转频 Fw 边频带调制现象。包络谱中最显著的成分是齿轮箱平行级中间轴的转频 Fw 及其 16 倍频和 21 倍频，齿轮箱输出轴转频 Fg 和多阶倍频分量具有较高的显著性水平。因此，根据时域波形的无冲击形态和输出轴转频的多阶显著倍频特征分布模式，可初步推测齿轮箱的输出轴存在故障。考虑到在设计齿轮箱的各个轴时，为保证风电机组 20 年的工作寿命，预留了较高的冗余强度，因此输出轴的裂纹、弯曲等故障发生的概率较低。随后，风场维护人员对刹车片进行检查发现，其磨损已经非常严重，导致输出轴制动器与刹车盘之间的摩擦不良，从而引起了发电机

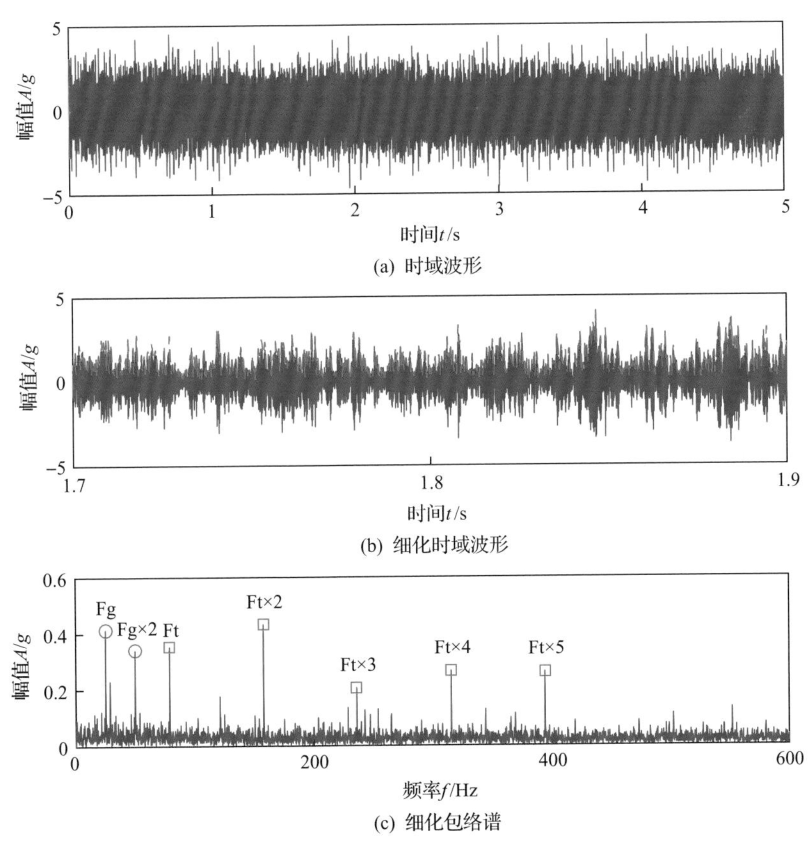

(a) 时域波形

(b) 细化时域波形

(c) 细化包络谱

图 9.7　发电机前端测点处的时域波形和包络谱

输入端过高的振动。更换刹车片后，发电机前端测点的振动恢复到了正常水平。

虽然已对发电机前端的过大振动水平进行了可靠溯源，但是没有对齿轮箱输出轴测点包络谱中主导频率分量发生机制进行讨论。对于正常齿轮箱，由于输出轴的转速高、承受的力矩大，其转频 Fg 一般会在包络谱中占据主导地位，而平行级中间轴的转频 Fw 和倍频幅值会相对较小，因此齿轮箱特征频率分布模式显著

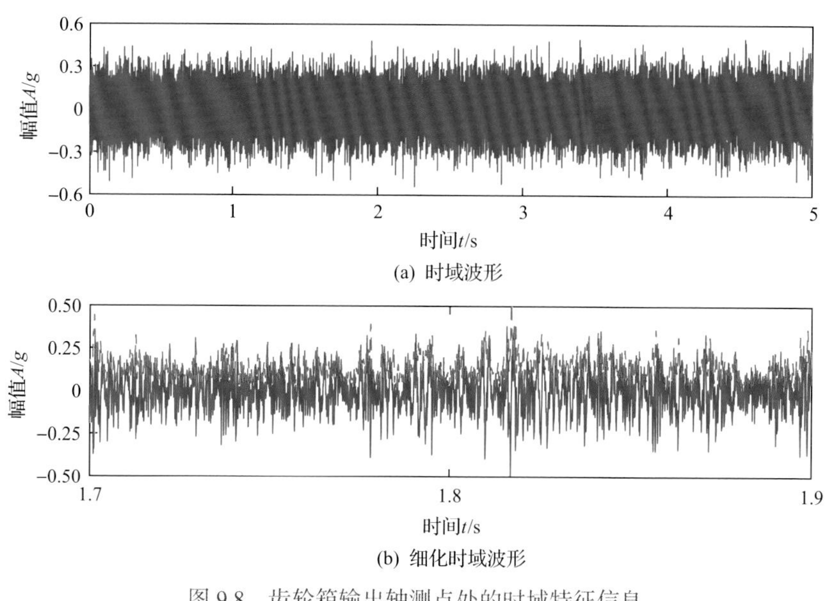

图 9.8　齿轮箱输出轴测点处的时域特征信息

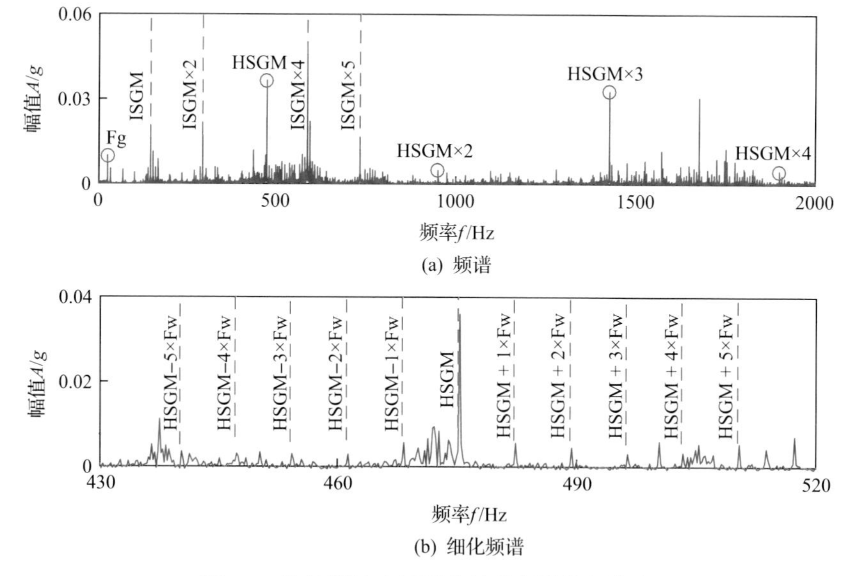

图 9.9　齿轮箱输出轴测点处的频域特征信息

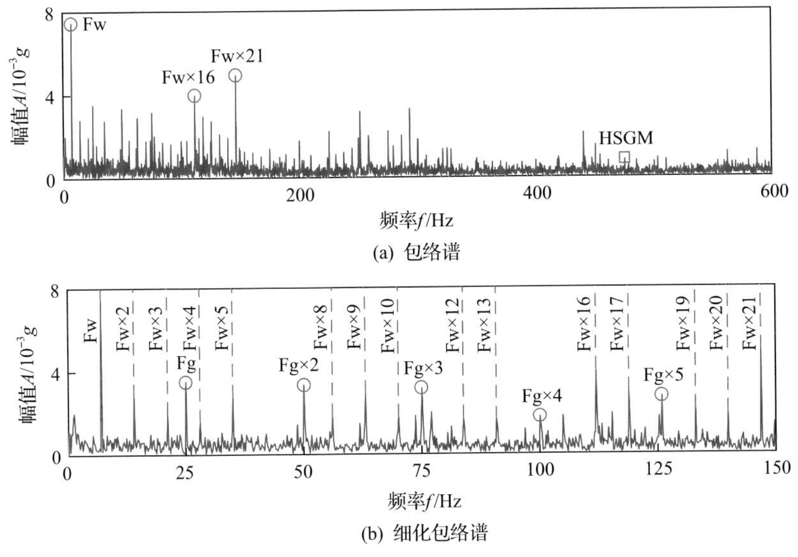

图 9.10　齿轮箱输出轴测点处的包络谱特征信息

地异于正常的齿轮箱。由于风电机组的传动链具有弹性支撑的结构，机组运行过程中产生高频的不对中力，从而加速了齿轮的磨损。根据风场维护人员介绍，此机组运行过程中发生过漏油事件，可推测齿轮箱中的齿轮发生了初期故障。

9.1.2　结构化稀疏特征辨识策略

与齿轮箱中间轴转频特征频率相关的运动主要来自齿轮箱平行级中间轴及其相关零件，此部件产生的特征信息经高速齿轮轴、支撑轴承、齿轮箱体等零部件后传递到传感器，在此过程中，高速轴的转频、支撑轴承的振动等分量会导致耦合响应，其特征信息受到传递路径的调制影响，加之齿轮箱其余零部件的振动和机舱背景噪声的影响，使得辨识信号成分的发生源成为典型的微弱特征解耦和盲解调的综合问题。针对此问题，本小节基于结构化稀疏诊断理论，融合加权低秩学习模型和非负有界卷积稀疏学习模型，构建层级特征增强技术，如图 9.11 所示。该技术的优势在于层层“抽丝剥茧”，逐级揭晓特征信息产生的原因。中间轴部件的主要运动形式是旋转运动，并且在 10s 较短的时间范围内，其振动波形相对较为平稳，因而其特征波形具有高度的自相似特性。得到特征源的包络信号，并结合齿轮、轴承、转轴等零件的故障动力学进行特征辨识，即可完成特征频率的溯源。以上特征源辨识过程是机电装备特征源信息正向传递的逆过程，通过逐层引入两类技术，逐级解决特征辨识中的两类典型问题，故命名为层级特征增强技术，该技术为结构化稀疏诊断理论在复杂机电装备中的特征辨识问题中的应用提供了统一解决途径。

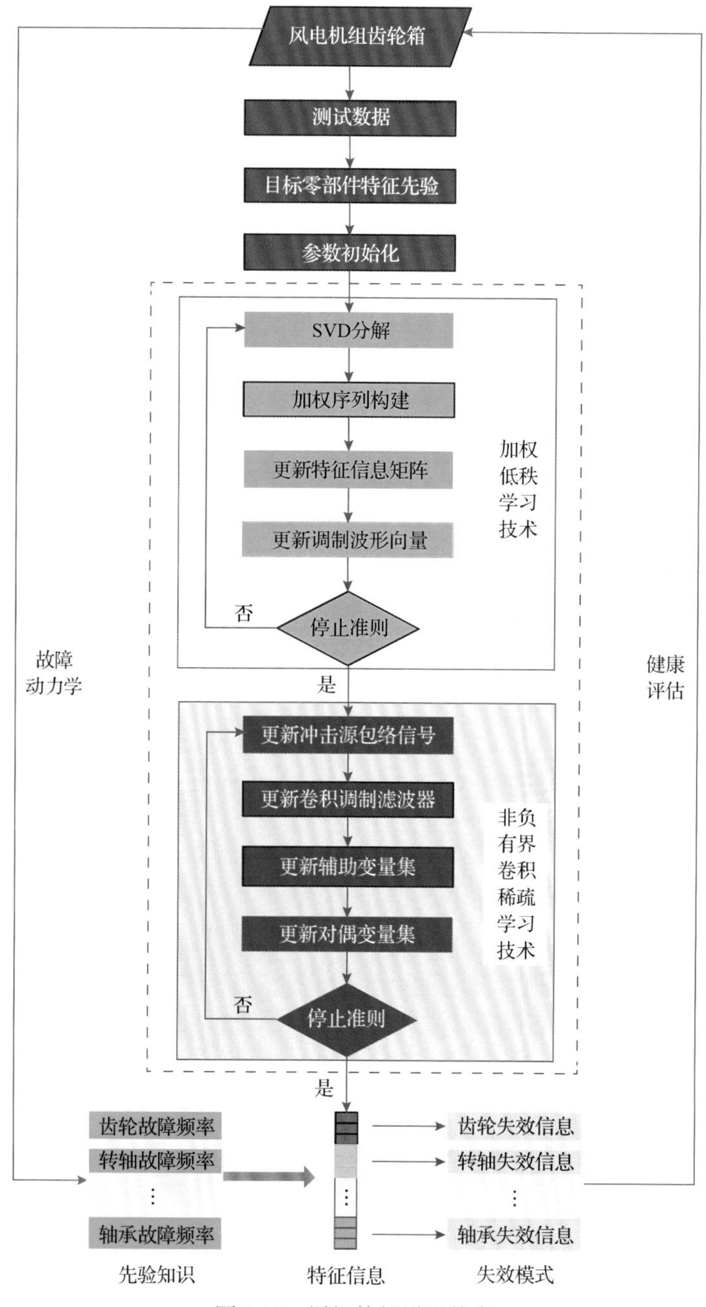

图 9.11　层级特征增强技术

9.1.3　微弱特征解耦增强

采用层级特征增强技术的第一级算法对齿轮箱输出轴测点的振动信号进行分

析，得到加权低秩学习技术检测的时域、频域、包络谱特征信息，分别如图 9.12～图 9.14 所示，将它与原始振动信号的特征信息对比，可以看出：

(1) 相比图 9.8 中的原始信号波形，时域波形具有非常明显的幅值调制现象，局部冲击形态较为显著，表明该级技术可有效提升齿轮箱中的冲击调制波形。

(2) 原始频谱图 9.9 中的能量较为分散，频率结构复杂，经过第一级增强技术分析的频谱图 9.13 中的特征信息主要集中在一阶啮合频率附近，并可靠地保留啮合频率附近的边频调制结构，有效增强了与齿轮相关的特征信息。

第一级增强技术有效移除了输出轴、支撑轴承等零件的耦合干扰成分，可靠提升了时域信号的冲击调制包络，显著增强了相关的微弱特征分量，并最大限度保留了所有特征成分及其能量，因此，层级特征增强技术完成了齿轮箱特征辨识的第一个任务——微弱特征解耦检测。

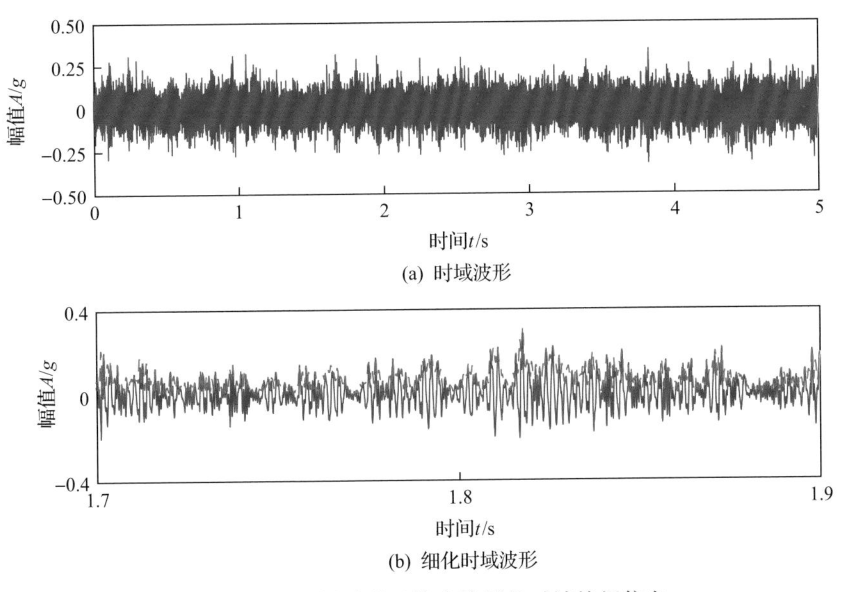

(a) 时域波形

(b) 细化时域波形

图 9.12　加权低秩学习技术检测的时域特征信息

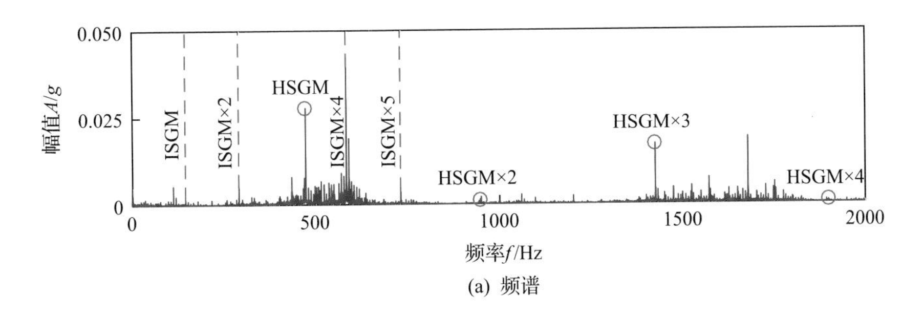

(a) 频谱

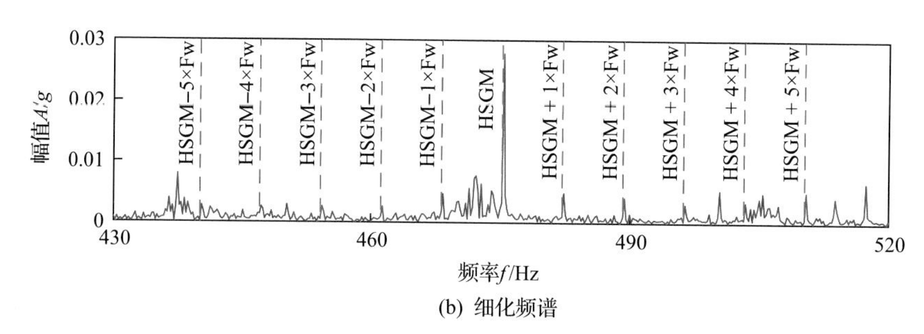

(b) 细化频谱

图 9.13　加权低秩学习技术检测的频域特征信息

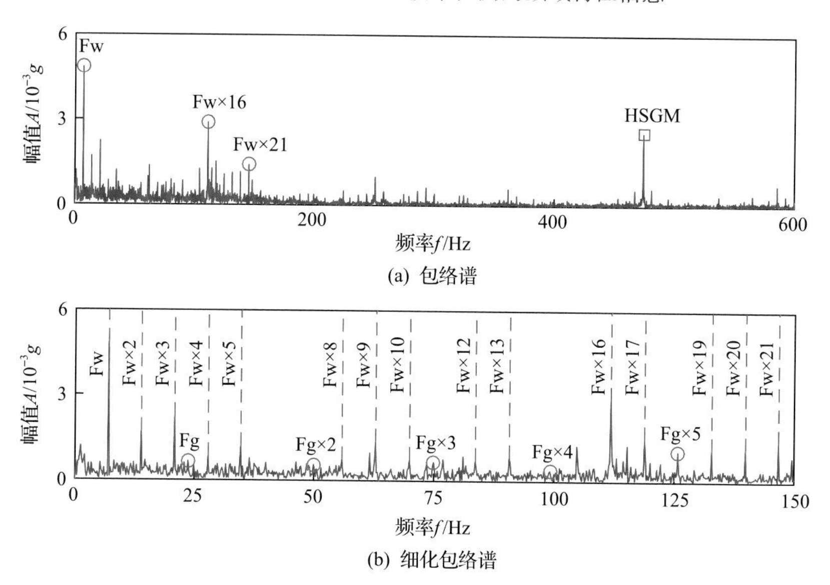

(b) 细化包络谱

图 9.14　加权低秩学习技术检测的包络谱特征信息

9.1.4　传递路径解卷辨识

经过层级特征增强技术分析，可以得到特征相关的调制波形，考虑到正常齿轮箱平行级中间轴的运动也会产生特征和低阶倍频成分，调制波形受到高频载波影响，难以挖掘更多的信息，若直接基于频谱图推断发生源信息，无法得到较高置信度的结论，因此以下通过层级特征增强技术的第二级算法来消除传递路径的影响，进一步增强隐藏在包络信号中的异常特征发生源信息，结果如图 9.15 和图 9.16 所示。可以看出，直接检测得到的包络信号中局部冲击特征十分明显，所有冲击发生的时间和幅值均变得明显，表明第二级增强技术有效消除了传递路径和高频载波成分的干扰。低频段中的信息几乎全为各阶倍频成分，但是其幅值被削弱了，这表明通过消除传递路径的调制影响，采用第二级增强技术的解卷方法改变了各个特征频率成分之间的相对能量比率，更进一步挖掘了产生齿轮箱特征频率异常分布的故障源信息。

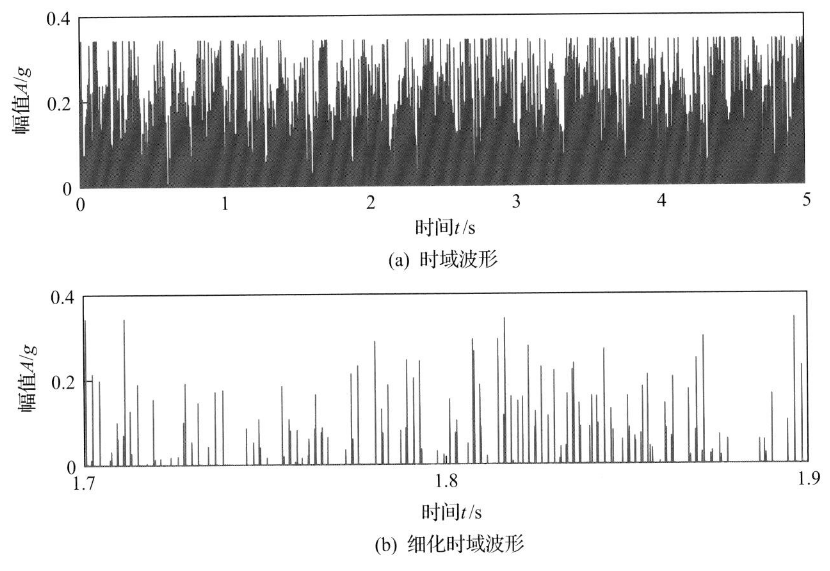

图 9.15　包络卷积稀疏学习技术检测的时域特征信息

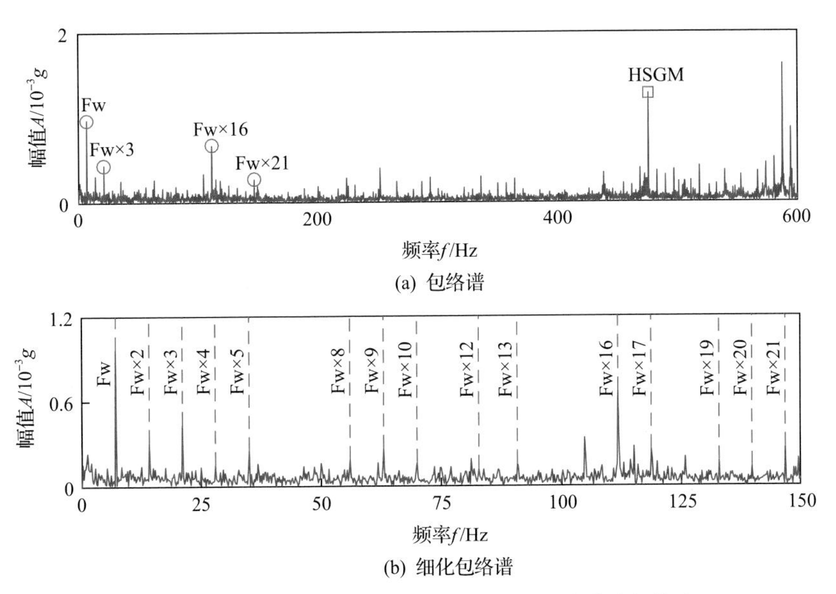

图 9.16　包络卷积稀疏学习技术检测的包络谱特征信息

为定量评估层级特征增强技术在提取 Fw 源发生过程中的内在演变特性，构造以下指标度量每一级技术处理后的信息量。

(1) 边频带幅值比率。依据 Zappala 等[2]的研究，齿轮箱的齿轮表面形成故障时，在齿轮的一阶啮合频率附近会出现显著的边频带，边频带越显著，故障越严重，从而构造以下边频带幅值比率指标：

$$\mathrm{SBR}=\frac{\sum_{i=1}^{5}A_{\mathrm{HSGM}\pm i\times \mathrm{Fw}}^{\mathrm{f}}}{A_{\mathrm{HSGM}}^{\mathrm{f}}} \tag{9.1}$$

(2) 峭度。由于齿轮点蚀故障会在包络信号中产生微弱的冲击，引入对冲击敏感的包络信号峭度指标：

$$\mathrm{Kurtosis}=\frac{\frac{1}{n}\sum_{i=1}^{n}\left(x_i-\mu_x\right)^4}{\left[\frac{1}{n}\sum_{i=1}^{n}\left(x_i-\mu_x\right)^2\right]^2} \tag{9.2}$$

(3) 相对幅值比率。待提取的特征信息在包络谱中主要表现为各阶倍频分量，而其余频率成分可视为干扰，因此可通过在包络谱中计算特征信息与其余干扰成分的幅值比来度量特征信息的显著度，从而设计相对幅值比率指标，即

$$\mathrm{RAR}=\frac{\sum_{i=1}^{5}A_{i\times \mathrm{Fg}}^{\mathrm{e}}}{\sum_{i=1}^{5}A_{i\times \mathrm{Fw}}^{\mathrm{e}}} \tag{9.3}$$

三类指标在层级特征增强技术过程中的变化趋势如图 9.17～图 9.19 所示。可以看出：

(1) 层级特征增强技术的第一级算法无法显著提升 SBR 和峭度指标，而是将包络谱中 RAR 指标由 0.878 大幅降低至 0.308，表明 WLRM 算法可靠地移除了干扰成分，尤其是高速轴转频 Fg 的影响。中间轴大齿轮和高速齿轮轴的 SBR 分别从 1.294 和 1.047 小幅增加至 1.308 和 1.065，表明算法移除了背景噪声。因此，第一级 WLRM 算法的主要性能表现在解决微弱特征解耦检测问题。

(2) 层级特征增强技术的第二级算法把中间轴大齿轮的 SBR 指标由 1.308 显著提升至 1.674，其峭度指标也由 3.690 大幅增加至 29.459，表明第二级算法消除了传递路径和高频载波的影响，极大地增强了包络信号的冲击特性，凸显出中间轴大齿轮的故障源信息。

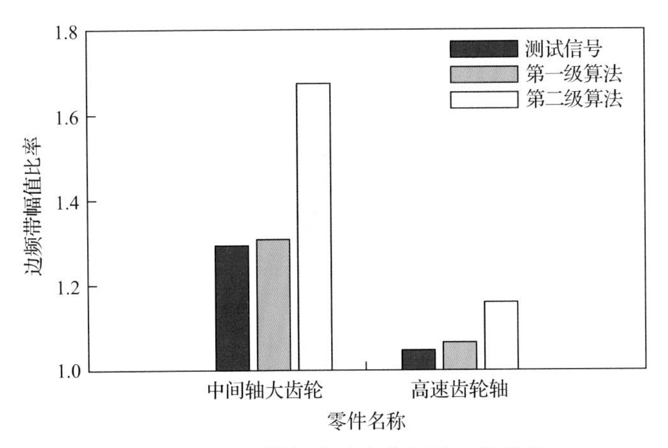

图 9.17　边频带幅值比率指标的变化趋势

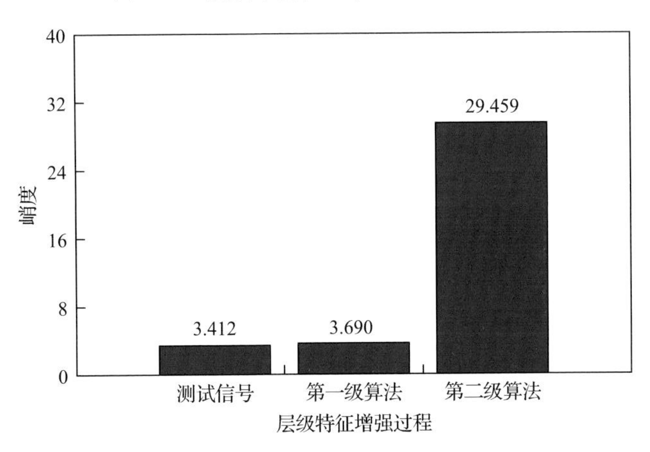

图 9.18　峭度指标的变化趋势

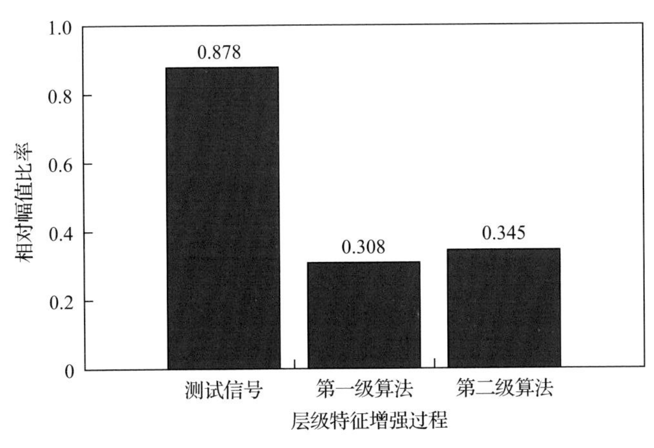

图 9.19　相对幅值比率指标的变化趋势

9.1.5　诊断结论和建议

层级特征增强策略全面给出特征源的信息，以下利用齿轮箱的结构参数和历史维护记录可靠推断 Fw 的发生机制。对图 9.15 所示的冲击包络信号进行深入分析可知，其重复周期近似为 0.145s，此外，每一个周期几乎涵盖了 68 个冲击。齿轮箱输出轴小齿轮和中间轴大齿轮上的齿轮齿数分别为 68 和 20，输出轴转频为 25Hz，高速级中间轴转频为 6.9Hz，啮合频率为 475Hz，特征频率存在如下关系：

$$\frac{1}{\text{Fw}}=\frac{1}{6.9}\approx 0.145(\text{s}) \tag{9.4}$$

$$\frac{\text{HSGM}}{\text{Fw}}=\frac{475}{6.9}\approx 68\ (\text{向下取整}) \tag{9.5}$$

因此，齿轮箱平行级中间轴大齿轮在旋转一圈(0.145s)的过程中，产生了 68 个冲击特征，且 68 个冲击受到中间轴转频的调制影响。此外，结合风场的维护人员描述，此机组齿轮箱存在严重漏油现象，且由于机舱温度过高而频繁导致机组 SCADA 控制系统报警停机，润滑油的不足和黏度下降必然会造成齿轮箱高速级齿轮副受力情况恶化，致使齿轮早期故障发生。因此，结合 9.1.1 节初级分析中发现的刹车系统磨损故障导致齿轮箱受力不均匀现象，可以推测，齿轮箱平行级中间轴大齿轮的每个齿上存在局部初期损伤，建议风场维护人员通过内窥镜进行观测分析。齿轮箱平行级中间轴大齿轮点蚀故障如图 9.20 所示。由图可以看出，中间轴大齿轮上出现轻微的点蚀，证实了提出的特征辨识技术的有效性，并有效地追溯了频率成分的故障源。因此，对此风电机组齿轮箱的健康评估结论如下：齿轮箱的高速级大齿轮表面存在轻微的点蚀故障，此故障产生的原因是齿轮箱的漏

图 9.20　齿轮箱平行级中间轴大齿轮点蚀故障

油和机组散热较差，加之刹车系统磨损导致齿轮箱受力不均匀；齿轮箱其余部件无显著的性能退化现象，齿轮箱健康状态良好，不影响其正常工作，但为延长其使用寿命，建议对此机组后续的定时检修重点关注润滑油的油量，并及时增加油液；把分析的结论反馈给主机厂，建议改进风机机舱的散热设计，尤其是齿轮箱及其润滑系统。

9.2　航空发动机齿轮毂裂纹诊断

9.2.1　问题描述

航空发动机的安全可靠运行是保障飞机飞行安全的关键。据统计，机械原因导致的飞行事故中，超过 40%与航空发动机有关。在我国，以往航空发动机发生的各类重大机械断裂失效事件中，旋转部件的断裂失效高达 80%以上，而齿轮箱作为重要的功率传递部件，长期工作于恶劣的交变载荷下，是最易损坏的故障多发件。某型涡轮螺旋桨发动机在一次为更换该型发动机涡轮叶片而返厂进行分解拆分时，意外发现其减速器结构的齿轮毂已发生严重的裂纹及断裂故障，对其他同型号发动机进行分解检测时又发现几例相同类型的故障。某型航空发动机减速器一级齿轮毂断裂形貌图如图 9.21 所示。

(a) 裂纹外观图(凸面)

(b) 1号工作齿面啮合痕迹

(c) 裂纹外观图(凹面)

(d) 2号工作齿面啮合痕迹

图 9.21　某型航空发动机减速器一级齿轮毂断裂形貌图

减速器齿轮毂作为该型航空发动机输出轴至螺旋桨间功率传递过程中的重要一环，一旦故障引发失效，必将造成灾难性的后果。该故障在分解检查之前一直未被察觉，即飞机在返修前已携带此故障飞行多时，埋下巨大事故隐患，严重威胁飞机飞行安全和飞行员的生命安全。但是，盲目分解检修必然造成大量的人力和资源浪费，增加维修成本。此外，发动机装备精度要求高，拆分组装的过程易引入装配误差或二次损伤，由此导致发动机工作精度下降，甚至出现“分解—检修—装备—试车不合格—再分解—再装配—再试车”的反复过程，极大地增加了维修成本和周期成本。因此，针对航空发动机齿轮毂的裂纹故障，研究行之有效的在位诊断技术，对避免灾难性事故、降低不必要的分解检修成本具有重要意义。

螺旋桨发动机主要由减速器、附件传动装置、压气机、燃烧室、涡轮、排气装置及保证发动机和飞机正常工作的附件组成，航空燃气涡轮螺旋桨发动机结构示意图如图 9.22 所示。该发动机的压气机为单转子十级亚声速轴流式压气机，其功能是利用涡轮的输出功将外界空气吸入并进行压缩，提高空气压力和温度，形成连续的由前向后的高压流动空气。涡轮采用三级轴流反应式涡轮，其功能是将高温燃气的热能和势能转化为机械功，带动压气机、螺旋桨和附件工作。该发动机工作时，空气经发动机进气道流入压气机，被压气机逐级压缩后，进入燃烧室与喷嘴喷出的燃油混合，经燃烧变成燃气，高温高压燃气流经涡轮时，膨胀做功，带动压气机旋转。压气机的功率经减速器传到螺旋桨后，带动螺旋桨旋转。发动机与螺旋桨共同组成飞机的动力装置，螺旋桨是飞机的主要推进器，其作用是将发动机得到的能量转化为使飞机前进的拉力，而发动机尾喷管中仅有少部分燃气膨胀，产生少量推力。螺旋桨发动机由于排气能量损失少、推进效率高、耗油率低，常作为运输机的动力装置。

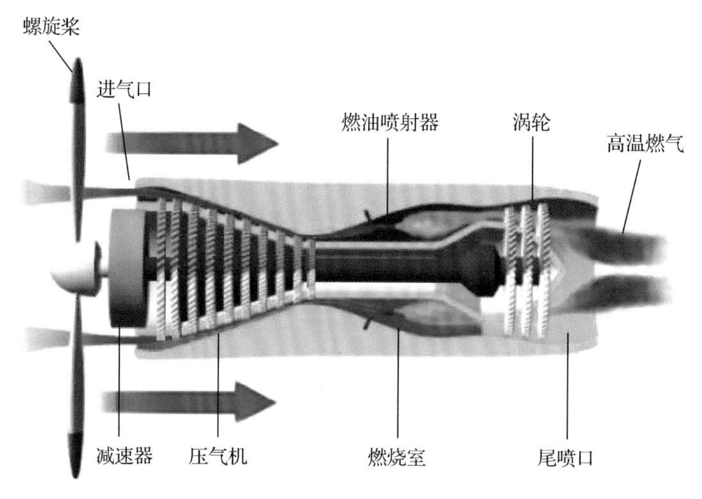

图 9.22　航空燃气涡轮螺旋桨发动机结构示意图

螺旋桨发动机减速器的功能是将发动机的轴功率输出至螺旋桨，并使螺旋桨在高效率的转速下工作，它是一个传递功率、降低转速的部件。图 9.23 为减速器的传动结构图。该减速器是双级封闭式差动行星传动机构，由第一级差动行星轮系和第二级定轴轮系组成。其中，第一级差动行星轮系由太阳轮、行星架、4 个行星轮、第一级内齿圈和第一级齿轮毂等零件组成；第二级定轴轮系由第二级主动轮、中间齿轮架、6 个中间齿轮、第二级内齿圈和第二级齿轮毂等零件组成。第一级齿轮毂外环和内环分别通过花键与第一级内齿圈、第二级主动轮连接。

在差动行星轮系的运动中，需要给定其中两个构件的运动，以确定整个传动系统的工作，如给定第一级主动轮和行星架转动的转向和转速，第一级内齿圈的转向和转速即可确定。用如图 9.23 所示的第二级定轴齿轮传动机构将上述差动行星机构封闭起来，可使第二级内齿圈的转速与第一级行星架的转速一样，并通过桨轴将两者连接在一起，可称为封闭差动行星传动机构。该机构相比传统的定轴-定轴双级、定轴-行星双级机构，在外径尺寸相同的情况下，可获得较大的减速比。

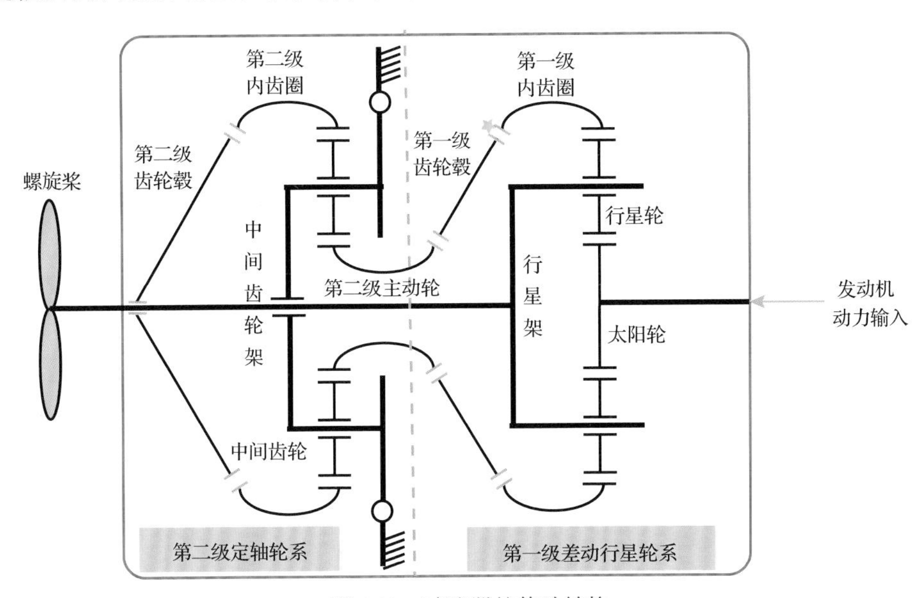

图 9.23　减速器的传动结构

该减速器将发动机功率通过两路分别传递给桨轴，其中一路为第一级差动行星轮系的行星架，另一路为第二级定轴轮系的内齿圈，因而相对减轻了各个齿轮所承受的负荷。减速器的传动原理如下：发动机转子通过压气机转子的前轴径带动减速器弹性轴，其旋转方向为逆时针(沿飞行方向)，弹性轴前安装第一级主动齿轮，该主动齿轮与 4 个行星轮相啮合，行星轮又与第一级内齿圈啮合。弹性轴逆时针转动，行星轮一边绕自身轴顺时针转动，一边沿与它啮合的第一级内齿圈逆时针方向滚动，第一级行星架逆时针转动。第一级行星架与桨轴使用花键连接，因此带动桨轴逆时针转动，即发动机的一部分输出功率通过第一级差动行星轮系的行星架传递给桨轴。第一级内齿圈通过第一级齿轮毂用花键与第二级主动轮连接，并一起顺时针转动，该主动轮与 6 个中间齿轮啮合，中间齿轮逆时针转动，进而带动与之啮合的第二级内齿圈逆时针旋转，第二级齿轮毂分别通过花键与第二级内齿圈和桨轴连接，从而带动桨轴逆时针转动。表 9.3 为某型航空发动机减速器各部件的参数及其特征频率。

表 9.3　某型航空发动机减速器各部件的参数及其特征频率

部件名称	齿数	啮合齿数	转频/Hz	啮合频率/Hz
第一级主动轮	35	31	205	6548.5
行星轮	31	97	211.23	6548.5
行星架	—	—	17.9	—
第一级内齿圈	97	31	49.6	6548.5
第一级齿轮毂(前)	97	97	49.6	—
第一级齿轮毂(后)	35	36	49.6	—
第二级主动轮	35	31	49.6	1736
第二级中间齿轮	31	31	56	1736
第二级内齿圈	97	31	17.9	1736

本节主要以该型航空发动机减速器为研究对象，针对齿轮毂的裂纹故障，基于结构化稀疏诊断理论，开展其在位诊断和健康状态识别的研究。

9.2.2　协同稀疏分类技术

本节基于结构化稀疏诊断理论，融合协同稀疏结构学习诊断模型和稀疏分类模型，提出协同稀疏分类技术。首先，对减速器的差动轮系进行动力学机理分析，并在等效转换的基础上，展示齿轮毂裂纹故障特征的经验调制模式，分析其故障特征的微弱性和多源耦合性。其次，利用广义协同稀疏正则学习模型，消除整机振动信号中与特征不相关的谐波干扰信号，并抑制背景噪声，解决微弱特征耦合问题。再次，利用正常发动机信号和提取的故障特征信号构建齿轮毂裂纹故障数据库，并采用稀疏分类模型对发动机在位测试信号进行健康状态监测，通过数据驱动的方法进一步挖掘故障特征的鉴别性信息，解决多调制模式混淆问题，实现发动机齿轮毂裂纹的在位诊断。最后，为有效评估结构化稀疏诊断理论在实际工程中的应用价值，搭建整机振动测试系统，采用协同稀疏分类技术对测试信号进行分析，有效评估齿轮毂的健康状态，验证提出算法在复杂机械装备故障诊断中的可行性和有效性。本节提出的算法为某在役型号航空发动机减速器的齿轮毂裂纹故障在位识别提供了理论支撑和技术保障。

图 9.24 为齿轮毂裂纹诊断总体思路，主要包含三个层面：一是通过机理建模分析展示齿轮毂裂纹故障的潜在动态响应模式；二是构造稀疏滤波器滤除发动机整机振动信号的多源干扰信息，进而提升齿轮毂动态响应特征的显著性；三是运用稀疏分类器实现在线测试样本的健康状态识别。

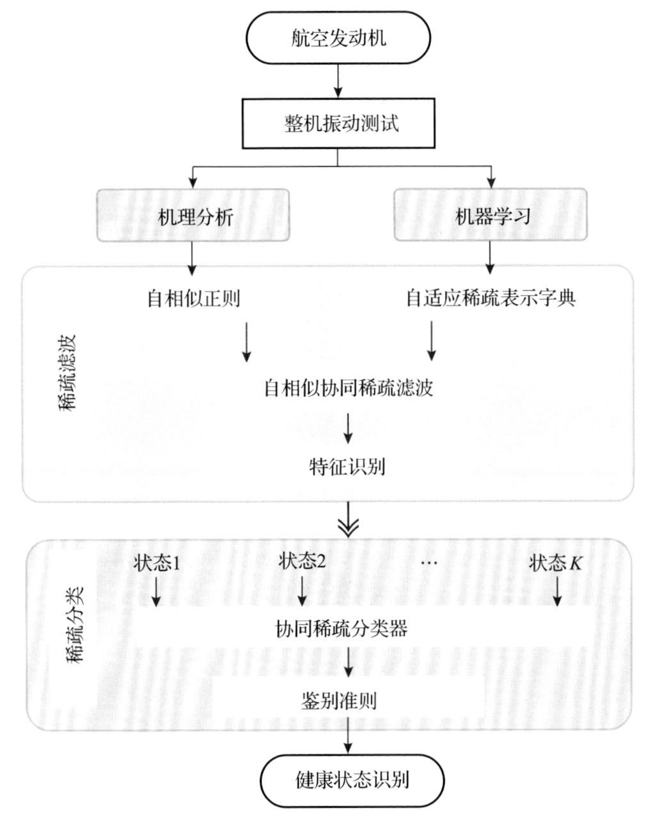

图 9.24　齿轮毂裂纹诊断总体思路

1. 齿轮毂裂纹动态响应模式分析

相比定轴齿轮传动，行星轮传动结构复杂，齿轮啮合内部存在非线性激励，使得其振动特征较为特殊，如时变传递路径效应、多种调制模式相互混淆、多齿轮啮合副耦合振动等。图 9.23 所示减速器的第一级为差动齿轮传动机构，其内齿圈不固定，而是通过花键与齿轮毂连接并一起旋转，其支撑形式与传统的固定支撑、销钉支撑的内齿圈具有较大差异。具体来讲，依据等效转换，若将每一个与齿圈连接的花键视为一个支撑，则该齿圈具有多支撑特性，由于发动机减速器差动轮系轻量化、均载性能要求较高，其内齿圈厚度较薄，本节将这种齿圈定义为花键配合柔性齿圈。

段福海等[3]分析了含大弹性内齿圈的行星传动系统的动态特性，指出薄壁齿圈柔性变形对内齿圈啮合刚度具有显著影响。靠近支撑位置的齿圈变形较小，刚度较大，远离支撑位置的齿圈变形较大，刚度较小，因此薄壁齿圈对内啮合刚度具有重要影响。以下从花键配合齿圈的动力学特性分析入手，通过分析齿轮毂花键裂纹对齿圈刚度的影响机制，得出含齿轮毂花键裂纹的差动轮系动态响应特性。

不考虑轮齿的影响，将内齿圈简化为一光滑的圆环，根据齿圈的支撑边界条件将圆环分成数段，每一段为一均匀弯曲的 TimoShenko 梁。当某一外力沿啮合线作用于齿廓上时，将柔性圆环变形引起的啮合点在啮合线上的位移与轮齿变形引起的啮合点在啮合线上的位移叠加，作用力与总位移之比为柔性齿圈的内啮合刚度，即

$$K = \frac{F}{\delta} \tag{9.6}$$

基于上述方法研究齿圈支撑形式、支撑个数对内啮合齿轮副动态激励参数的影响：同一啮合位置的单齿啮合刚度沿齿圈周向呈现周期性波动，波动周期数与支撑个数相同，随着支撑个数增加，啮合刚度均值增大，波动峰峰值减小；对于多支撑内齿圈-行星轮综合啮合刚度，其刚度曲线由单双齿交替变化成分与内齿圈柔性变形成分组成，且沿着齿圈周向呈现周期性变化，波形周期与齿圈支撑个数相同，其综合啮合刚度的幅值在靠近支撑时较大，远离支撑时较小。

由于齿轮毂的花键个数和内齿圈上的齿数相同，对于一个正常齿轮毂，其齿圈-行星轮综合啮合刚度由单双齿交替变化产生的啮合刚度曲线和内齿圈柔性变形引起的刚度变化曲线组成，且两者的频率均为啮合频率。

当齿轮毂的某一个花键上存在裂纹时，该花键配合柔性齿圈的综合啮合刚度在行星轮靠近与该裂纹花键相对应的齿圈内齿时，刚度减小，而远离其齿圈内齿时，刚度恢复正常。啮合刚度对齿轮系统振动响应产生动态激励，是轮系的重要激励源。裂纹花键导致刚度变化具有周期性，其重复周期即为含裂纹齿轮毂的故障特征频率。假定内齿圈的旋转频率 ω_r 和行星架的旋转频率 ω_c，由于两者转向相反，则内齿圈的相对旋转频率为 $\omega_r + \omega_c$，同时该差动轮系有 $q = 4$ 个均布的行星轮，因此刚度变化周期为 $q\left(\omega_r + \omega_c\right)$，从而得到花键裂纹导致的动态响应特征频率为 $f_c = q\left(\omega_r + \omega_c\right) = 270\text{Hz}$。

由于太阳轮和齿圈都与多个行星轮相互啮合，振动信号相互增强或抑制，加上啮合点与固定位置传感器之间的传递路径周期性时变，正常轮系振动响应表现出复杂的调制边频特征，正常齿轮的调制模式和故障齿轮的调制模式往往相互混淆，呈现出模式混淆特性。另外，通过对发动机整机振动信号的初步分析，可以

看出测试信号干扰源较为丰富，不仅包含减速器机匣中两级齿轮传动的啮合频率及复杂的调制边频，也受到附件机匣中锥齿轮振动、压气机机匣中各级叶片的振动等多源干扰，使得减速器齿轮毂的故障动态响应呈现微弱性和多源耦合性，这给经典的特征辨识方法带来了极大的挑战。

2. 基于故障先验的协同稀疏滤波原理

发动机齿轮毂的主要运动形式是旋转运动，并且其振动波形是相对平稳的，因此其特征波形具有高度的自相似性，可利用第 8 章的广义协同稀疏模型来消除发动机整机振动的干扰源信号：

$$\begin{cases}\{\hat{\boldsymbol{D}},\hat{\boldsymbol{A}}\}=\underset{\boldsymbol{D},\boldsymbol{A}}{\arg\min}\dfrac{1}{2}\left\|\boldsymbol{\mathcal{R}}(\boldsymbol{y})-\boldsymbol{D}\boldsymbol{A}\right\|_{\mathrm{F}}^{2}+\lambda_{1}\left\|\boldsymbol{A}\right\|_{2,1}\\ \hat{\boldsymbol{x}}=\displaystyle\sum_{i=1}^{N}(\boldsymbol{\mathcal{R}}_{i}^{\mathrm{T}}\boldsymbol{\mathcal{R}}_{i})^{-1}\sum_{i=1}^{N}\boldsymbol{\mathcal{R}}_{i}^{\mathrm{T}}(\hat{\boldsymbol{D}}\hat{\boldsymbol{A}}_{i})\end{cases}\tag{9.7}$$

$$M=\frac{f_{\mathrm{s}}}{f_{\mathrm{c}}}+r\tag{9.8}$$

式(9.8)保证了信号矩阵中的每一个信号子块至少包含一个完整的特征振荡周期，另外设置一定的重叠长度 r 可以消除分块导致的边界效应及转速波动的影响。广义协同稀疏滤波技术可有效滤除发动机整机振动中强大的谐波干扰和噪声干扰，增强齿轮毂的故障特征信息。然而，由于发动机多源振动的耦合干扰以及减速器差动轮多模式混淆问题，单纯的稀疏滤波无法实现故障的确诊，本节利用稀疏分类算法自适应从数据中获取鉴别信息，该方法以滤波后的特征信号作为稀疏分类器的输入信号，使稀疏分类定制于齿轮毂的振动信号，因而可实现齿轮毂健康状态的识别。

3. 协同稀疏分类方法

协同稀疏分类方法的核心思想是任意观测信号总是能被与之健康状态相同的数据集稀疏表征，通过建立发动机齿轮毂裂纹状态与稀疏编码残差之间的映射关系，可实现齿轮毂健康状态的自适应识别。

假定发动机齿轮毂的 K 种健康状态所测试的信号可以张成 K 个子空间 $\{C_i\}_{i=1}^{K}$，这个子空间协同张成一个大的空间 $\mathcal{M}$，一个测试样本 x 属于第 l 个健康状态，那么 x 可以用子空间 C_l 中的样本加权平均来表示，而其余子空间对该测试样本的表征能力较差。基于上述思想，将测试样本在 $\mathcal{M}$ 中稀疏编码，编码误差最小的子空间所对应的类别即为当前测试样本的健康状态。图 9.25 为协同稀疏分类算法的流程图，具体步骤如下：

(1)建立发动机齿轮毂裂纹状态的数据库。已知 K 类训练样本集合 $\{\boldsymbol{Y}_i\}_{i=1}^{K}$，其中 $\boldsymbol{Y}_i=\{Y_i^j\}_{j=1}^{N_i}$ 为第 i 类健康状态的样本集合。首先对所有的样本利用稀疏滤波算法进行滤波处理，得到滤波后的样本集合 $\{\boldsymbol{X}_i\}_{i=1}^{K}$。然后确定分类器原子库的样本维数，进而构造分块算子 $\tilde{\mathcal{R}}$，基于该分块算子对滤波样本进行分块处理：

$$\boldsymbol{C}_i=\tilde{\mathcal{R}}(\boldsymbol{X}_i),\quad \forall i\in[1,2,\cdots,K] \tag{9.9}$$

联合所有类别的分块样本信号集合 $\boldsymbol{C}_i$，得到如下协同稀疏分类器原子库：

$$\boldsymbol{\mathcal{M}}=[\boldsymbol{C}_1\quad \boldsymbol{C}_2\quad \cdots\quad \boldsymbol{C}_K] \tag{9.10}$$

(2)对于任意测试样本 $\boldsymbol{z}$，通过协同稀疏滤波算法进行特征提取，求解得到特征 $\bar{\boldsymbol{z}}$。

(3)将 $\bar{\boldsymbol{z}}$ 在协同稀疏分类器原子库 $\boldsymbol{\mathcal{M}}$ 下进行稀疏编码：

$$\underset{\boldsymbol{\alpha}}{\operatorname{argmin}}\ \frac{1}{2}\|\bar{\boldsymbol{z}}-\boldsymbol{\mathcal{M}}\boldsymbol{\alpha}\|_{\mathrm{F}}^{2}+\lambda\|\boldsymbol{\alpha}\|_1 \tag{9.11}$$

式中，$\boldsymbol{\alpha}=[\alpha_1,\alpha_2,\cdots,\alpha_K]$，$\alpha_i$ 为 $\bar{\boldsymbol{z}}$ 在分类器 $\boldsymbol{\mathcal{M}}$ 的第 i 个子集 $\boldsymbol{C}_i$ 所对应的稀疏表示系数，$i\in[1,2,\cdots,K]$。

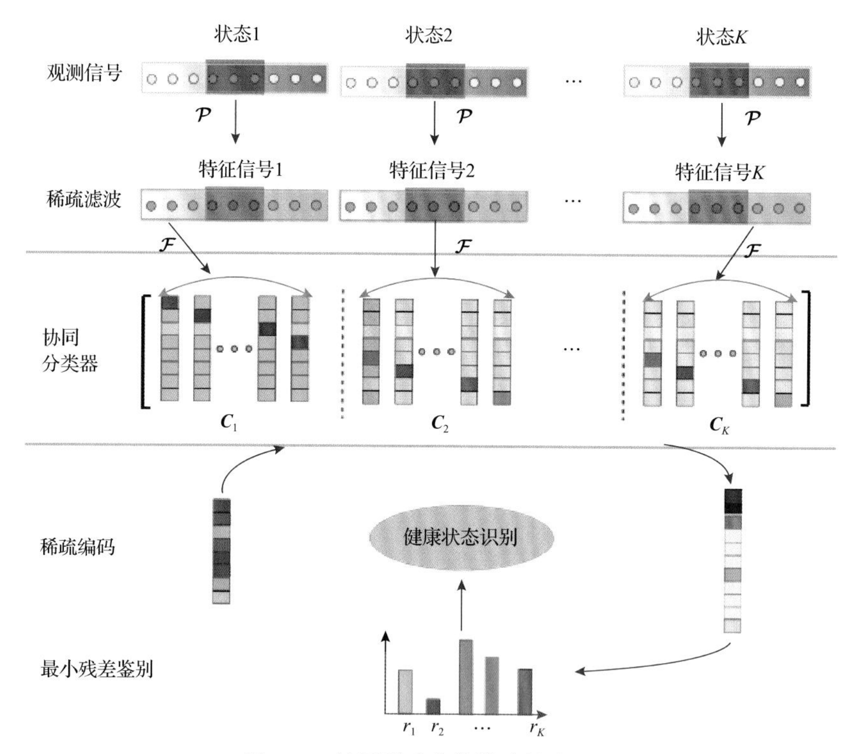

图 9.25　协同稀疏分类算法的流程图

(4) 利用稀疏编码残差最小准则，自适应地判定测试样本 z 的健康状态 identity($\boldsymbol{y}$)：

$$\text{identity}(\boldsymbol{y}) = \underset{i}{\arg\min} \ \| \overline{z} - \mathcal{M}\hat{\boldsymbol{\alpha}}^i \|_2 \tag{9.12}$$

式中，$\hat{\boldsymbol{\alpha}}^i = [0 \ \cdots \ \alpha_i \ \cdots \ 0]$，即仅保留分类器的第 i 个子集 $\boldsymbol{C}_i$ 所对应的稀疏表示系数 α_i，而其余系数均置为 0。$\| \overline{z} - \mathcal{M}\hat{\boldsymbol{\alpha}}^i \|_2$ 表示仅用分类器中第 i 个子集 $\boldsymbol{C}_i$ 对测试样本进行稀疏编码获得的残差，获得最小残差的子集 $\boldsymbol{C}_i$ 对应的类别即为当前测试样本的健康状态。

9.2.3　测试系统搭建及信号初步分析

1. 发动机地面台架测试系统

在发动机运行过程中，信号作为信息的载体，可以有效反映其工作状态。采用适当的检测方法，获取能客观反映发动机运行状态的信号，是判别发动机工作状态并实现状态监测的前提，也是故障诊断十分重要的环节。在发动机监测的众多信号中，振动监测因其快速、直接、敏感的特性而备受重视。为实现一级齿轮毂的故障检测和健康状态识别，搭建了如图 9.26 所示的某型航空发动机振动测试系统，该系统包括某型航空发动机、振动传感器、电缆、数据采集仪、加固式计算机等。

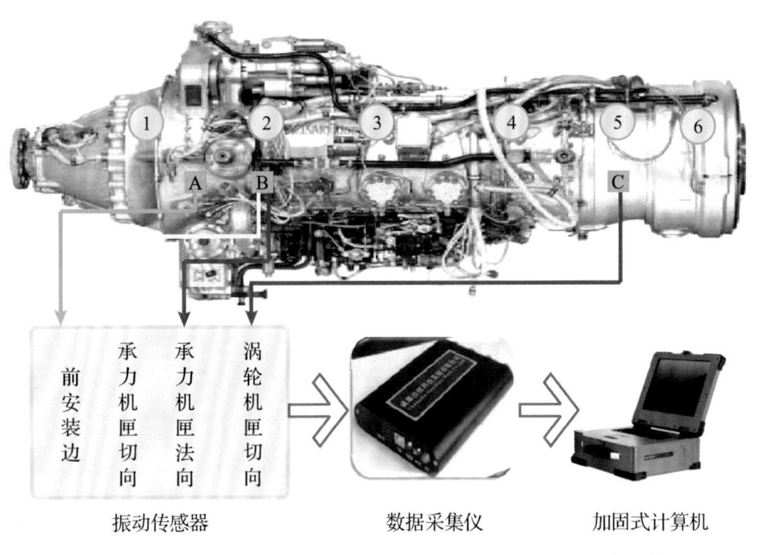

1. 减速器；2. 附件传动装置；3. 压气机；4. 燃烧室；5. 涡轮；6. 排气装置

图 9.26　某型航空发动机振动测试系统

图 9.27 为发动机振动测点的位置示意图，各路传感器的型号及布点如表 9.4 所示。数据采集仪采用 DT9837 型数据采集仪，考虑到试验现场的强振动环境对计算机的影响，该测试系统中的计算机采用便携式加固计算机。

(a) 发动机前安装边传感器位置

(b) 发动机承力机匣上传感器位置

图 9.27　发动机振动测点的位置示意图

表 9.4　传感器型号及布点

传感器序号	通道号	传感器型号	安装位置
A	1	4513B	发动机前安装边
B	2	4504A（Y）	承力机匣切向
B	3	4504A（Z）	承力机匣法向
C	4	4504A（Y）	涡轮机匣切向

为实现早期裂纹的预警，防止裂纹扩展引发重大事故，在正常齿轮毂上切割出一定长度的初始裂纹，作为预制裂纹的故障齿轮毂。从图 9.21(a)所示的裂纹外观图可以看出，一级齿轮毂辐板靠外花键处出现约 300mm 长的裂纹，已扩展成穿透裂纹，裂纹的起点和终点之间包含 27 个齿(该齿轮毂的外花键共 97 个齿)，约占整个圆周的 1/3。从图 9.21(b)和(d)可以看出，外花键齿工作面出现较深的啮合痕迹。该裂纹呈现典型的疲劳开裂特征，疲劳起源于外花键齿靠近齿根端面，靠齿轮毂凹面一侧，疲劳裂纹源区附近平坦，可见清晰的疲劳弧线。裂纹起始沿径向扩展，然后逐渐转向，最终在扩展过程中出现两处较大的转折和分叉，每处基本呈 U 形，当扩展到靠近外花键时分叉开裂，主裂纹继续往前扩展直至最后裂开。

断面大部分为扩展速度较快而出现的粗糙疲劳台阶，局部有因扩展速度放缓而出现的较平坦的疲劳断面[4]。因此，依据上述裂纹扩展情况将其还原到裂纹的初始状态，图 9.28 为故障齿轮毂裂纹切割位置示意图，分别在齿轮毂的 1 号花键与 97 号花键之间切割长度为 16mm 的线裂纹，在 16 号花键与 17 号花键之间切割半径为 9mm 的直角裂纹，在 32 号花键与 33 号花键之间切割半径为 16mm 的直角裂纹。本节利用图 9.26 所示的整机振动测试系统，对一台正常发动机和一台装有模拟故障齿轮毂的发动机分别进行振动测试。图 9.29 为某型航空发动机振动测试试车曲线。发动机启动后经历 8 个稳定工况，分别为慢车工况、0.2 额定工况、0.4 额定工况、0.6 额定工况、0.7 额定工况、0.85 额定工况、额定工况、起飞工况。该发动机在达到慢车工况后，主轴转速恒定为 205Hz，工况的变化反映的是发动机功率的变化，其中慢车工况为保持发动机稳定工作的最低功率状态，0.2 额定工况代表发动机运行状态为额定功率的 20%，额定工况为发动机长时间稳定工作的最大功率状态，起飞工况是飞机爬升阶段所需的功率。

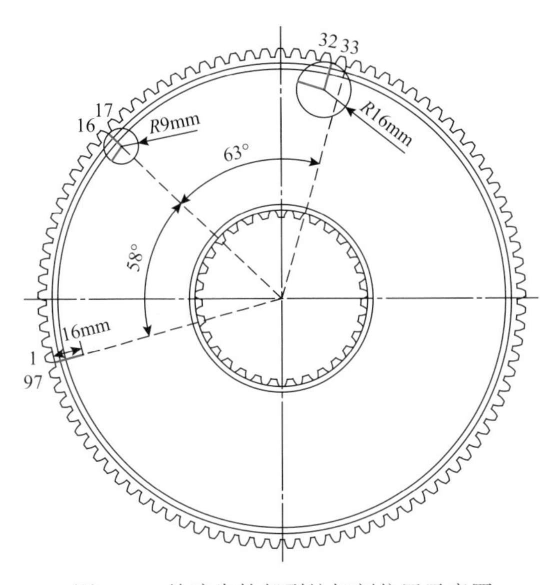

图 9.28　故障齿轮毂裂纹切割位置示意图

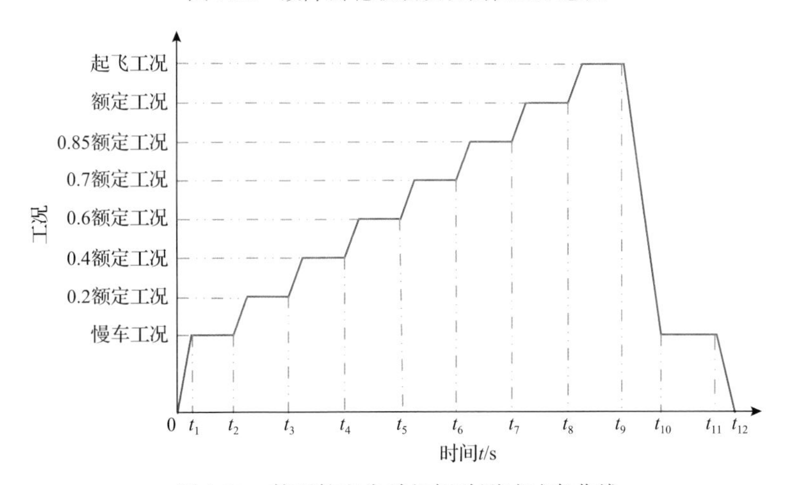

图 9.29　某型航空发动机振动测试试车曲线

2. 初步分析

图 9.30 为正常发动机和故障发动机测点 A 的振动时域波形对比。可以看出，两台发动机在 8 个稳定工况中，其时域波形没有明显的奇异性，故障发动机在各个工况下振动幅值比正常发动机略有升高。

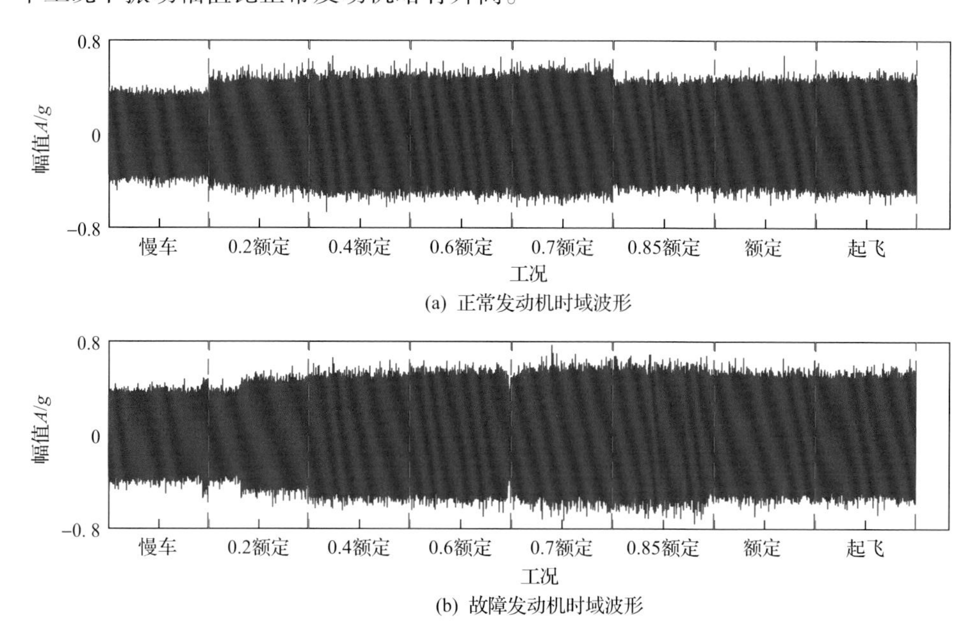

(a) 正常发动机时域波形

(b) 故障发动机时域波形

图 9.30　正常发动机和故障发动机测点 A 的振动时域波形对比

对两台发动机起飞工况下测点 A 的振动信号做基本的频域分析和包络谱分析。图 9.31 为正常发动机和故障发动机测点 A 起飞工况振动信号频谱对比。可以看出，发动机在正常状态下和含裂纹齿轮毂故障状态下的频谱结构基本一致。由于测点 A 距离减速器较近，频谱中可以辨识出减速器中两级齿轮传动系统的啮合频率，其中 DMF 为第一级差动轮系的啮合频率，OMF、OMF×2 为第二级定轴轮系的啮合频率及其二倍频。频率中混杂大量的干扰频率，如附件传动锥齿轮的转频 BGFR 及其二倍频 BGRF×2，压气机机匣中前三级叶片的通过频率 CB1、CB2、CB3 等。图 9.32 为正常发动机和故障发动机测点 A 起飞工况振动信号包络谱对比。可以看出，发动机在正常状态下和含裂纹齿轮毂故障状态下的包络谱结构基本一致，其中包络谱中以行星轮的通过频率 CFR 及其 4 倍频 CFR×4 和 8 倍频 CFR×8 为主，还可辨识出一级内齿圈转频的 4 倍频 RRF×4。包络谱中存在未知的干扰频率 IF1、IF2、IF3 成分，可能是由于多源耦合干扰而产生了新的调制频率。

对两台发动机振动信号的基本分析无法得出有效的诊断信息，为进一步寻求两台发动机振动信号的差异性，构造四种统计指标，分别为时域的均方根指标、

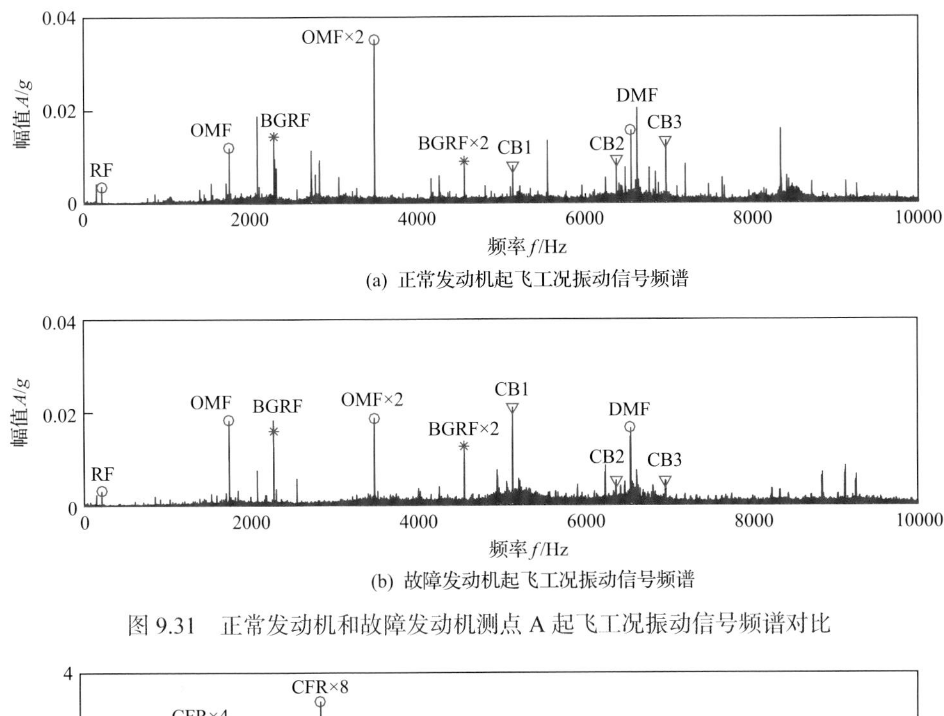

(a) 正常发动机起飞工况振动信号频谱

(b) 故障发动机起飞工况振动信号频谱

图 9.31　正常发动机和故障发动机测点 A 起飞工况振动信号频谱对比

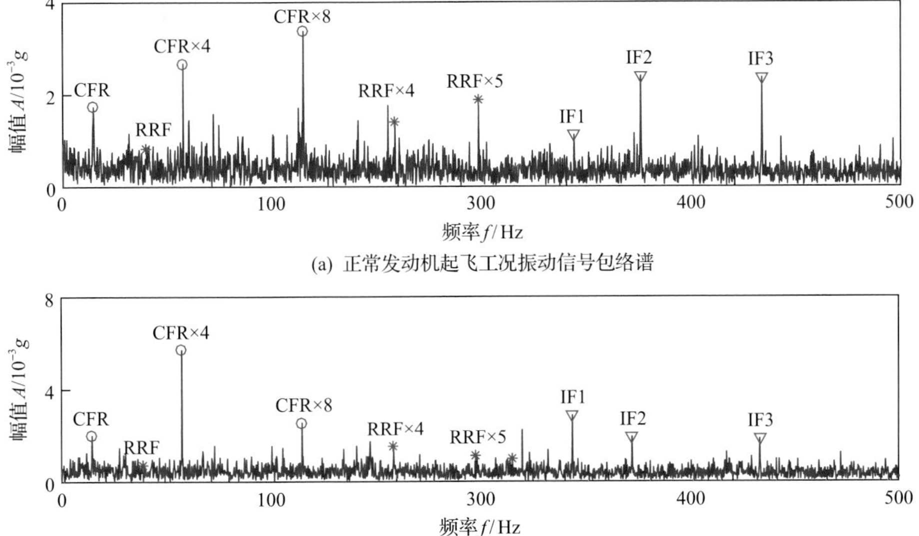

(a) 正常发动机起飞工况振动信号包络谱

(b) 故障发动机起飞工况振动信号包络谱

图 9.32　正常发动机和故障发动机测点 A 起飞工况振动信号包络谱对比

峭度指标、谱标准差指标和均方根频率指标，表达式为

$$\mathrm{RMS}=\sqrt{\frac{1}{N}\sum_{i=1}^{N}(x(i))^2} \tag{9.13}$$

$$\text{Kurtosis} = \frac{E(x-\mu)^4}{\sigma^4} \tag{9.14}$$

$$\text{SD}_\text{f} = \frac{\sum_{i=1}^{N}(\tilde{x}(k)-\tilde{\mu})^2}{K} \tag{9.15}$$

$$\text{RMS}_\text{f} = \sqrt{\frac{\sum_{i=1}^{K} f_k^2 \tilde{x}(k)}{\tilde{\mu}}} \tag{9.16}$$

图 9.33 为均方根指标和峭度指标的二维可视化散点图，图 9.34 为谱标准差指标和均方根频率指标的二维可视化散点图。可以看出，两种不同健康状态的发动机的统计指标相互耦合在一起，并没有明显的差异性，两台发动机的峭度指标都集中在 3 左右，说明齿轮毂的裂纹故障并未产生明显的奇异性信息。

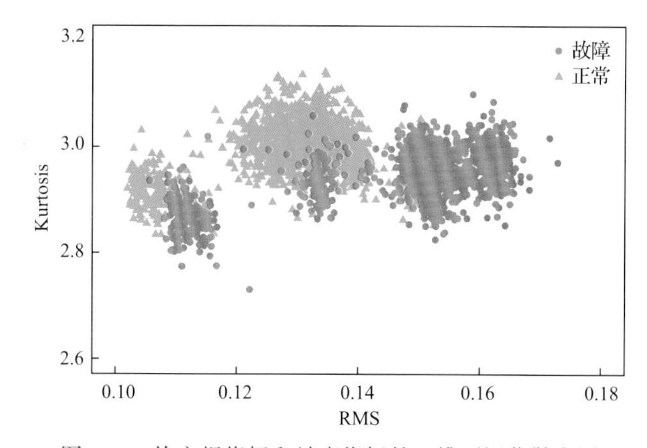

图 9.33　均方根指标和峭度指标的二维可视化散点图

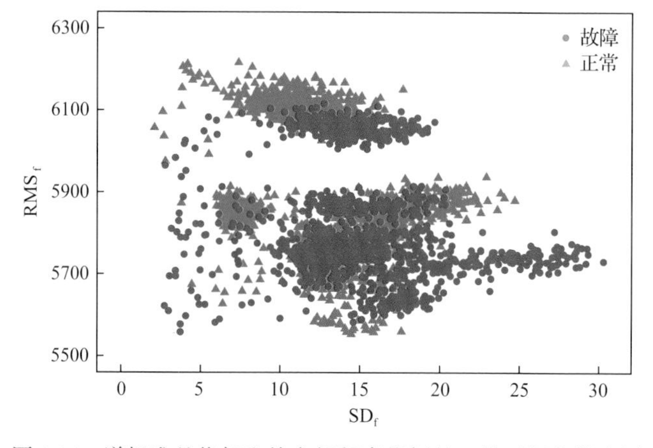

图 9.34　谱标准差指标和均方根频率指标的二维可视化散点图

9.2.4　齿轮毂裂纹故障的协同稀疏鉴别技术

1. 协同稀疏滤波增强

本节用广义协同稀疏滤波算法对故障发动机测试信号进行滤波处理。其中稀疏滤波算法中信号分割窗长度 M 设置为 90，重叠长度 r 为 16，正则化参数设置为 6。图 9.35 为故障发动机测点 A 起飞工况振动信号稀疏滤波结果。对比该发动机滤波前后信号的频谱图 9.31(b) 和图 9.35(b) 可以看出，滤波后的频谱中高频干扰明显被衰减，尤其是压气机机匣中前三级叶片的激振频率 CB1、CN2 和 CB3 几乎被完全滤除。对比滤波前后包络谱发现，滤波后齿轮毂裂纹特征信息 270Hz 的显著性被明显增强，原始信号包络谱中的干扰频率 IF1、IF2 和 IF3 以及噪声被完全滤除，验证了提出算法可以有效地滤除发动机整机振动信号中多源干扰信息，增强齿轮毂裂纹故障特征。

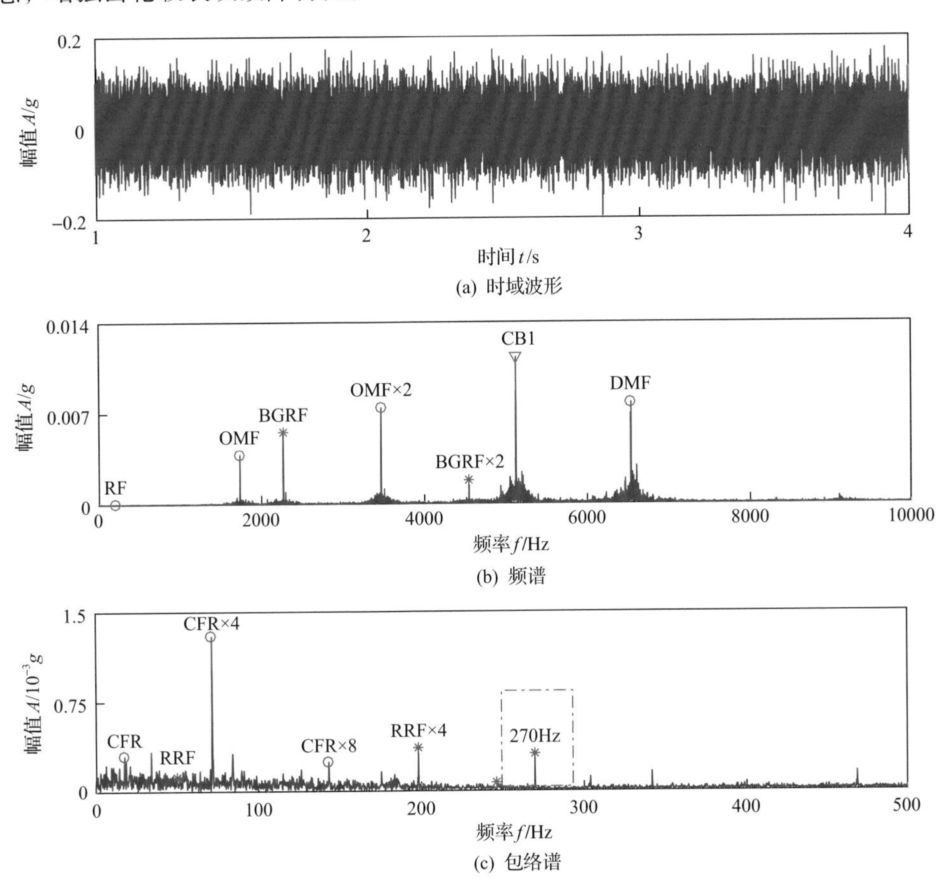

(a) 时域波形

(b) 频谱

(c) 包络谱

图 9.35　故障发动机测点 A 起飞工况振动信号稀疏滤波结果

2. 基于广义协同稀疏滤波的稀疏分类辨识

对原始信号进行稀疏滤波前处理，由于前处理滤波算法的主要目的是消除无关干扰，提升特征的显著性，后续的稀疏分类及状态识别更加具有针对性。为对比公平起见，在算法实施过程中，所有数据库信号样本及测试样本均采用同样的滤波参数配置。

对滤波后的信号进行分块处理得到一系列带标签的样本集,并从中随机选择训练样本构造分类器原子库。具体地，对滤波后的正常信号和故障信号进行样本分割，分别得到数据集$\boldsymbol{C}_1=[y_{1,1}\quad y_{1,2}\quad \cdots\quad y_{1,N}]$和$\boldsymbol{C}_2=[y_{2,1}\quad y_{2,2}\quad \cdots\quad y_{2,N}]$，下面分别从数据集$\boldsymbol{C}_1$和$\boldsymbol{C}_2$中随机选择 60%的标签样本构造分类器原子库$\mathcal{M}=[\boldsymbol{C}_1^{60\%}\quad \boldsymbol{C}_2^{60\%}]$，剩下 40%的样本用于测试分类器的分类精度。

为评估不同参数配置下提出的协同稀疏分类算法的性能，本节将算法在两种参数的可行区间进行遍历，图 9.36 为不同正则化参数和样本长度条件下协同稀疏分类(collaborative sparse classification, CSC)算法的诊断精度。在本节的评估试验中，每一种参数配置都重复 10 次试验，取平均诊断精度作为参数配置的诊断结果。表 9.5 为不同样本长度条件下 CSC 算法的最优诊断精度。从表中可以看出，当样本长度达到 90 以后，提出的 CSC 算法的平均诊断精度高达 99%以上，考虑到样本长度的增加会增加稀疏编码的维数，进而显著增加算法的复杂度，样本长度选为 90～450。另外，当参数$\lambda \leqslant 2^{-5}$时，不同样本长度下该算法的诊断精度曲线均较为平坦，因此在实际应用中，参数λ可设置为2^{-5}。

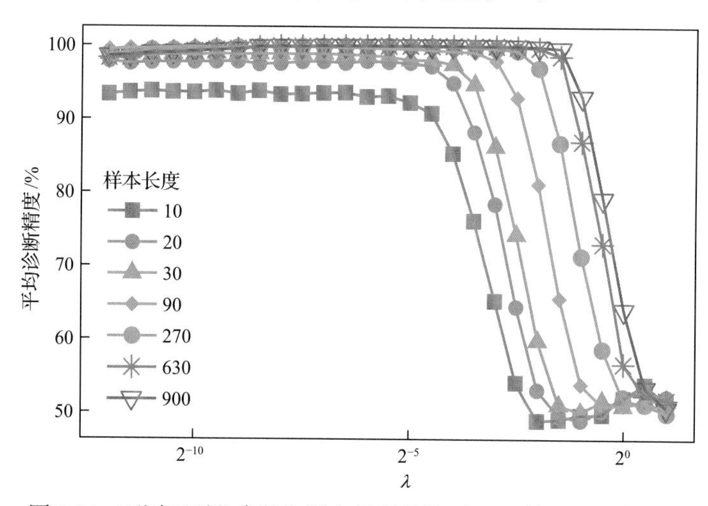

图 9.36 不同正则化参数和样本长度条件下 CSC 算法的诊断精度

因此，协同稀疏分类算法在较大的参数区间均可以达到 99%以上的诊断精度，验证了该算法对发动机减速器齿轮毂裂纹诊断的有效性。

表 9.5　不同样本长度条件下 CSC 算法的最优诊断精度

样本长度	10	20	30	90	270	630	900
诊断精度/%	93.85	97.90	98.92	99.92	99.92	99.99	100

9.2.5　CSC 算法性能分析

1. 样本长度的影响机制

为进一步验证 CSC 算法的优越性，下面将提出的算法与经典的支持向量机(support vector machine, SVM)算法进行对比。为验证前处理稀疏滤波的必要性，本节构造稀疏支持向量机(fuzzy discrimination support vector machine, FSVM)算法和稀疏分类(sparse representation based classification, SRC)算法。其中 SRC 算法相比 CSC 算法，不具备前处理稀疏滤波过程，FSVM 算法相比 SVM 算法增加了稀疏滤波前处理过程。

图 9.37 为四种对比算法的平均诊断精度随样本长度的变化趋势。表 9.6 为不同样本长度条件下发动机齿轮毂健康状态预测精度对比。在该对比试验中，四种对比算法的自由度参数均通过五折交叉验证获得。另外，为避免初始数据集的影响，每一种算法在每一个参数配置下都重复 10 次试验，取 10 次重复试验诊断均值作为该算法在参数配置下的诊断结果。从图 9.37 可以看出，四种对比算法的诊断精度随样本长度的增加而升高，当样本长度达到约 270 以后，每种算法达到各自诊断精度的极限稳定值，并在此值附近上下波动。相比其他三种对比算法，CSC 算法在样本长度的遍历区间内始终具有最优诊断精度。四种对比算法中，CSC 算法和 SRC 算法的分类器为稀疏分类器，FSVM 算法和 SVM 算法的分类器为支持

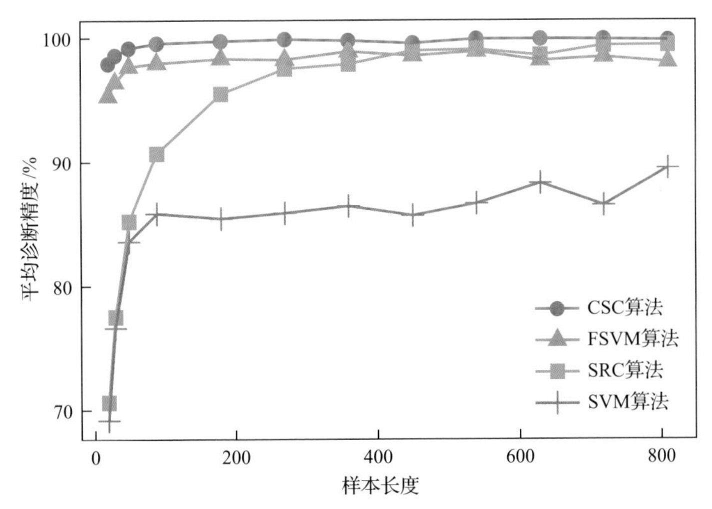

图 9.37　四种对比算法的平均诊断精度随样本长度的变化趋势

表 9.6　不同样本长度条件下发动机齿轮毂健康状态预测精度对比　（单位：%）

样本长度	20	30	50	90	180	270
CSC 算法	97.9	98.6	99.2	99.5	99.7	99.9
FSVM 算法	70.6	77.5	85.2	90.7	95.5	97.5
SRC 算法	95.3	96.4	97.7	98.0	98.3	98.2
SVM 算法	69.2	76.6	83.6	85.8	85.4	85.9

向量机分类器，对比图 9.37 中两类分类器的诊断性能，稀疏分类器要明显优于支持向量机分类器。对比两种分类器是否具有前处理滤波的诊断精度，发现前处理滤波可以增强分类器的诊断精度。具体地，FSVM 算法的诊断精度比 SVM 算法平均高出 13%。在低样本长度条件下，当样本维数较低时，SRC 算法的诊断精度明显低于 CSC 算法。前处理滤波可以有效滤除发动机的多源干扰，保留与减速器齿轮毂相关的振动信息，使得后续的鉴别分析更加具有针对性。而单纯的分类算法 SRC 和 SVM 仅能鉴别发动机整机的健康状态，无法定位故障源。

本节提出的 CSC 算法相比于其他三类算法，其诊断精度具有显著优势，前处理滤波过程不仅可以增加分类器的故障定位能力，还显著增强了分类器的诊断精度。

2. 样本个数的影响机制

在实际工程应用中，小样本条件是制约数据驱动模式识别算法的主要因素。本节开展了一系列试验来评估提出算法在小样本条件下的诊断性能。图 9.38 为四种对比算法的平均诊断精度随训练样本比例的变化趋势。可以看出，四种对比算法的平均诊断精度均随着训练样本比例的增加而提高。然而，训练样本个数增加

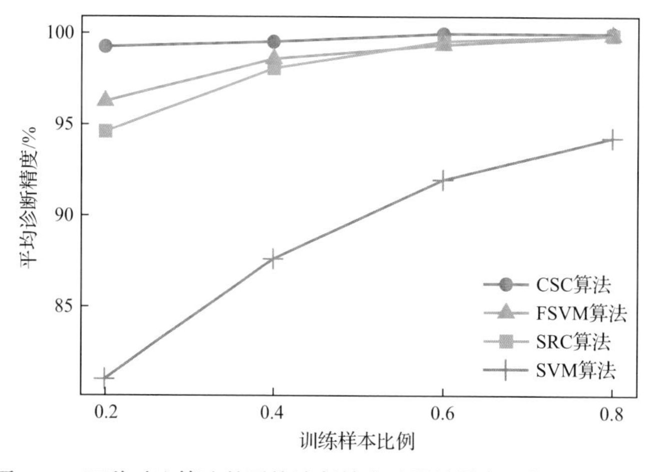

图 9.38　四种对比算法的平均诊断精度随训练样本比例的变化趋势

会显著提高算法的计算复杂度。相比其他三类算法，CSC 算法在训练样本百分比的整个评估区间内都具有最优诊断精度。

上述对比分析表明，本节提出的 CSC 算法在小样本条件下具有显著优势。

3. 算法自由度参数敏感性分析

上述对比算法的性能分析试验中，四种算法的自由度参数均通过对训练样本进行五折交叉验证获得，其中 SRC 算法和 CSC 算法的自由度参数均为稀疏编码过程的正则化参数，该参数用于控制稀疏系数的稀疏度，对稀疏表示系数的鉴别性能具有重要影响。FSVM 算法和 SVM 算法的分类器均利用径向基核函数实现训练样本从低维到高维的映射，合理选择核函数参数对测试样本的高维结构是否具有可分性具有重要影响。本书利用交叉验证对参数区间进行遍历，通过揭示参数遍历区间内算法诊断精度的变化趋势来评估算法自由度参数的敏感性。

为公平对比，四种算法在对比试验中均采用相同的训练样本集合，其中样本长度为 450，样本个数为 384。图 9.39 为 CSC 算法和 SRC 算法的五折交叉验证结果，其中横坐标为交叉验证中自由度参数的遍历区间，纵坐标为 10 次重复试验诊断精度的均值。从图 9.39 中可以看出，随着参数的增大，SRC 算法的平均诊断精度先升高后急剧减小，其交叉验证获得的最优诊断精度为 98.25%。图 9.40 和图 9.41 为 SVM 算法和 FSVM 算法的五折交叉验证结果。可以看出，SVM 算法达到交叉验证的最优诊断精度 83.53%，而 FSVM 算法的诊断精度随参数 c 递增，而随参数 g 先增大后减小。从上述对比分析发现，本书提出的 CSC 算法在较大的参数区间内不仅能达到 99%以上的诊断精度，而且受参数变化的影响较小，说明提出算法具有较强的稳健性。

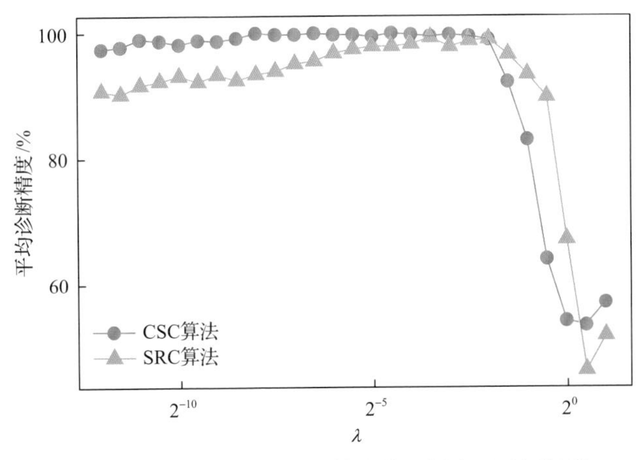

图 9.39　CSC 算法和 SRC 算法的五折交叉验证结果

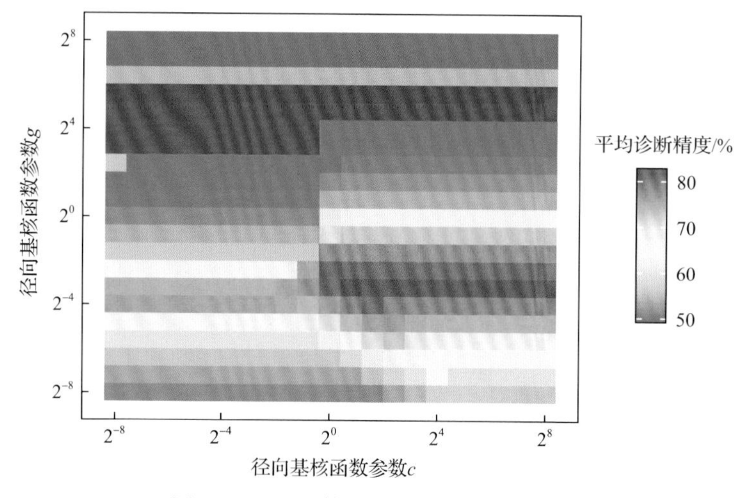

图 9.40　SVM 算法的五折交叉验证结果

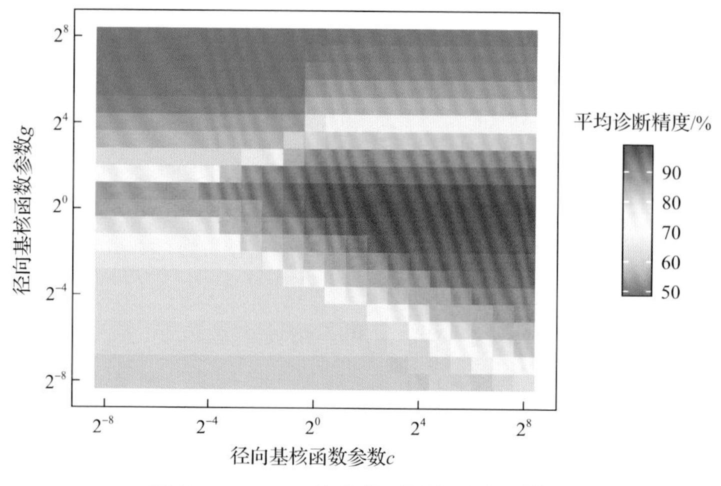

图 9.41　FSVM 算法的五折交叉验证结果

为进一步评估随机初始化和样本长度对最优自由度参数选择的响应，采用上述交叉验证策略对四类算法在不同样本长度条件下进行 10 次交叉验证重复试验，并构造最优参数的归一化散度量化指标，该指标可定义为多次重复试验中最优自由度参数的方差与其均值的比值，即

$$\mathrm{NS}=\frac{\mathrm{var}(p)}{\mathrm{mean}(p)} \tag{9.17}$$

式中，$p=\{p_i\}_{i=1}^{N}$ 代表 N 次随机重复试验中五折交叉验证获得的最优参数序列；$\mathrm{var}(p)$ 和 $\mathrm{mean}(p)$ 分别代表随机过程 p 的方差和均值。该归一化散度指标越小，

说明随机重复试验对最优参数的选择影响越小，即算法的稳健性越强。

图 9.42 为四种对比算法自由度参数的交叉验证统计分析。图中每一个散点的散度值反映了样本长度下随机重复试验对自由度参数的影响大小，盒形统计图反映了不同样本长度下最优参数序列的聚散程度，可用于评估样本长度变化对自由度参数的影响。从图 9.42 中可以看出，CSC 算法在 12 种不同样本长度条件下，其归一化散度指标均为 0，其盒形图的上四分位数、中位数以及下四分位数完全重合，且不存在异常值，说明在不同样本长度的配置下，该算法多次随机重复交叉验证试验所获得的最优自由度参数的取值完全一致，即自由度参数的最优取值不受随机重复试验和样本长度的影响。观察 SVM 算法，发现其归一化散度指标波动，说明在某些样本长度条件下，该算法的最优参数在随机重复试验中不具备一致性，另外其盒形图呈“瘦高型”，各个分位线之间距离较远，说明样本长度变化对最优参数的影响较大。相比 SVM 算法，FSVM 算法的盒形图的各个分位线距离缩短，说明前处理稀疏滤波具有一定增强算法稳健性的作用。SRC 算法和 CSC 算法同样具有最优的参数性能，然而单纯的数据驱动的分类分析仅能评估发动机整机振动的健康状态，无法实现进一步的故障定位。由上述分析可知，相比其他三种算法，CSC 算法自由度参数受随机重复试验和样本长度变化的影响较小，参数的敏感性较低，从而证明该算法具有较高的鲁棒性。

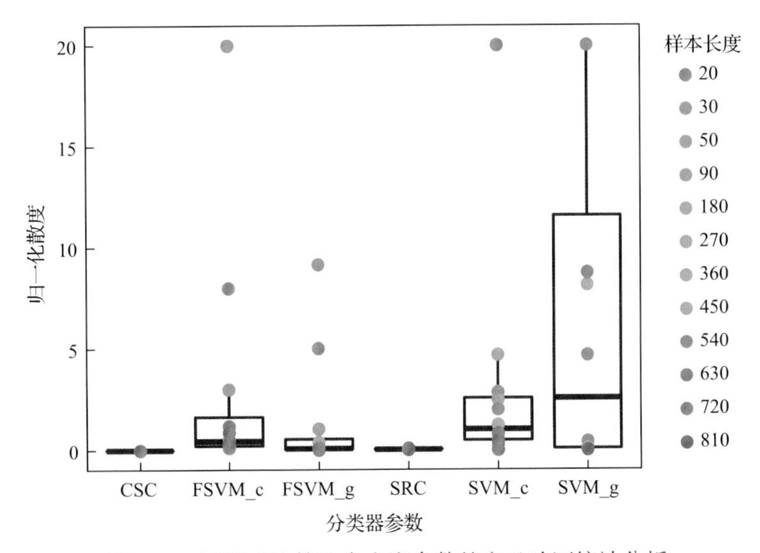

图 9.42　四种对比算法自由度参数的交叉验证统计分析

参 考 文 献

[1] Sheng S. Gearbox reliability collaborative update. National Renewable Energy Laboratory, 2013.

[2] Zappala D, Tavner P J, Crabtree C J, et al. Side-band algorithm for automatic wind turbine gearbox fault detection and diagnosis. IET Renewable Power Generation, 2014, 8(4): 380-389.

[3] 段福海, 余捷, 林定笑, 等. 含大弹性内齿圈行星传动系统的动态特性分析. 中国机械工程, 2011, 22(4): 428-432.

[4] Gao Z H, Ma C B, Song D, et al. Deep quantum inspired neural network with application to aircraft fuel system fault diagnosis. Neurocomputing, 2017, 238(1): 13-23.